高职高专"十二五"
计算机类专业规划教材

SQL Server 2008
数据库技术与应用

主　编　郭　玲

副主编　周　静　林奕水　韩英慧　邵　华

编　写　吴东林　柳　静　郭　璇　戚　娜

主　审　高小泉

中国电力出版社
CHINA ELECTRIC POWER PRESS

内 容 提 要

本书共16章，以"图书信息查询系统"和"学生选课系统"为案例贯穿始终，注重把握理论讲述的量与度，实践内容紧扣章节的知识点，突出操作步骤，从而让读者轻松掌握SQL Server 2008的安装与配置；掌握创建、管理数据库及数据库对象的方法；对数据库系统进行日常维护。力求让读者通过本书的学习，尽可能多地掌握设计开发以及管理一个数据库应用系统的技能，对职业岗位工作具有指导性。

本书按照精简理论，强化实践内容的原则编写，既可以作为面向数据库初学者的入门教材，面向以应用型、技能型人才培养为重点的计算机及相关专业，也可以作为使用SQL Server进行应用开发人员的参考书，面向SQL Server数据库管理员、从事基于C/S和B/S结构的数据库应用系统开发人员，以及对数据库有兴趣，希望快速、全面地掌握SQL Server 2008并进行应用开发的读者。

图书在版编目（CIP）数据

SQL Server 2008 数据库技术与应用 / 郭玲主编 . —北京：中国电力出版社，2014.8
高职高专"十二五"计算机类专业规划教材
ISBN 978-7-5123-6110-2

Ⅰ. ①S… Ⅱ. ①郭… Ⅲ. ①关系数据库系统－高等职业教育－教材 Ⅳ. ①TP311.138

中国版本图书馆 CIP 数据核字（2014）第 144924 号

中国电力出版社出版、发行
（北京市东城区北京站西街 19 号 100005 http://www.cepp.sgcc.com.cn）
航远印刷有限公司印刷
各地新华书店经售

＊

2014 年 8 月第一版 2014 年 8 月北京第一次印刷
787 毫米×1092 毫米 16 开本 15.5 印张 368 千字
定价 **31.00** 元

前　言

本课程背景

　　数据库技术是计算机科学技术的主要分支，是信息技术产业的重要支撑，是衡量国家信息化程度的主要标志。数据库技术已经从一种专门的计算机应用发展变成现代社会发展的一个重要组成成分。《纽约时报》2012 年 2 月的一篇专栏中所称"大数据"时代已经来临，在商业、经济及其他领域中，决策将日益基于数据和分析而做出，而并非基于经验和直觉。随着信息爆炸时代产生的海量数据，各行各业异常庞大复杂的数据库应用系统，对数据库管理系统的要求，尤其是数据库系统开发、设计、维护带来巨大的挑战。

　　SQL Server、Oracle、MySQL、DB2 是当前数据库系统市场四大流行产品，市场占有率最高。Oracle 是一个成熟的数据库产品，适用于大型数据库系统，稳定性高，操作复杂，但有些技术也是其他数据库厂商学习的榜样。MySQL 的开源与免费是其在中小型企业流行的重要原因，但其具有可维护性较差的缺陷。DB2 是 IBM 推出的一个数据库管理系统，在国外使用较为广泛。然而，SQL Server 在事务处理、数据挖掘、负载均衡等方面的出众能力，使得数据库应用系统的开发、设计变得快捷、方便，同时 SQL Server 在数据库市场占有相当的份额。因此，掌握 SQL Server 数据库技术非常必要。

本课程定位

　　从数据库行业能力要求看，数据库工程师应掌握数据库原理及基本理论，具备数据库的设计能力；熟练使用 SQL 语句，能够进行简单开发，具备数据库的编程能力；对数据库进行日常权限管理，备份、排错和优化数据库，具备数据库的维护管理能力；能够编写规范化的文档和对系统进行分析的综合能力。因此，读者在掌握了数据库原理与应用、程序设计语言等前导课程，通过对数据库管理系统的学习，就可以胜任数据库管理工程师的岗位。再通过信息系统的综合训练，读者就能相应具备数据库系统的综合应用能力，能承担数据库设计、开发及管理的相关工作。

本书的特色

　　本书按照精简理论、强化实践内容的原则编写。本书以课程所涉及的实际应用领域中的典型项目任务"图书信息管理系统"和"学生选课系统"为主要线索，结合章节中需要介绍的重点知识，由浅入深，由实践到理论，再从理论到实践，力求突出知识点在纵向（难易）和横向（范围）的合理安排，特别强调知识的重现和读者的易于模仿，对职业岗位工作具有指导作用，同时，反映出教育性和职业性科学结合的高职教育的特点。

　　（1）遵循数据库应用系统开发的流程。本书按照数据库应用系统开发的工作过程和工作任务组织内容。

（2）充分考虑读者的学习兴趣。只有读者对数据库应用系统有一个整体的认识，才能激发学习兴趣，本书第 1 章就展示了图书信息管理系统的查询功能，让读者对数据库系统有一个感性认识。

（3）在整个学习过程中，以并列式项目任务的形式开展教学：在"课程教学"中，教师以"图书信息管理系统"为案例，详细讲授重点知识与解答疑难；在"实训任务"中，读者以"学生选课系统"同步拓展，教师从旁指导，使读者对知识的掌握能从了解和模仿过渡到熟练和深化，使读者达到具备对数据库应用系统设计开发和维护管理的完整工作过程和思维过程的目标。

本书的主要内容

本书共 16 章内容，主要讲解 SQL Server 2008 数据库引擎的相关技术。

第 1 章　SQL Server 2008 系统概述。本章主要讲述 SQL Server 2008 的安装和配置，以及 SQL Server 2008 基础知识，包括 SQL Server 管理平台 SSMS 和 SQL Server 2008 的数据类型。

第 2 章　数据库设计。本章主要按照软件项目开发流程，对案例数据库进行分析，讲述需求分析阶段、概要设计阶段和详细设计阶段需要完成的工作。让读者掌握对现实世界的事务和特性进行分析和建模的方法，能将概念模型转换为关系模型，并且规范到所要求的程度，同时实施数据完整性规则。

第 3 章　创建和管理数据库。按照软件项目开发流程，从本章开始进入系统开发阶段。本章主要讲述数据库的管理。

第 4 章　创建和管理数据表。本章主要讲述创建和管理数据表。数据表是最基本的数据库对象，对数据表中数据的存取速度在一定程度上表明了数据库性能的好坏。

第 5 章　实施数据的完整性规则。本章主要讲述通过设置约束、标识列等来确保数据完整性规则的实施。数据的完整性规则是为了让用户能输入符合要求的信息。

第 6 章　Transact-SQL 语言基础。本章主要讲述 Transact-SQL 的语言要素，包括命名规则、常量、变量、运算符、流程控制语句以及函数等。通过大量的程序代码，引导读者对 Transact-SQL 语言有一个全面地认识。

第 7 章　Transact-SQL 查询。本章主要讲述 Transact-SQL 语言中功能最强大，也是最常用的 SELECT 语句。

第 8 章　管理数据表中的数据。本章主要讲述通过插入、修改和删除处理数据表中数据的方法。对 SQL Server 程序员而言，数据处理是最重要的工作之一。

第 9 章　索引。本章主要讲述索引的基本使用方法。

第 10 章　视图。本章主要讲述了视图的概念及对视图的各种操作，从而让读者掌握使用视图的时机。

第 11 章　存储过程。本章主要讲述了存储过程的概念、使用存储过程的时机以及对存储过程的各种操作。按照软件项目开发流程，在系统开发阶段，最后才根据需要开发存储过程和触发器，至此，数据库设计完成（本课程不涉及前端应用程序开发）。本章主要是让读者真正理解合理地使用存储过程会为数据库应用系统的开发带来极大地便利。

第 12 章　触发器。本章主要讲述了触发器的各种操作以及如何利用触发器维护数据的完整性。作为一种特殊的存储过程，触发器与数据表紧密相联，可以看作是数据表定义的一部分。

第 13 章　游标。本章主要讲述了游标的创建及应用。

第 14 章　事务和锁。本章主要讲述通过事务和锁来实施数据的完整性。在数据库应用系统中，与数据有关的操作都发生在事务中。事务处理的策略和方法对于数据库应用系统而言至关重要。

第 15 章　SQL Server 安全管理。本章主要从登录名、用户及权限管理等方面讲述数据库维护管理工作的一部分。作为数据库管理员，必须合理配置用户的权限，才能确保数据库系统的安全性。

第 16 章　维护数据库。本章主要讲述数据库备份与恢复的方法和时机。作为数据库管理员，数据库的备份与恢复也是数据库日常管理与维护的工作内容之一。

本书的结构

本书设置教学导航、课程内容、实训任务、本章小结、思考与练习等栏目。

（1）教学导航：安排在每一章的开头，针对本章的全部内容，既是从"教"和"学"两方面引导教师如何教和学生如何学，也是对本章知识点的梳理分析。

（2）课程内容：通过理论与实践相结合的方式讲述本章应掌握的知识。

（3）实训任务：以同步拓展项目"学生选课系统"为主，熟练和深化本章所讲授的知识。

（4）本章小结：对本章内容的简要总结，使所学的知识条理化和系统化。

（5）思考与练习：对本章重点内容的再次巩固。

致谢

珠海城市职业技术学院的高小泉老师认真审阅了全书并提出了许多有益的意见。在此表示衷心地感谢！

本书由珠海城市职业技术学院郭玲担任主编，汉江大学周静、广东农工商职业技术学院林奕水、黑龙江财经学院韩英慧、河南化工职业学院邵华担任副主编，漯河食品职业学院吴东林、陕西工业职业技术学院戚娜、河南化工职业学院柳静和郭璇参与了本书的编写工作。其中，郭玲负责本书的第 2 章、第 7 章、第 11 章、第 12 章、第 13 章的编写工作；周静负责本书的统稿工作，以及第 3 章、第 4 章、第 5 章的编写工作；林奕水和吴东林负责第 1 章、第 6 章、第 9 章的编写工作；韩英慧和戚娜负责第 8 章、第 10 章；邵华、柳静、郭璇负责第 14 章、第 15 章、第 16 章的编写工作。

在本书的编写过程中，尽管我们的每一位团队成员都不敢稍有疏虞，但不足之处仍在所难免，敬请读者提出宝贵的意见或建议，您的意见或建议将是我们继续努力的动力。

编　者

2014 年 8 月

目　录

第1章 SQL Server 2008 系统概述

▲ **教学导航**

一、教师的教学

1. 知识重点

（1）实例的概念。

（2）默认实例和命名实例的区别。

（3）SQL Server 2008 的安装与配置。

（4）SQL Server Management Studio 的使用。

（5）SQL Server 的数据类型。

2. 知识难点

（1）实例的概念。

（2）创建用户定义数据类型。

二、学生的学习

1. 知识目标

（1）掌握实例的概念，理解默认实例和命名实例的区别。

（2）掌握 SQL Server 的数据类型。

2. 技能目标

（1）安装和配置 SQL Server 2008。

（2）熟练使用 SQL Server Management Studio。

（3）根据实际情况正确选择系统数据类型。

（4）创建用户定义数据类型。

（5）熟悉使用 SQL Server 的联机丛书。

▲ **课程学习**

1.1 SQL Server 概 述

数据库是存储数据的仓库，是按照数据结构来组织、存储和管理数据的仓库。数据库管理系统（Data Base Management System，DBMS）是一个相互关联的数据的集合和一组用以访问这些数据的程序组成。安装了数据库和数据库管理系统的计算机应用系统称为数据库应用系统，简称为数据库系统。

数据库的应用非常广泛。如在访问网上图书商城浏览一本书时，其实是我们正在访问存储在某个数据库系统中的数据；当我们确认网上订购时，订单就保存在某个数据库系统中；当我们访问银行网站查询账户余额和交易信息时，这些信息也是从银行的数据库系统中提取出来的。尽管用户界面隐藏了访问数据库系统的细节，大多数人甚至没有意识到他们正在和一个数据库系统打交道，然而访问数据库系统已经成为当今每个人生活中不可或缺的部分。我们也可以从另一个角度评判数据库系统的重要性：除了像 Oracle 这样的世界上最大的数据库系统厂商外，Microsoft 和 IBM 等有多样化产品的公司，数据库系统也是其产品的重要组成部分。

SQL Server 是一个关系数据库管理系统。它最初是由 Microsoft、Sybase 和 Ashton-Tate 三家公司共同开发的，于 1988 年推出了基于 OS/2 操作系统的第一个版本。在 Windows NT 推出后，与 Sybase 在 SQL Server 的开发理念上就分道扬镳了，Microsoft 将 SQL Server 移植到 Windows NT 系统上，专注于开发推广 SQL Server 的 Windows NT 版本，Sybase 则较专注于 SQL Server 在 UNIX 操作系统上的应用。1995 年，Microsoft 发布了第一个自主开发的 SQL Server 6.0 版。SQL Server 6.0 版的成功使 Microsoft 意识到拥有一个功能强大的数据库产品的重要性，随后陆续不断地更新 SQL Server 版本。本书主要以 SQL Server 2008 为例，介绍 SQL Server 关系数据库管理系统。

1.2   客户/服务器体系结构

SQL Server 与大部分的数据库管理系统一样，都遵循客户机/服务器体系结构（Client/Server，C/S）结构，如图 1-1 所示。从硬件角度看，客户机/服务器体系结构是指将某项任务在两台或多台计算机之间进行分配，其中客户机用来运行提供用户接口和前端处理的应用程序，服务器提供客户机需要的各种资源和服务。从软件角度看，客户机/服务器体系结构是把某项应用或软件系统按逻辑功能划分为客户软件部分和服务器软件部分。

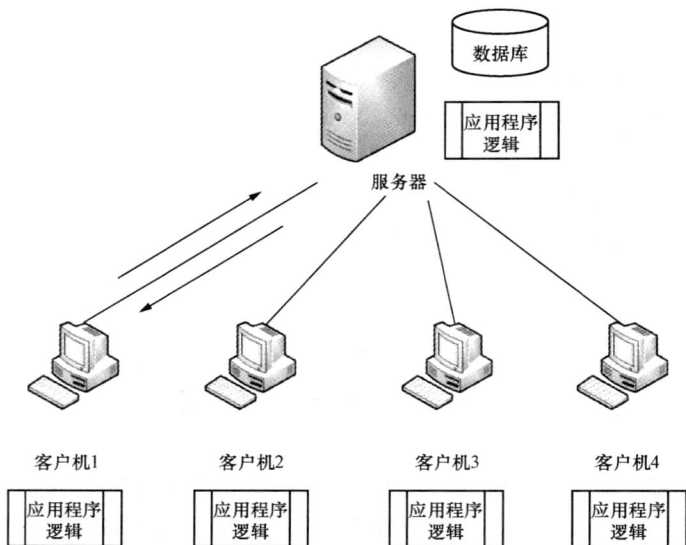

图 1-1   客户机/服务器体系结构

（1）客户软件部分：　一般负责数据的表示和应用，处理用户界面，用以接收用户的数据处理请求并将之转换为对服务器的请求，要求服务器为其提供数据的存储和检索服务。

（2）服务器软件部分：负责接收客户端软件发来的请求并提供相应的服务。客户机/服务器融合了大型机的强大功能和中央控制以及 PC（personal computer，个人电脑）的低成本和较好的处理平衡。

（3）工作模式：客户机与服务器之间采用网络协议（如 TCP/IP、IPX/SPX）进行连接和通信，由客户端向服务器发出请求，服务器端响应请求，并进行相应的服务。

客户机/服务器体系结构对数据完整性、管理和安全性进行集中控制；同时充分发挥客户端 PC 的处理能力，很多工作就可以在客户端处理后再提交给服务器，缓解了网络交通和主机负荷。

1.3　浏览器/服务器体系结构

浏览器/服务器（Browser/Server）结构，简称 B/S 结构，如图 1-2 所示。与 C/S 结构不同，其客户端不需要安装专门的软件，只需要浏览器即可。浏览器通过 Web 服务器与数据库进行交互，可以方便地在不同平台下工作；服务器端采用高性能计算机，并安装 Oracle、Sybase 等大型数据库。这种模式统一了客户端，将系统功能实现的核心部分集中在服务器上，简化了系统的开发、维护和使用。B/S 结构是随着 Internet 技术的兴起，对 C/S 技术进行改进而得到的。

B/S 结构最大的优点就是客户端零安装、零维护，只要有一台能上网的计算机，就能在任何地方进行操作。系统的扩展非常容易。

由于 B/S 结构管理软件只安装在服务器端上，用户界面主要事务逻辑在服务器端实现，极少部分事务逻辑在前端实现。因此，应用服务器运行数据负荷较重，对服务器的性能要求更高，一旦发生服务器"崩溃"等问题，后果将不堪设想。

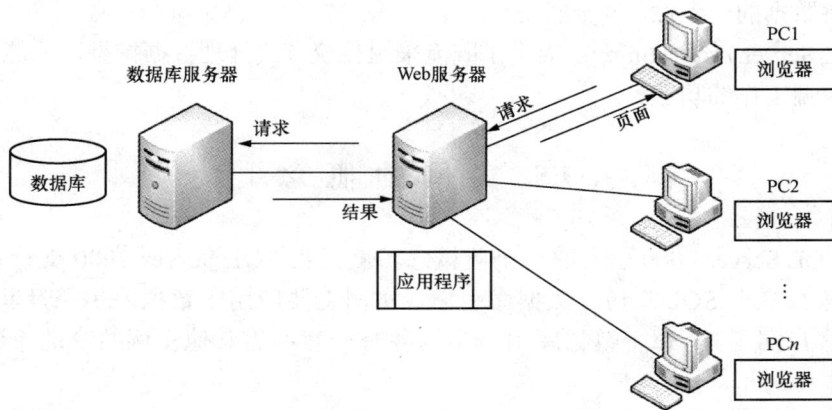

图 1-2　浏览器/服务器体系结构

1.4　SQL Server 2008　简　介

SQL Server 2008 是 SQL Server 的一个重要产品版本，它推出了许多新的特性和关键性能的改进，使得它成为迄今为止的最强大和最全面的 SQL Server 版本。在 SQL Server 2005 的基础之上，SQL Server 2008 一方面对管理工具进行了升级和功能的改善，另一方面加强了数据库引擎、Reporting Services 等多项组件的功能，提高了程序员的开发能力和工作效率。SQL Server 2008 体系结构如图 1-3 所示。

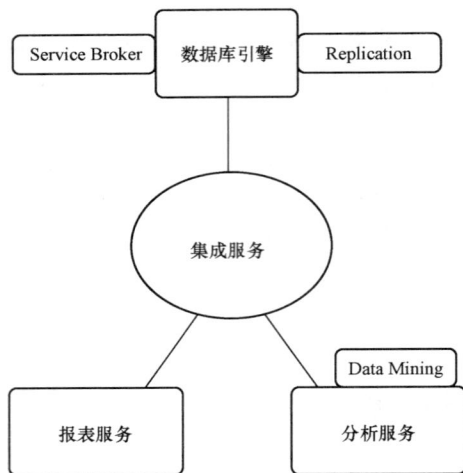

（1）集成服务（SQL Server Integration Services，SSIS）：是用于生成企业级数据集成和数据转换解决方案的平台，利用它可以从不同的源提取、转换及合并数据，并将其加载到单个或多个目标。数据库引擎、报表服务、分析服务都是通过 Integration Services 进行联系的。

（2）数据库引擎（SQL Server Database Engine）：是用于存储、处理和保护数据的服务。利用数据库引擎，可设置访问权限并快速处理事务。同时，数据库引擎在保持高可用性方面也提供了有力的支持。数据库引擎是数据库系统的核心服务。通常情况下，使用数据库系统实际上就是使用数据库引擎。

图 1-3　SQL Server 2008 体系结构

（3）报表服务（SQL Server Reporting Services，SSRS）：用于生成从各种数据源提取数据的企业报表，发布能以各种格式查看的报表，以及集中管理安全性和订阅。

（4）分析服务（SQL Server Analysis Services，SSAS）：为商业智能应用程序提供了联机分析处理（OLAP）和数据挖掘功能。

（5）SQL Server Service Broker：为数据库引擎中的消息和队列提供了本机支持。

（6）SQL Server Service Replication：实现数据库之间的数据和数据库对象的实时复制及分发，以保持数据的一致性。

（7）SQL Server Data Mining：提供了既能采用传统方式处理数据挖掘，又能采取新的方式进行数据挖掘工作的功能。

1.5　实　例　的　概　念

实例是 SQL Server 2000 引入的一个新概念，就是指 SQL Server 2000 支持在同一台计算机上同时运行多个 SQL Server 数据库引擎。实例主要应用于数据库引擎及其支持组件，而不应用于客户端工具。每个数据库引擎实例各有一套不为其他实例共享的系统及用户数据库。

SQL Server 实例有默认实例和命名实例两种类型。

（1）默认实例：由运行该实例的计算机名称唯一标识，没有单独的实例名。一台计算机上只能有一个默认实例。

（2）命名实例：由安装该实例的过程中指定的实例名标识，计算机名和实例名以"计算机名称\实例名"的格式指定。

1.6　SQL Server 2008 的 安 装

1.6.1　了解 SQL Server 2008 的版本

对于 SQL Server 2008 的不同版本，其功能也有所不同。Microsoft 提供了多个 SQL Server 2008 的版本，用户通过衡量性能、运行时间、价格，选择合适的版本，见表 1-1。

表 1-1　　　　　　　　　　　　　**SQL Server 2008 的版本系列**

版　　本	描　　　　述
Enterprise Edition	SQL Server 的完整版，具备高扩展性和性能优异的企业级数据库服务器
Standard Edition	完整的数据管理和商业智能平台，部门级应用程序数据库服务器
Workgroup Edition	可靠的数据管理和报表平台，部门或分公司办公用的数据库
Express Edition	免费、易用、易管理的数据库，学习或构建桌面和小型服务器应用程序
Compact Edition	智能设备的压缩型数据库
Developer Edition	只有开发和测试许可的 Enterprise Edition
Web Edition	低成本、大规模、高度可用的 Web 应用程序或主机解决方案

1.6.2　SQL Server 2008 安装环境需求

在安装 SQL Server 2008 之前，需要了解其安装环境的具体要求。不同版本的 SQL Server 2008 对系统的要求略有差异，下面以 SQL Server 2008 Enterprise Edition 为例，说明具体安装环境需求，见表 1-2。

表 1-2　　　　　　　　　　　　**SQL Server 2008 安装环境需求**

组　　件	要　　　　求
处理器	处理器类型：PentiumⅢ及其兼容处理器，或更高型号 处理器速度：最低 1.4GHz，推荐 2.0GHz 或更快
操作系统	Windows Server 2008 SP2
内存	最小 512MB，推荐 1GB 或更大
硬盘	6GB 可用硬盘空间
软件	.NET Framework 3.5 SP1 SQL Server Native Client SQL Server 安装程序支持文件 Microsoft Windows Installer 4.5 或更高版本 Windows PowerShell 2.0

1.6.3　SQL Server 2008 安装准备工作

（1）确定本机的域名或计算机名。

（2）有足够权限的 Windows 用户名和密码。

（3）已安装 Microsoft Internet Explorer 6.0 SP1 或更高版本，它是 Microsoft 管理控制台（MMC）和 HTML 帮助所必需的。

（4）已安装 IIS 5.0 或更高版本，它是 Microsoft SQL Server 2008 Reporting Services（SSRS）所需要的。

1.6.4　SQL Server 2008 安装过程

（1）将 SQL Server 2008 安装盘插入光盘驱动器中，双击安装文件夹中的安装文件 setup.exe，进入 SQL Server 2008 的安装中心，如图 1-4 所示。安装中心将 SQL Server 2008 的计划、安装、维护、工具、资源、高级、选项等集成在一起，单击安装中心左侧的"安装"选项。

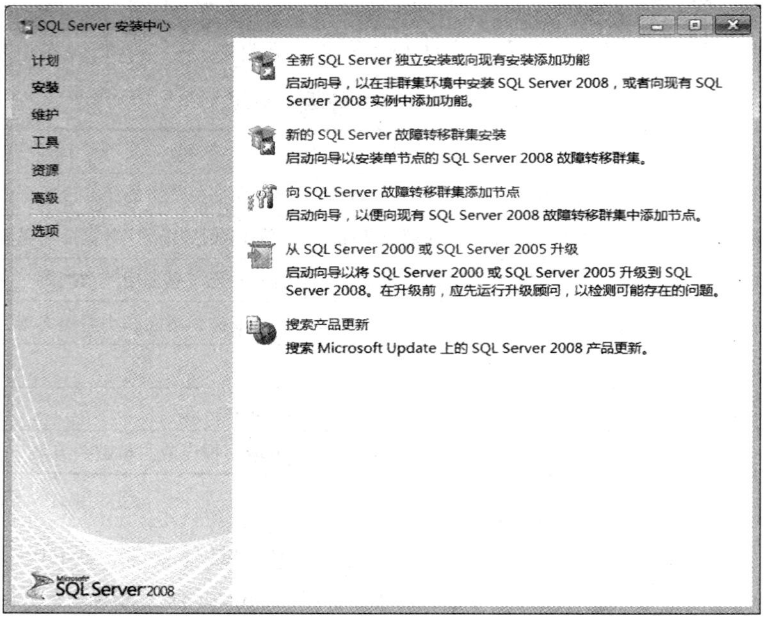

图 1-4　"安装中心"窗口

（2）单击"全新 SQL Server 独立安装或向现有安装添加功能"选项，安装程序将对系统进行常规检测，如图 1-5 所示。

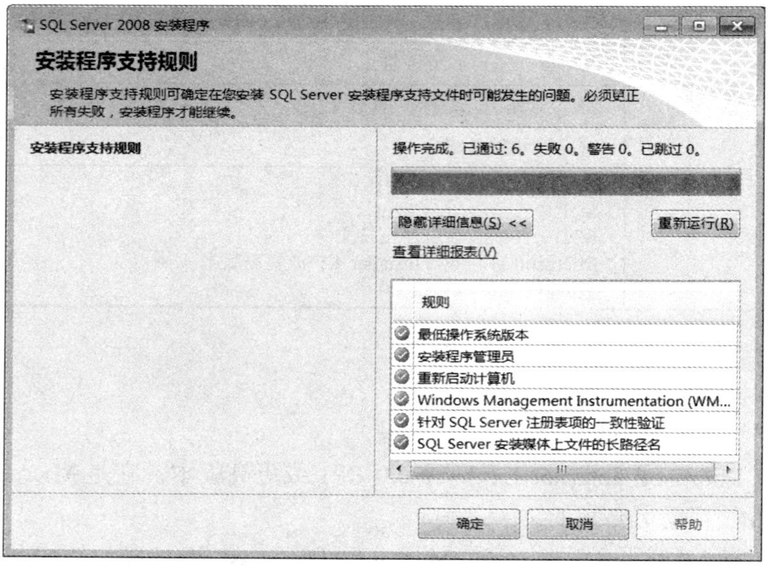

图 1-5　"安装程序支持规则"窗口

（3）待全部规则检测通过后，单击"确定"按钮进入"产品密钥"窗口，如图 1-6 所示。
输入购买的产品密钥。如果使用体验版本，在下拉列表框中选择 Enterprise Evaluation 选项，
这是 Microsoft 提供的一个 180 天免费 Enterprise Edition，该版本包含所有 Enterprise Edition
的功能，随时可以直接激活为正式版本，然后单击"下一步"按钮。

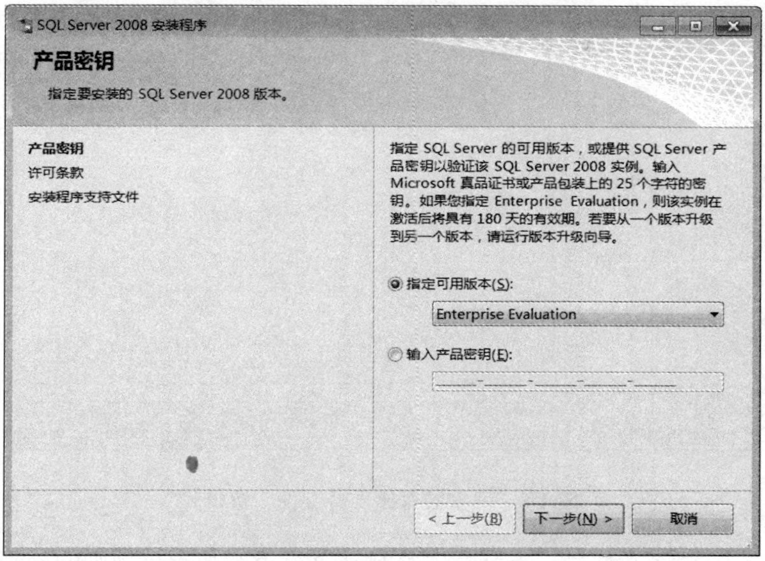

图 1-6　"产品密钥"窗口

（4）进入"许可条款"窗口，如图 1-7 所示。勾选"我接受许可条款"复选框，然后单
击"下一步"按钮。

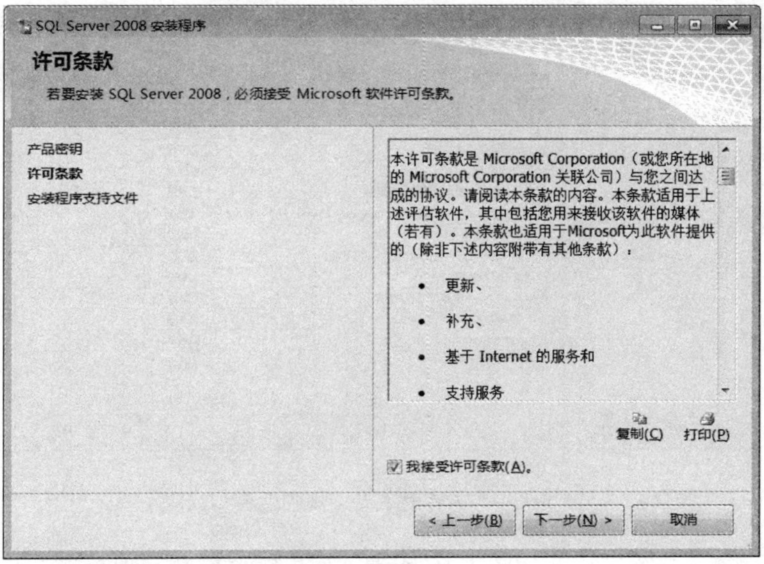

图 1-7　"许可条款"窗口

（5）进入"安装程序支持文件"窗口，如图 1-8 所示。单击"安装"按钮，该步骤将安

装 SQL Server 程序所需的组件。

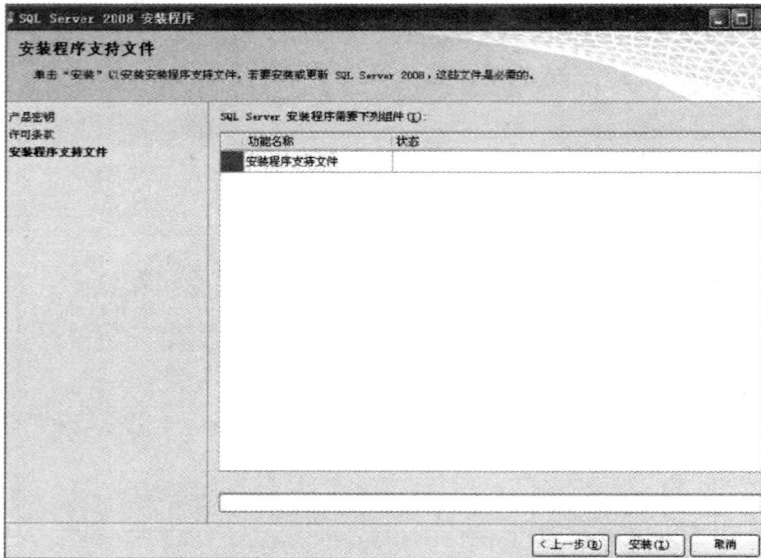

图 1-8   "安装程序支持文件"窗口

（6）安装完安装程序文件后，安装程序将自动进行第二次支持规则的检测，如图 1-9 所示。待全部检测通过后，单击"下一步"按钮。

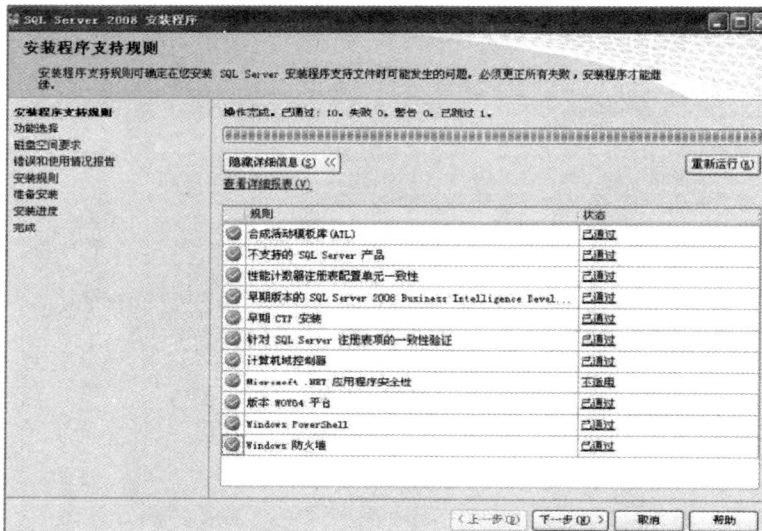

图 1-9   "安装程序支持规则"窗口

（7）进入"功能选择"窗口，如图 1-10 所示。如果需要安装某项功能，则选中对应功能前面的复选框；也可以使用下面的"全选"或"全部不选"按钮来选择。然后单击"下一步"按钮。

图 1-10　"功能选择"窗口

（8）进入"实例配置"窗口，如图 1-11 所示。在安装 SQL Server 的系统中可以配置多个实例，每个实例必须有唯一的名称。选择"默认实例"单选按钮，单击"下一步"按钮。

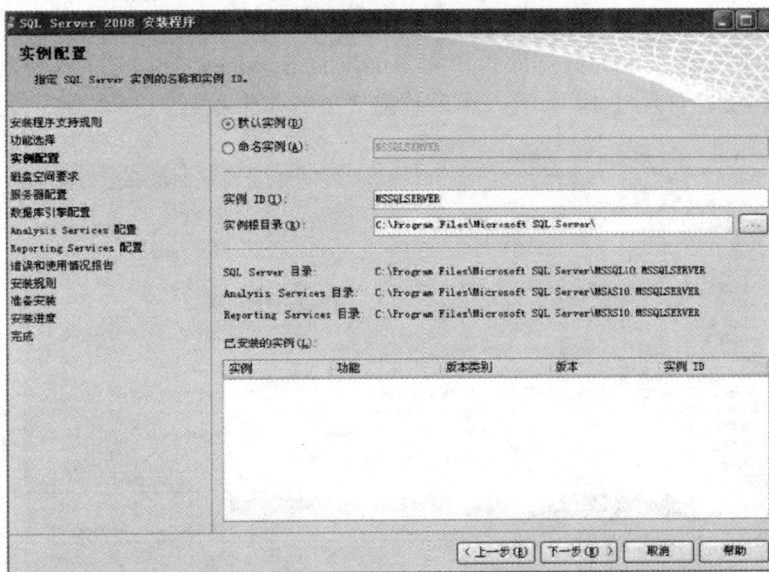

图 1-11　"实例配置"窗口

（9）进入"磁盘空间要求"窗口，如图 1-12 所示。该步骤是对硬件的检测，单击"下一步"按钮。

（10）进入"服务器配置"窗口：

1）"服务账户"选项卡为每个 SQL Server 服务单独配置账户名、密码及启动类型，如图

1-13 所示。其中，对 SQL Server 服务的账户名必须指定。在"服务账户"选项卡中可以使用两种方式为 SQL Server 服务设置账户：一是分别为每项服务设置一个单独的账户；二是所有服务使用同一个账户。这里将为所有服务设置同一账户。

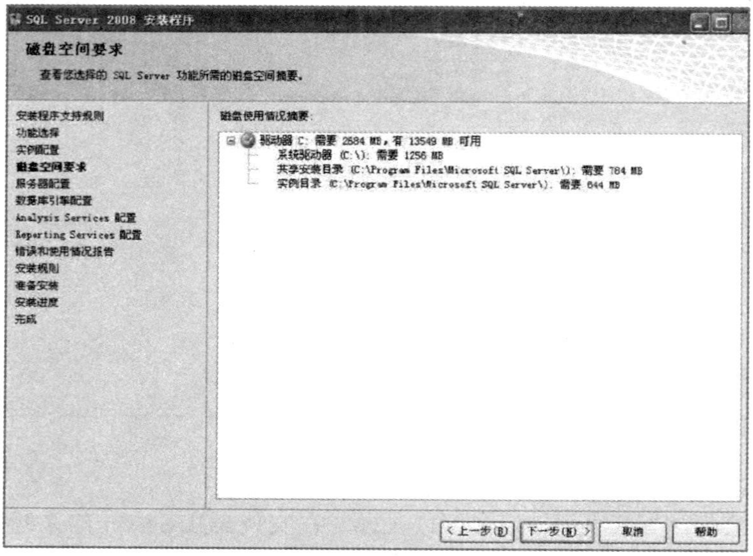

图 1-12　"磁盘空间要求"窗口

2）"排序规则"选项卡为数据库引擎和 Analysis Services 指定排序规则，默认情况下为 Chinese-PRC-CI-AS，如图 1-14 所示。然后单击"下一步"按钮。

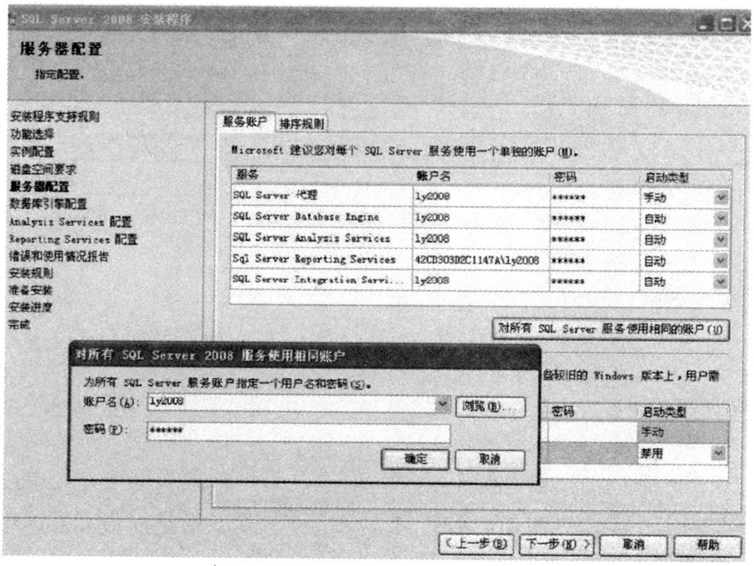

图 1-13　"服务器配置"窗口之"服务账户"选项卡

图 1-14　"服务器配置"窗口之"排序规则"选项卡

（11）进入"数据库引擎配置"窗口，该窗口用于指定身份验证模式和管理员。

1）在"账户设置"选项卡中，如图 1-15 所示：

a．Windows 身份验证模式：SQL Server 仅接受 Windows 的用户。用户通过 Windows 用户账户连接时，SQL Server 使用 Windows 操作系统中的信息验证用户名和密码。

b．混合模式：允许用户使用 Windows 操作系统的身份验证或 SQL Server 的身份验证进行连接。混合模式是为了与以前的版本兼容而保留下来的，安装程序推荐使用的是 Windows 身份验证模式。

c．指定 SQL Server 管理员：必须至少为 SQL Server 指定一个系统管理员，可以单击"添加当前用户"按钮选择 Windows 当前用户或单击"添加"按钮选择其他用户。

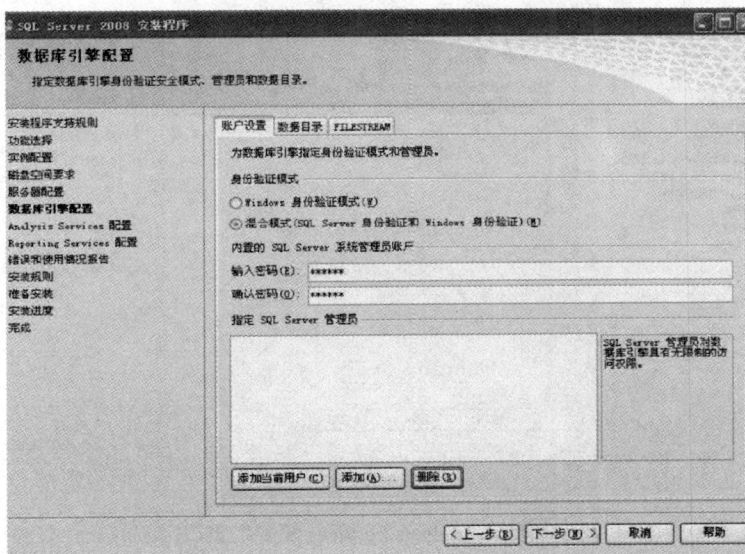

图 1-15　"数据库引擎配置"窗口之"账户设置"选项卡

2）"数据目录"选项卡用来设置数据库的安装和备份目录，如图 1-16 所示。

到这里，SQL Server 2008 的核心设置已经完成，接下来的步骤取决于前面选择组件的多少。然后单击"下一步"按钮。

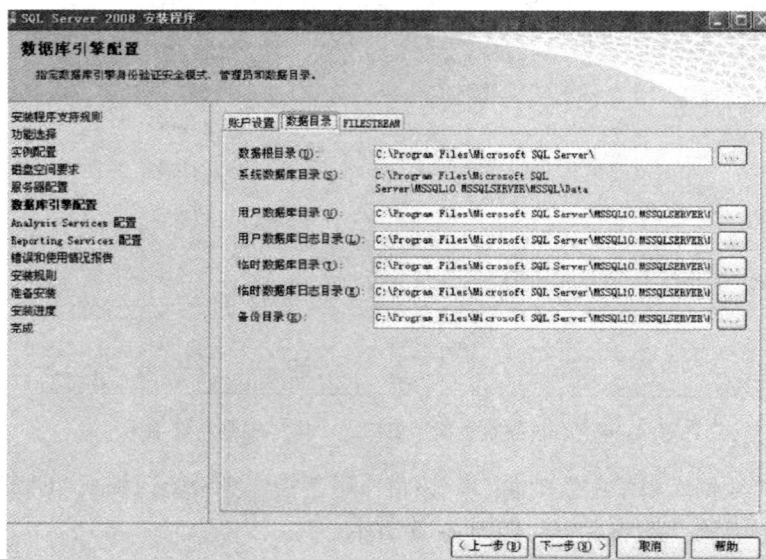

图 1-16　"数据库引擎配置"窗口之"数据目录"选项卡

（12）进入"Analysis Services 配置"窗口，如图 1-17 所示。"账户设置"选项卡为 Analysis Services 指定一个用户。"数据目录"选项卡为 SQL Server Analysis Services 指定数据目录、日志文件目录、Temp 目录和备份目录。然后单击"下一步"按钮。

图 1-17　"Analysis Services 配置"窗口

（13）进入"Reporting Services 配置"窗口，如图 1-18 所示。指定 Reporting Services 的

配置模式。然后单击"下一步"按钮。

图 1-18　"Reporting Services 配置"窗口

（14）进入"错误和使用情况报告"窗口，如图 1-19 所示，根据具体需要选择。然后单击"下一步"按钮。

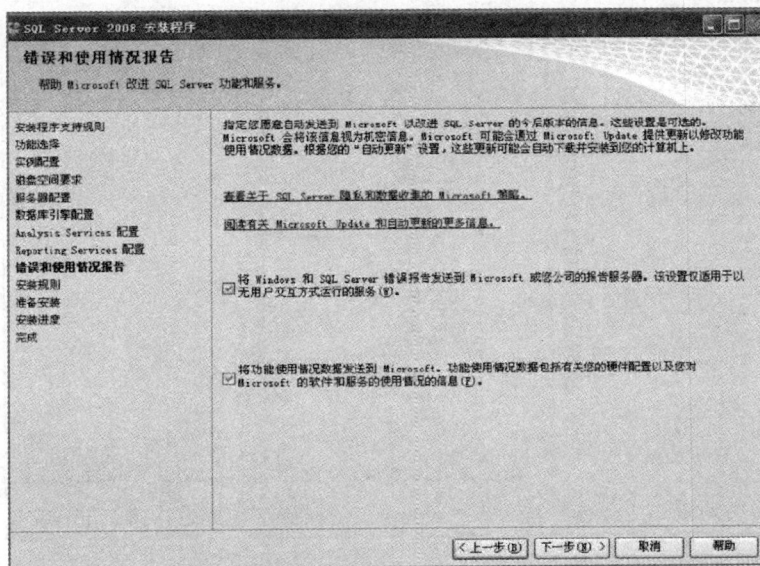

图 1-19　"错误和使用情况报告"窗口

（15）进入"安装规则"窗口，如图 1-20 所示，显示 SQL Server 2008 对规则的最后一次检测。当所有规则检测通过后，单击"下一步"按钮。

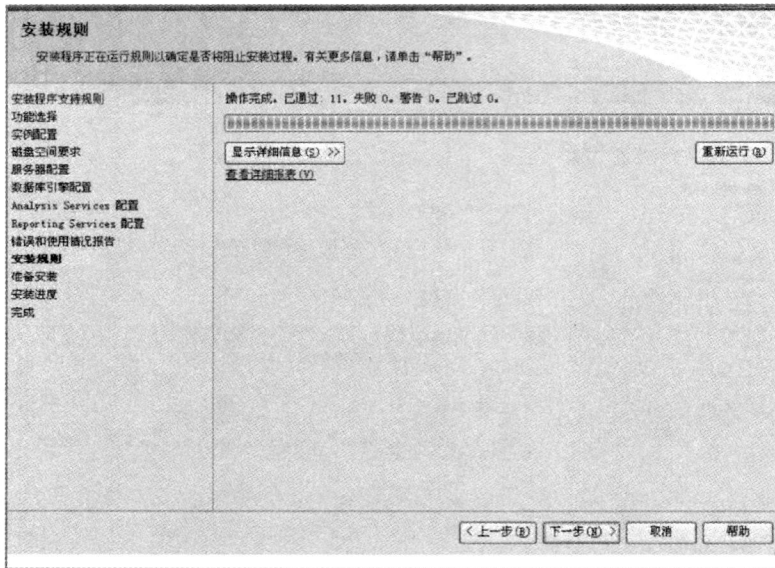

图 1-20   "安装规则"窗口

（16）进入"准备安装"窗口，该窗口列出了所有要安装组件的详细信息，如图 1-21 所示。确认无误后单击"安装"按钮。

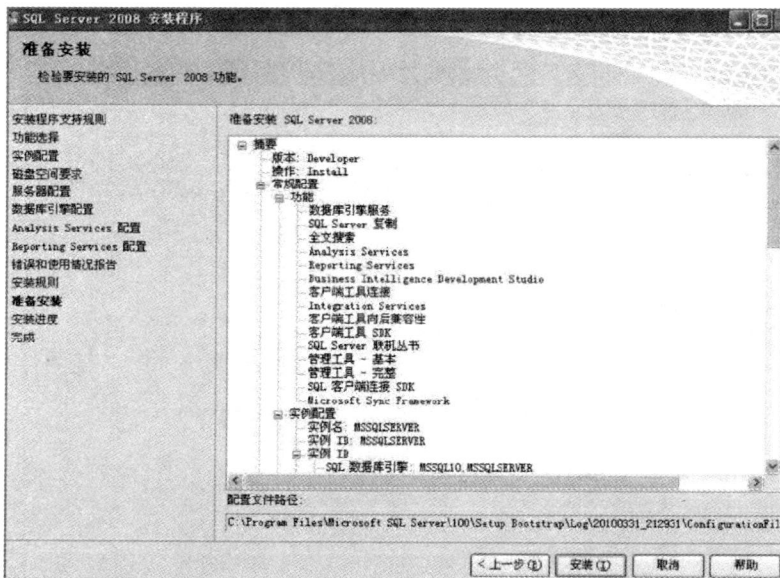

图 1-21   "准备安装"窗口

（17）进入"安装进度"窗口，安装程序会根据用户对组件的选择复制相应的文件到计算机，并显示正在安装功能名称、安装状态，如图 1-22 所示。完成后单击"下一步"按钮。

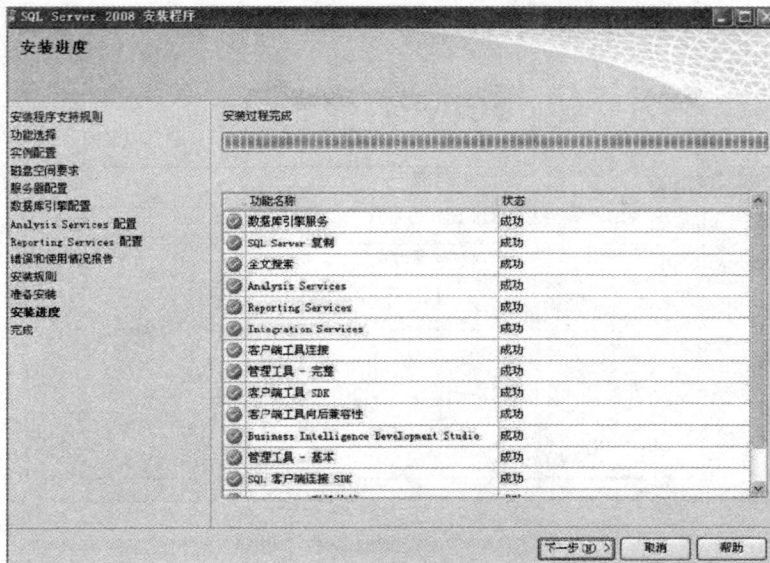

图 1-22　　"安装进度"窗口

（18）进入"完成"窗口，该窗口显示日志文件的位置以及一些补充信息。单击"关闭"按钮结束安装过程。此时，SQL Server 2008 安装程序已在用户的计算机上成功地部署了一个 SQL Server 2008 实例。

1.7　SQL Server 管理平台（SQL Server Management Studio）

Management Studio 首次出现在 SQL Server 2005 中，到 SQL Server 2008 中已经成为了一个更成功的产品。SQL Server Management Studio（SSMS）是 SQL Server 提供的一种集成开发环境，它将查询分析器和服务管理器的各种功能组合到一个集成环境中，用来管理 SQL Server 的访问、配置、控制、开发和管理等各个方面。

SSMS 不仅能够配置系统环境和管理 SQL Server，所有 SQL Server 对象的建立与管理工作都可以通过它来完成：管理 SQL Server 服务器；创建和管理数据库、数据表、视图、存储过程、触发器等数据库对象；备份和恢复数据库；管理用户账户以及建立 Transact-SQL 命令等。

SSMS 的组件主要包括：已注册的服务器、对象资源管理器、解决方案资源管理器、模板资源管理器等。

下面主要介绍 SQL Server Management Studio 的启动与连接。

SQL Server 安装到系统之后，将作为一个服务由操作系统监控，而 SQL Server Management Studio 是作为一个单独的进程运行的，具体步骤如下。

（1）单击"开始"按钮，选择"所有程序"→Microsoft SQL Server 2008→SQL Server Management Studio 菜单命令，弹出如图 1-23 所示的"连接到服务器"窗口。

（2）在"服务器类型"下拉列表中选择"数据库引擎"选项；在"服务器名称"组合框中输入或选择已安装的数据库服务器引擎；在"身份验证"下拉列表中选择"Windows 身份验证"选项。

图 1-23　"连接到服务器"窗口

（3）单击"连接"按钮，打开 SQL Server Management Studio 窗口，如图 1-24 所示。在 SQL Server Management Studio 窗口中，默认情况下，左边为"对象资源管理器"窗口，右边为"对象资源管理器详细信息"。对象资源管理器是服务器中所有数据库对象的树视图，包括与其连接的所有服务器的信息，用于查找、修改、编写脚本或运行从属于 SQL Server 实例的对象。

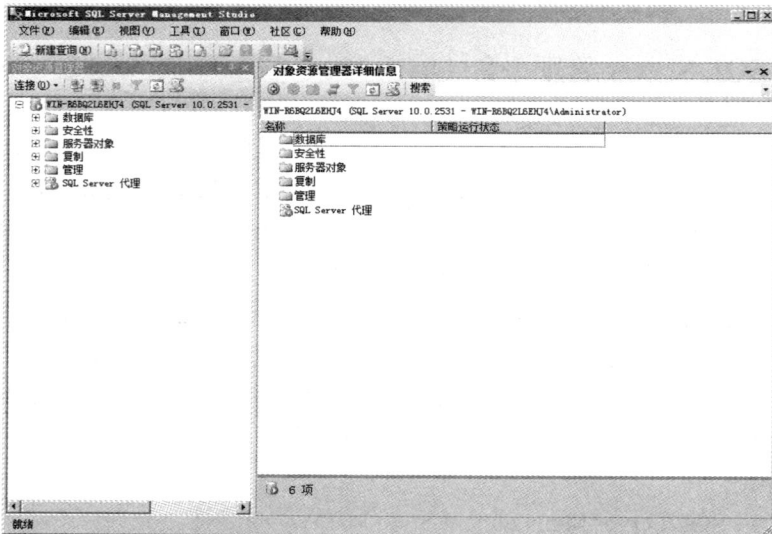

图 1-24　SQL Server Management Studio 窗口

1.8　体　验　SQL Server

【例 1-1】　体验批量修改数据。

```
USE sst
GO
UPDATE users
SET user_password='123'    --将数据表 users 中所有的用户密码初始化为"123"
GO
SELECT *
FROM users
GO
```

执行结果如图 1-25 所示。通过对比图 1-25 的上下图，可以看到数据表 users 中所有用户密码均初始化为“123”。

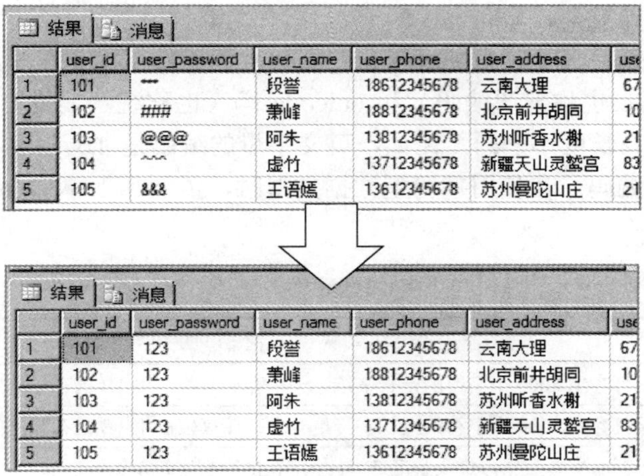

结果 | 消息

	user_id	user_password	user_name	user_phone	user_address	use
1	101	~~~	段誉	18612345678	云南大理	67
2	102	###	萧峰	18812345678	北京前井胡同	10
3	103	@@@	阿朱	13812345678	苏州听香水榭	21
4	104	^^^	虚竹	13712345678	新疆天山灵鹫宫	83
5	105	&&&	王语嫣	13612345678	苏州曼陀山庄	21

结果 | 消息

	user_id	user_password	user_name	user_phone	user_address	use
1	101	123	段誉	18612345678	云南大理	67
2	102	123	萧峰	18812345678	北京前井胡同	10
3	103	123	阿朱	13812345678	苏州听香水榭	21
4	104	123	虚竹	13712345678	新疆天山灵鹫宫	83
5	105	123	王语嫣	13612345678	苏州曼陀山庄	21

图 1-25　更新数据的查询结果

1.9　SQL Server 2008 的数据类型

在数据库中存储的所有数据都有一个数据类型，正确地选择数据类型，可以提高数据库的性能。SQL Server 提供系统定义的数据类型。如果需要，用户也可以自己创建数据类型，然后像使用系统数据类型一样使用。

1.9.1　数值型数据类型

数值型数据类型（见表 1-3）用来存储数值，可以直接进行数据运算而不必使用函数转换。

表 1-3　数值型数据类型

数据类型	存储范围	说　明
int	-2^{31}~$2^{31}-1$ 的所有整数	存储整型数据，占用 4B，共 32 位，其中 1 位用来表示符号
smallint	-2^{15}~$2^{15}-1$ 的所有整数	存储整型数据，占用 2B，共 16 位，其中 1 位用来表示符号
bigint	-2^{63}~$2^{63}-1$ 的所有整数	存储整型数据，占用 8B，共 64 位，其中 1 位用来表示符号
tinyint	0~255 的所有整数	存储整型数据，占用 1B
bit	取 0 或 1	用于存储逻辑关系。不允许在 bit 数据类型中创建索引

续表

数据类型	存储范围	说　明
decimal [p[,s]] / numeric[p[,s]]	带固定精度和小数位数的数值数据类型。取值范围随精度的不同而不同，使用最大精度时，有效值范围为 $-10^{38}\sim10^{38}-1$	p（精度）指定十进制数值的总位数，取值范围 1～38，默认值为 18。s（小数位数）指定十进制位数的小数位数，默认值为 0。numeric 数据类型的字段可以设置 identity 属性，而 decimal 数据类型的字段不能定义 identity 属性
float [(n)]	有效值范围为-1.79E+308~1.79E+308	存储带小数的浮点数据类型，占用 8B，采用只入不舍的方式进行存储。n（精度）指定 float 数值尾数的位数（以科学计数法表示），取值范围为 1～53，默认值为 53
real	有效值范围为-3.40E+38~ 3.40E+38	存储带小数的浮点数据类型，占用 4B

1.9.2　字符型数据类型

字符型数据类型是用来存储各种字母、数字符号和特殊符号。在 SQL Server 中，字符的编码方式有 ASCII 码（也称普通编码）和 unicode 码（也称统一编码）两种方式。ASCII 码是不同的语言编码，其长度不一样，比如，英文字母的编码是 1B，中文汉字的编码是 2B。unicode 码均采用 2B 编码。在使用字符型数据类型时，需要加上单引号或双引号。字符型数据类型见表 1-4。

表 1-4　　　　　　　　　　字符型数据类型

数据类型	说　明
char (n)	最长可容纳 8000 个字符的定长字符，一个存储单位占用 1B 的存储空间
varchar (n)	最长可容纳 8000 个字符的变长字符，一个存储单位占用 1B 的存储空间
text	用于存储文本数据，最大长度 $2^{31}-1$ 个字符的变长字符串

1.9.3　二进制数据类型

在 SQL Server 中对二进制进行存储时，必须在数据常量前加上前缀 0x。二进制数据类型见表 1-5。

表 1-5　　　　　　　　　　二进制数据类型

数据类型	说　明
binary	最大长度为 8000B 的定长二进制数据
varbinary	最大长度为 8000B 的变长二进制数据
image	最大长度为 $2^{31}-1B$ 的变长二进制数据，可用于存储图像。存储该列的数据一般不能使用 INSERT 语句直接输入

1.9.4　日期/时间型数据类型

日期/时间型数据类型见表 1-6。

表 1-6　　　　　　　　　　日期/时间型数据类型

数据类型	说　明
datetime	存储用字符串表示的时间和日期数据，占用 8B。取值范围从 1753 年 1 月 1 日～9999 年 12 月 31 日，数据格式为 YYYY-MM-DDhh:mm:ss
smalldatetime	存储用字符串表示的时间和日期数据，占用 4B。取值范围从 1900 年 1 月 1 日～2079 年 6 月 6 日，精确到分

1.9.5　货币型数据类型

货币型数据类型见表 1-7。

表 1-7　　　　　　　　　　　　　　货币型数据类型

数据类型	说　　明
money	数值的整数部为 19 位，数值的小数部为 4 位，占用 8B 取值范围是 $-2^{63}\sim2^{63}-1$
smallmoney	占用 2B，取值范围是-214 743.3648~214 743.3647

1.9.6　unicode 型数据类型

unicode 型数据类型（见表 1-8）用于存储双字节字符，例如汉字。一般在存储多语言时采用。

表 1-8　　　　　　　　　　　　　　unicode 型数据类型

数据类型	说　　明
nchar (n)	最长可容纳 4000 个字符的定长 unicode 字符，一个存储单位占用 2B
nvarchar (n)	最长可容纳 4000 个字符的变长 unicode 字符，一个存储单位占用 2B
ntext	用于存储文本数据，最大长度 $2^{30}-1$ 个字符的变长 unicode 字符串，一个存储单位占用 2B

1.9.7　sql_variant 数据类型

sql_variant 数据类型可以存储一些混合数据。比如，某个列可能是时间，也有可能是数字或字符，这时，就可以采用 sql_variant 数据类型。sql_variant 数据类型可以存储除 text、ntext、image 数据类型之外的所有数据类型。

1.9.8　timestamp 数据类型

这种数据类型表现自动生成的二进制数，确保这些数在数据库中是唯一的。timestamp 一般用作给表行加版本戳的机制。存储大小为 8 B。

1.9.9　用户定义数据类型

用户可以根据需要定义数据类型。用户定义的数据类型名称必须符合 SQL Server 的标识符命名规则，而且基类型不能是 money、smallmoney。

用户定义数据类型的基本语法格式

```
sp_addtype[@typename=]type ,
        [@phystype=] system_data_type
        [,[@nulltype=] 'null_type' ]
        [,[@owner=] 'owner_name' ]
```

参数说明如下。

（1）[@typename=]type：用户定义的数据类型的名称。

（2）[@phystype=] system_data_type：用户定义的数据类型所基于的 SQL Server 提供的数据类型。

（3）[@nulltype=] 'null_type'：用户定义的数据类型处理空值的方式，取值范围是 NULL、NOT NULL、NONULL。

（4）[@owner=] 'owner_name'：指定新数据类型的创建者或所有者。

【例 1-2】 创建用户定义的数据类型。

```
/*创建一个名为 tel 的用户定义数据类型：数据类型为 nvarchar，长度为 30 个字符，该列不允许
为 NULL*/
USE sst
GO
EXEC sp_addtype tel , nvarchar(30) , 'NOT NULL'\
GO
```

实 训 任 务

1-1　从微软的网站上下载 SQL Server 2008 进行安装。

1-2　熟悉 SQL Server Management Studio 的使用。

1-3　熟悉 SQL Server 联机丛书的使用（请自行上网查找如何获取 SQL Server 的联机丛书）。

本 章 小 结

（1）数据库、数据库管理系统、数据库应用系统的概念。

（2）客户机/服务器体系结构与浏览器/服务器体系结构的比较。

（3）SQL Server 2008 主要由 4 部分组成：数据库引擎、分析服务、集成服务和报表服务。

（4）实例是同一台计算机上同时运行多个 SQL Server 数据库引擎。实例主要应用于数据库引擎及其支持组件，而不应用于客户端工具。SQL Server 分为默认实例和命令实例两种类型。

（5）SQL Server 2008 的安装和配置。

（6）SQL Server Management Studio 的使用方法。

（7）SQL Server 2008 的数据类型。

思 考 与 练 习

1-1　简述 SQL Server 2008 体系结构。

1-2　如何启动 SQL Server Management Studio？

1-3　如何启动命名实例？

1-4　在默认情况下，SQL Server Management Studio 由哪两个窗口组成？

1-5　SQL Server 的系统数据类型有哪几种？

1-6　以 char 为基类型创建一个长度为 1 的 grade 数据类型。

1-7　SQL Server 的联机丛书获得的三种方式是什么？

第2章 数据库设计

▲ 教学导航

一、教师的教学

1. 知识重点

（1）需求分析阶段的工作内容。

（2）实体、属性、联系、关键字的概念。

（3）用 E-R 图表示逻辑数据模型。

（4）将 E-R 图转换为关系数据模型。

（5）规范化关系数据模型。

（6）数据完整性规则。

2. 知识难点

（1）根据数据库用户的需求和业务流程分析、归纳、抽象为数据库的实体和属性。

（2）根据关系的语义，分析出属性间存在的各种函数依赖，将关系规范到一定的程度。

二、学生的学习

1. 知识目标

（1）数据库设计的过程。

（2）实体、属性、联系、关键字的概念。

（3）逻辑数据模型的概念。

（4）关系数据模型的概念。

（5）关系规范化。

（6）数据完整性规则。

2. 技能目标

（1）根据数据库用户的需求和业务流程分析、归纳、抽象为数据库的实体和属性。

（2）用 E-R 图描述实体、属性、实体间的联系。

（3）将 E-R 图转换为关系数据模型，并根据关系的语义，分析出属性间存在的各种函数依赖，将关系规范到一定的程度。

（4）根据数据完整性规则来保证数据的一致性和正确性。

▲ 课程学习

数据库系统设计通常利用概念数据模型做初步设计，按照一定方法转换为逻辑数据模型后，再进一步设计全系统的数据库结构，最后在计算机上实现。概念数据模型主要用在数据库的设计阶段，与具体的数据库管理系统无关。

本课程以实现图书信息查询系统为例，学习基于 SQL Server 2008 数据库系统的设计与开发。根据图书信息查询系统的功能和数据流程图对图书馆的相关功能进行归纳总结，建立相应的概念数据模型；然后将概念数据模型转换为关系模型，并将关系模型规范到一定的程度。

2.1　概念数据模型的设计

2.1.1　数据库的设计过程

一个数据库应用系统在设计时要遵循软件工程中设计软件的原则。一般数据库应用系统项目采用如图 2-1 所示的开发流程。

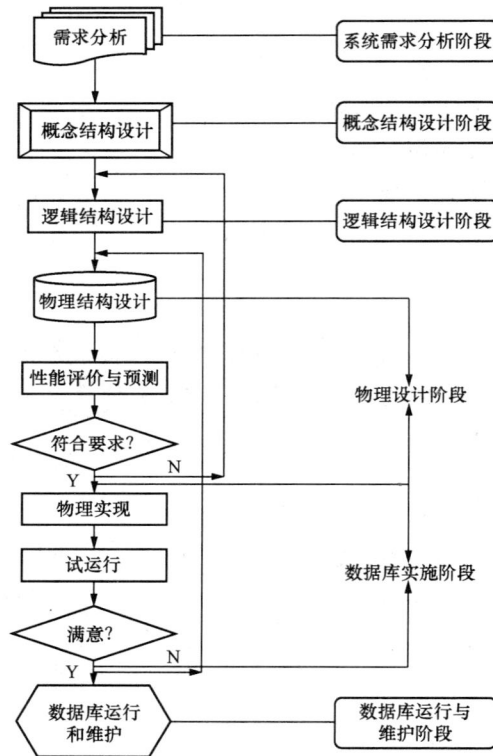

图 2-1　数据库系统设计过程

（1）需求分析阶段：数据库设计的初始阶段是全面描述预期的数据库用户的数据需求分析。数据库设计者必须和领域专家、数据库用户广泛地进行交流。这个阶段的成果是制定出用户需求分析的说明文档。

（2）概念结构设计阶段：数据库设计者选择适当的数据模型，将数据库用户的需求转换成数据库的概念模型，概念模型定义了数据库中的实体、实体属性、实体之间的联系，以及实体和联系上的约束。通常用实体—联系模型表示概念设计。这个阶段的成果是关于实体—联系模型的构建，重点是描述数据以及它们之间的联系，而不是指定数据的物理存储细节。

（3）逻辑结构设计阶段：数据库设计者将概念模型映射到将使用的数据库系统的关系数据模型上，并对其进行优化。

（4）物理设计阶段：数据库设计者将得到的数据库模式进行物理设计，即指明数据库的物理特征，包括存储结构和存储方法等。

（5）数据库实施阶段：建立数据库，编制与调试应用程序，组织数据入库，并进行试运行。

（6）数据库运行与维护阶段：对数据库系统实际正常运行使用，并进行实时评价、调整与修改。

2.1.2　实体—联系模型

E-R 图是实体—联系模型的图形表示，采用四个基本概念：实体、联系、属性和连接线。

（1）矩形：表示实体。矩形内标出实体名。

（2）椭圆：表示实体和联系具有的属性。椭圆内标出属性名。

（3）菱形：表示实体之间的联系。菱形内标出联系名。

（4）连接线：表示实体、联系与属性之间的所属关系或实体与联系之间的相连关系。

一、实体

现实世界中可区别于其他对象的一件"事情"或一个"物体"。例如，每本书是一个实体；每个用户也是一个实体。

属性：一个实体或联系通常具有多个特征，需要用多个相应属性来描述。例如，图书这个实体要考虑图书编号、图书 ISBN 码、图书名称、作者、出版社、关键字、摘要、访问次数等属性。实体间相互区别的唯一标识称为关键字，以下画线的形式标识出每个实体的关键字。

根据对图书馆管理系统的分析，图书馆管理系统用户包括两大类：①建立、管理和维护数据库系统的系统管理员；②使用数据库应用系统的用户。本系统有别于 ERP 系统，不对图书馆内部结构做详细分析，而将图书馆内部分为两个实体，与图书有直接关系的图书管理员，而其他则作为统一的图书馆实体对待。为此，图书信息管理系统具有图书、用户、出版社、作者、供应商、系统管理员等实体，系统 E-R 图如图 2-2 所示。

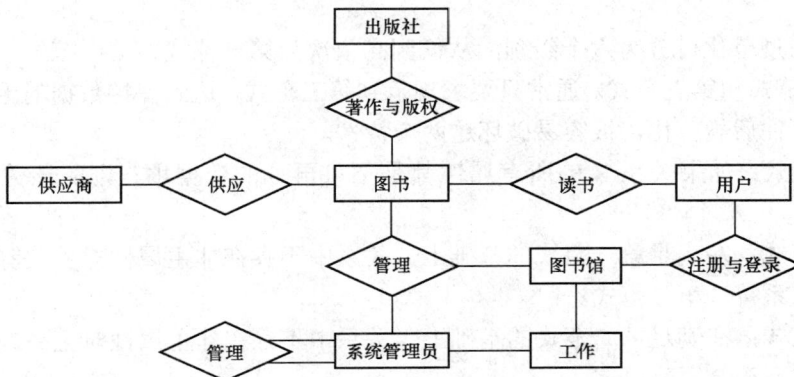

图 2-2　图书馆管理系统 E-R 图

作为子系统的图书信息管理系统涉及的实体有图书、出版社、作者、用户等。各个实体及属性如下：

图书（图书编号、图书名称、图书 ISBN 码、图书作者、出版社编号、关键字、摘要、访问次数）；

用户（用户编号、密码、真实姓名、联系电话、联系地址、用户积分）；

出版社（出版社编号、出版社名称、社址、网址、邮政编码、咨询电话）；

作者（作者编号、姓名、作者简介）。

二、联系

指多个实体间的相互关联。联系也可以具有描述性属性。联系分为一对一联系、一对多联系、多对多联系三种类型。对图书馆信息查询系统进行分析，可以得出：

（1）每位作者可以编写多本图书，每本图书可以有多位作者；每本图书有多个关键字，每个关键字可以属于多本图书。所以，作者与图书之间、关键字与图书馆之间都是多对多的联系。

（2）每个出版社可以出版多本图书，但一本图书只能由一个出版社出版，故出版社和图书之间是一对多的联系。

（3）用户与图书的联系是定义一个查询记录的属性，用来记录用户阅读图书的情况。

2.2　关系数据模型的设计

关系数据模型简称为关系模型，是应用最广泛的数据模型，是目前数据库应用系统普遍采用的数据模型。将实体或实体间的联系转换为表，实体或联系的属性转换为表的列，归纳总结得到图书信息管理系统的数据表：图书表、作者表、出版社表、用户表、阅读记录表。

2.3　关系数据模型的规范

在关系数据库中的每个关系都需要进行规范化，使之达到一定的规范化程度，从而确保所建立的数据库具有较少的数据冗余、较高的数据共享度、较好的数据一致性以及较灵活的更新能力。

对关系进行规范化可分为六个级别，从低到高依次为第一范式、第二范式、第三范式、BC 范式、第四范式和第五范式。通常只要求规范到第三范式，达到保持数据的无损连接性和函数依赖性。再往后规范化，很容易破坏这两个特性。

（1）第一范式：如果关系 R 的所有属性都是不可再分的数据项，则称该关系属于第一范式。

（2）第二范式：在满足第一范式的基础上，关系中不存在非主属性对主关键字的部分函数依赖，则该关系符合第二范式。

（3）第三范式：在满足第二范式的基础上，关系中不存在非主属性对主关键字的传递函数依赖，则该关系符合第三范式。

作者与图书之间、关键字与图书之间都是多对多联系，而多对多的联系不符合关系模型规范化的要求，会带来查询与使用的不便。故必须对这些特殊属性进行分解。为此，将关键字和作者属性分离出来，以增加新的数据表形式将多对多的联系转化为一对多的联系：

（1）增加"图书作者"列表，记录图书中关于作者列表的相关信息，而"作者"列表则用来记录作者这个实体本身的相关信息。

（2）增加"关键字"列表，记录图书中关键字列表的相关信息。

（3）通过在图书实体属性中增加"图书作者列表编号"和"关键字列表编号"两个属性来与图书作者列表和关键字列表保持联系。

按照上述分解要求，得到数据表 2-1～表 2-7，且均达到第三范式的要求，从而基本上消除了数据冗余、数据不一致的问题。

表 2-1　　　　　　　　　　　　　　　　图 书 表 book

属性描述	属 性 名 称
图书编号	book_id
图书名称	book_name
图书 ISBN 码	book_isbn
图书作者列表编号	book_author_id
出版社编号	pub_house_id
关键字列表编号	keyword_id
摘要	abstract
访问次数	interview_times

表 2-2　　　　　　　　　　　　　　　　作 者 表 author

属性描述	属 性 名 称
作者编号	author_id
作者姓名	author_name
作者简介	author_life

表 2-3　　　　　　　　　　　　　　　　出版社表 pub_house

属性描述	属 性 名 称
出版社编号	pub_house_id
出版社名称	pub_house_name
社址	pub_house_address
网址	pub_homepage_url
咨询电话	pub_phone
邮政编码	pub_postalcode

表 2-4　　　　　　　　　　　　　　　　关键字列表 keyword

属性描述	属 性 名 称
关键字列表编号	keyword_id
第一关键字	first_keyword
第二关键字	second_keyword
第三关键字	third_keyword
第四关键字	fourth_keyword

表 2-5　　　　　　　　　　　　　　图书作者列表 book_author

属性描述	属 性 名 称
图书作者列表编号	book_author_id
第一作者编号	first_author_id
第二作者编号	second_author_id
第三作者编号	third_author_id
第四作者编号	fourth_author_id

表 2-6　　　　　　　　　　　　　　用 户 表　users

属性描述	属 性 名 称
用户编号	user_id
用户密码	user_password
用户姓名	user_name
联系电话	user_phone
联系地址	user_address
邮政编码	user_postalcode
用户积分	user_score

表 2-7　　　　　　　　　　　　　　阅读记录表　query

属性描述	属 性 名 称
查询 id	query_id
用户编号	user_id
图书编号	book_id

2.4　数据完整性规则的实施

关系模型的完整性规则是对关系的某种约束条件，用来保证数据的一致性和正确性。关系模型中有三类完整性约束：实体完整性、参照完整性和用户定义的完整性。

（1）实体完整性规则：关系的主键不能取空值。例如，图书表中的图书编码为主键，值不允许为空，保证图书表数据完整性。

（2）参照完整性规则：参照完整性规则定义了外键与主键之间的参照规则。例如，表 2-3 出版社表中出版社编号是主键，表 2-1 图书表中出版社编号是外键。按照参照完整性规则，在向表 2-1 图书表中插入数据时，要保证插入的出版社编号在表 2-3 出版社表中存在。

（3）用户定义的完整性规则：为了满足应用方面的语义要求提出来的规则。这些完整性需求需要用户来定义，称为用户定义的完整性规则。

将表 2-1～表 2-7 进行完善，得到表 2-8～表 2-14。至此，完成了数据库的设计工作。

表 2-8　　　　　　　　　　　　　　　图 书 表 book

属性描述	属性名称	数据完整性规则
图书编号	book_id	char(8)、Primary Key
图书名称	book_name	nvarchar(50)、Not Null
图书 ISBN 码	book_isbn	char(17)、Unique 、Not Null
图书作者列表编号	book_author_id	char(8)、Foreign Key、Not Null
出版社编号	pub_house_id	char(8)、Foreign Key、Not Null
关键字列表编号	keyword_id	char(8)、Foreign Key、Not Null
摘要	abstract	nvarchar(500)、Not Null
访问次数	interview_times	smallint、Not Null

表 2-9　　　　　　　　　　　　　　作 者 表 author

属性描述	属性名称	数据完整性规则
作者编号	author_id	char(15)、Primary Key
作者姓名	author_name	nvarchar(40)、Not Null
作者简介	author_life	nvarchar(500)

表 2-10　　　　　　　　　　　　　出 版 社 表 pub_house

属性描述	属性名称	数据完整性规则
出版社编号	pub_house_id	char(8)、Primary Key
出版社名称	pub_house_name	nvarchar(60)、Unique 、Default、Not Null
社址	pub_house_address	nvarchar(80)、Not Null
网址	pub_homepage_url	nvarchar(60)、Not Null
咨询电话	pub_phone	varchar(15)、Not Null
邮政编码	pub_postalcode	char(6)、Not Null

表 2-11　　　　　　　　　　　　　关键字列表 keyword

属性描述	属性名称	数据完整性规则
关键字列表编号	keyword_id	char(8)、Primary Key
第一关键字	first_keyword	nvarchar(20)、Not Null
第二关键字	second_keyword	nvarchar(20)
第三关键字	third_keyword	nvarchar(20)
第四关键字	fourth_keyword	nvarchar(20)

表 2-12　　　　　　　　　　　　图书作者列表 book_author

属性描述	属性名称	数据完整性规则
图书作者列表编号	book_author_id	char(8)、Primary Key
第一作者	first_author_id	char(15) 、Not Null
第二作者	second_author_id	char(15)
第三作者	third_author_id	char(15)
第四作者	fourth_author_id	char(15)

表 2-13　　　　　　　　　　　　　用 户 表 users

属性描述	属性名称	数据完整性规则
用户编号	user_id	nvarchar(20)、Primary Key
密码	user_password	varchar(16)、Not Null
用户姓名	user_name	nvarchar(40)、Not Null
联系电话	user_phone	varchar(15) 、Not Null
联系地址	user_address	nvarchar(80) 、Not Null
邮政编码	user_postalcode	char(6) 、Not Null
用户积分	user_score	smallint、CHECK、Not Null

表 2-14　　　　　　　　　　　　　阅读记录表 query

属性描述	属性名称	数据完整性规则
查询 ID	query_id	smallint、Identity
用户编号	user_id	nvarchar(20)、Not Null
图书编号	book_id	char(8)、Not Null

实 训 任 务

在学生选课系统的实训中，完成：

1. 对学生选课系统进行需求分析，画出 E-R 图。

提 示

每名学生可以选修多门课程，每门课程可以有多名学生选修。得到"学生"、"课程"两个实体，学生和课程之间的联系"选修"，以及它们的属性：

（1）学生（学号、姓名、班级名称）。

（2）课程（课程编号、课程名称、课程类别、学分、教师姓名、系部名称、上课时间、限选人数、报名人数）。

（3）选修（学号、姓名、课程名称）。

2. 转换为关系数据模型，得到该系统的数据表。

提　示

　　由于学生和课程之间是多对多的联系，需要通过分解方式将其转换为一对多的联系，以消除部分函数依赖和传递函数依赖，得到规范化后的数据表：

　　（1）学生（学号、姓名、班级编号）。

　　（2）课程（课程编号、课程名称、课程类别、学分、教师姓名、系部编号、上课时间、限选人数、报名人数）。

　　（3）班级（班级编号、班级名称、系部编号）。

　　（4）系部（系部编号、系部名称）。

　　（5）选课（学号、课程编号）。

本 章 小 结

　　（1）对现实世界的事件和特性进行分析，抽象为信息世界的实体与属性，并分析实体与实体之间的联系，用 E-R 图描述实体—联系模型。

　　（2）将 E-R 图转换为关系数据模型。

　　（3）对关系数据模型进行规范化设计。对关系进行规范化分为六个级别。一般只要求规范到第三范式，达到保持数据的无损连接性和函数依赖性。

　　（4）关系模型的三类完整性约束：实体完整性、参照完整性和用户定义的完整性，用来保证数据的一致性和正确性。

思 考 与 练 习

2-1　E-R 模型的图形构件有哪四种？

2-2　为什么要对关系模型进行规范化？规范化的方式是什么？

2-3　1NF、2NF、3NF 的主要内容是什么？

2-4　数据完整性规则包含哪几种？

第 3 章　创建和管理数据库

▲ 教学导航

一、教师的教学

1．知识重点

（1）SQL Server 数据库的组成及分类。

（2）文件组和系统表的概念。

（3）创建数据库。

（4）管理数据库。

（5）附加/分离数据库。

（6）数据库的联机或脱机。

（7）复制数据库。

（8）查看数据库信息的方法。

2．知识难点

在数据库中新增文件组，将次数据文件设置为新增文件组的成员，并合理规划文件和文件组以提高数据库的性能，增强数据库的安全性。

二、学生的学习

1．知识目标

（1）掌握 SQL Server 数据库的组成及分类。

（2）了解文件组、系统表的作用。

（3）通过在数据库中新增文件组，并将次数据文件设置为新增文件组成员的方法，合理规划文件和文件组以提高数据库的性能，增强数据库的安全性。

（4）掌握与数据库信息有关的系统存储过程。

2．技能目标

（1）创建数据库以及创建过程中数据库参数的配置。

（2）查看数据库相关信息。

（3）在数据库中新增文件组，并将次数据文件设置为新增文件组的成员。

（4）日常管理数据库的方法。

（5）数据库的附加/分离操作。

（6）数据库联机与脱机操作。

（7）数据库的复制。

▲　课程学习
- - - - - - - - - - -

3.1　数　据　库　组　成

在 SQL Server 2008 中，数据库是表、视图、存储过程、触发器等数据库对象的集合，是数据库管理系统的核心内容，如图 3-1 所示。

3.1.1　数据库的存储结构

数据库的存储结构分为逻辑存储结构和物理存储结构。使用 SQL Server 数据库的用户所看到的是逻辑组件，例如表、视图、存储过程和用户，至于这些组件是如何存放在磁盘中，使用数据库的用户不需要关心，只有数据库管理员才需要处理文件的物理实现。

一、逻辑存储结构：数据库对象

SQL Server 数据库的数据分别存储在不同的对象中，而这些对象是用户在操作数据库时实际能够看到和接触到的，属于逻辑结构。常用的数据库对象包括表（Table）、索引（Index）、视图（View）、触发器（Trigger）、存储过程（Store Procedure）、约束（Constraint）和用户（User）等，如图 3-1 所示。

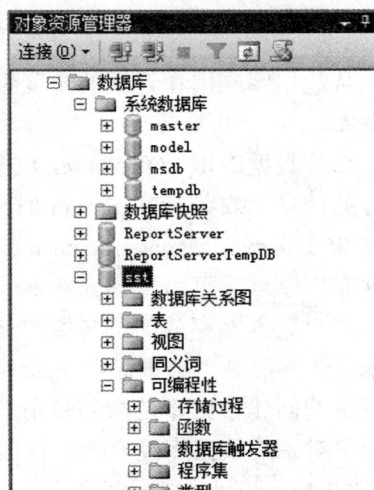

图 3-1　数据库的组成

二、物理存储结构：数据库文件

在物理层面上，SQL Server 数据库在磁盘上是以文件为单位存储的，由多个操作系统文件组成，所有数据、对象以及数据库操作日志均存储在这些操作系统文件中。根据这些文件作用的不同，可将它们分为数据库文件和事务日志文件。一个数据库至少应该包含一个数据库文件和一个事务日志文件。

3.1.2　数据库文件

数据库文件是用于存放数据库数据和数据库对象的文件。数据库文件分为主数据文件与次数据文件。

（1）主数据文件用来存储数据库的启动信息和部分或全部数据。一个数据库只能有一个主数据文件，其扩展名为.mdf。

（2）次数据文件包含除主数据文件外的所有数据库文件，其扩展名为.ndf。一个数据库包含零个或多个次数据文件。如果主数据文件足够大，能够容纳数据库中的所有数据时，数据库不一定需要次数据文件。次数据文件的使用和主数据文件的使用对用户来说是没有区别的，而且系统会选用最高效的方法来使用这些数据文件。

3.1.3　事务日志文件

事务日志文件用来记录在数据库中发生的所有修改和导致这些修改的事务，保存所有可用来恢复数据库的事务信息，其扩展名为.ldf。每个数据库至少有一个事务日志文件，也可以有多个。事务日志文件最小容量为 512KB，理想容量为数据库大小的 25%～40%。

提 示

SQL Server 不强制使用.mdf、.ndf、.ldf 作为文件的扩展名，但建议使用这些扩展名帮助标识文件的用途。SQL Server 中数据库的所有文件的位置都记录在 master 数据库和该数据库的主数据文件中。

3.2 系 统 数 据 库

从数据库应用和管理的角度看，SQL Server 数据库可以分为两大类：系统数据库和用户数据库。

系统数据库由 SQL Server 数据库管理系统自动维护，这些数据库用于存放维护系统正常运行的信息。安装 SQL Server 时会自动安装 master、msdb、model、tempdb 这四个数据库。打开 SQL Server Management Studio，依次展开"对象资源管理器"中的"数据库"→"系统数据库"节点，可以看到 master、model、msdb、tempdb 四个数据库，如图 3-1 所示。

用户数据库存放的是与用户业务有关的数据，其中的数据是靠用户来维护的，如图 3-1 所示，依次展开"数据库"→sst 数据库节点，用户所需要使用的逻辑组件均包含在这里。通常所说的创建数据库是指创建用户数据库，对数据库的维护也指对用户数据库的维护，一般的用户对系统数据库没有操作权限。

3.2.1 master 数据库

master 数据库是整个数据库服务器的核心。该数据库记录所有 SQL Server 实例的所有系统级别的信息，包括所有用户的登录信息、所有系统的配置设置、服务器中本地数据库的信息、SQL Server 初始化方式等信息。master 数据库一旦损坏，SQL Server 数据库引擎将无法启动。因此，用户不能修改该数据库，数据库管理员应定期备份该数据库。在 SQL Server 中，系统对象并不存储在 master 数据库中。

3.2.2 model 数据库

model 数据库用于创建所有用户数据库的模板。用户创建一个数据库，系统自动会将 model 库中的全部内容复制到新建数据库中。例如，如果希望所有的用户数据库都有某个数据库对象，可以在 model 数据库中建立这个数据库对象，而在此后创建的所有用户数据库中均自动包含这个数据库对象。因此，读者的任何对该数据库的修改都将影响到所有使用模板创建的数据库。

3.2.3 msdb 数据库

msdb 数据库提供运行 SQL Server Agent 工作的信息。SQL Server Agent 是 SQL Server 中的一个 Windows 服务，该服务用来运行制定好的计划任务。计划任务是在 SQL Server 中定义的一个程序，用来记录有关作业、警报和备份历史信息，该程序不需要干预即可自动开始执行。读者在使用 SQL Server 时也不要直接修改该数据库。

3.2.4 tempdb 数据库

tempdb 是一个临时性的数据库，用于存储创建的临时用户对象（如全局临时表、临时存储过程、表变量）、SQL Server 2008 系统创建的内部对象（如用于存储中间结果的系统表）和由数据库修改事务提交的行记录。在每次启动 SQL Server 时，SQL Server 都会重新创建 tempdb 数据库；在断开所有连接时，SQL Server 会自动删除临时信息。在 SQL Server 中，不允许用户对 tempdb 进行备份和还原操作。

3.3　系　　统　　表

系统表用来存储 SQL Server 的配置、安全和数据库对象信息。SQL Server 在系统表的帮助下管理每个数据库。每个数据库都有自己的系统表，master 数据库中的系统表包含 SQL Server 的信息，其他数据库中的系统表包含数据库的信息。

3.4　文　　件　　组

文件组是文件的逻辑集合，用来对文件进行分组。SQL Server 文件组类似于文件夹。事务日志文件不存在于某个文件组中。SQL Server 文件组分为主文件组和用户定义文件组。在创建数据库时，由数据库引擎自动创建一个名称为 PRIMARY 的主文件组。主数据文件和没有明确指定文件组的次数据文件都被指派到 PRIMARY 文件组中。用户定义文件组由用户根据需要来创建。通过在不同磁盘上创建文件组的方法提高查询效率。用户定义文件组通常只在大型数据库应用系统中使用。

3.5　创　建　数　据　库

创建数据库包括数据库名称、数据库大小、数据存储方式、数据库存储路径、包含数据存储信息的文件名称等。可以通过使用 SQL Server Management Studio 或 CREATE DATABASE 语句创建数据库。创建数据库的同时也创建了事务日志文件。

3.5.1　使用 SQL Server Management Studio 创建数据库

（1）启动 SQL Server Management Studio，在"对象资源管理器"窗口中右键单击"数据库"节点，在弹出的快捷菜单中选择"新建数据库"命令，弹出"新建数据库"窗口，选择该窗口左侧"选项页"中的"常规"选项卡以确定数据库的创建参数，如图 3-2 所示。

1）在"数据库名称"文本框中输入数据库名称 sst。系统默认的主数据文件名为 sst.mdf，事务日志文件名为 sst_log.ldf。

2）在"所有者"文本框中指定任何一个拥有创建数据库权限的账户。此处为默认账户，即当前登录到 SQL Server 的账户。

3）"逻辑名称"：引用文件时使用的文件名称。

4）"文件类型"：表示该文件存放的内容。"行数据"表示这是一个数据库文件；"日志"表示这是一个事务日志文件。

5）"文件组"：为数据库中的文件指定文件组，可以指定的值有 PRIMARY 和 SECOND。

6）在"初始大小"文本框中设置 sst 文件的初始大小为 10MB，设置 sst_log 文件的初始大小为 15MB。

7）"添加"按钮：用来添加多个数据文件（文件类型为"行数据"）和事务日志文件（文件类型为"日志"）。

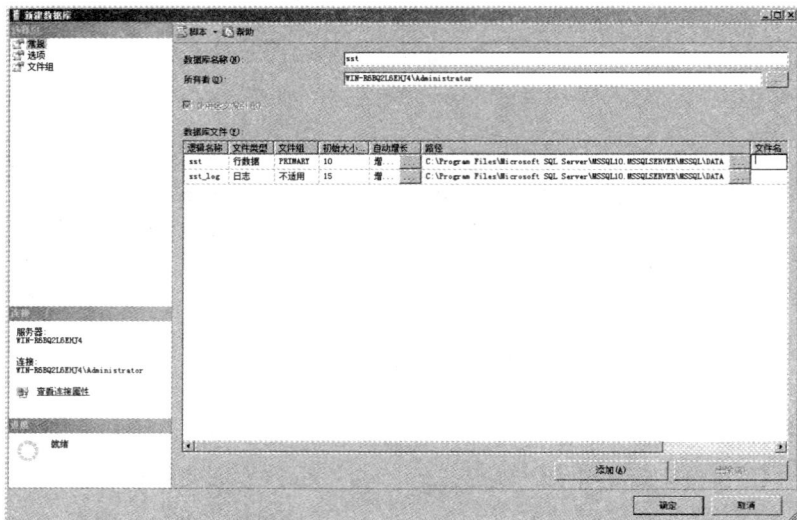

图 3-2　"新建数据库"窗口

📚 | **提　示**

文件类型为"日志"的行与"行数据"的行所包含的信息基本相同，对于日志文件，"逻辑名称"的值是通过在数据库名称后加_log后缀得到的，并且不能修改"文件组"列的值。

（2）单击数据文件 sst 行的"自动增长"选项右侧的 ┈ 按钮，在弹出的"更改 sst 的自动增长设置"窗口中进行文件增长方式的设置，如图 3-3 所示。

（3）单击事务日志文件 sst_log 行的"自动增长"选项右侧的 ┈ 按钮，在弹出的"更改 sst_log 的自动增长设置"窗口中进行文件增长方式的设置，如图 3-4 所示。

图 3-3　"更改 sst 的自动增长设置"对话框

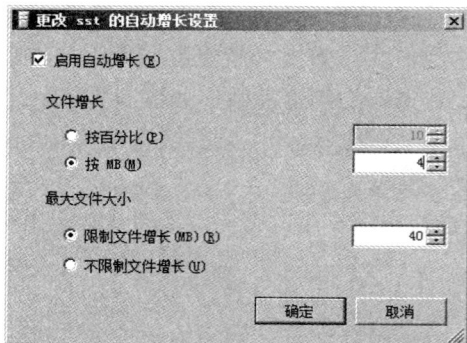

图 3-4　"更改 sst_log 的自动增长设置"对话框

（4）单击数据文件 sst 行的"路径"选项右侧的 ┈ 按钮，在弹出的"定位文件夹"窗口中设置 sst 文件的保存位置，如图 3-5 所示。以同样的操作设置事务日志文件的保存位置。

（5）在本数据库的创建过程中，"选项"选项卡和"文件组"选项卡直接使用默认值即可。在 SQL Server 使用过程中，读者会逐步理解这些选项的含义。设置好数据库的创建参数，单击"确定"按钮，完成图书信息管理系统数据库 sst 的创建。在"对象资源管理器"的"数据库"节点下可以看到新创建的数据库,如图 3-6 所示。

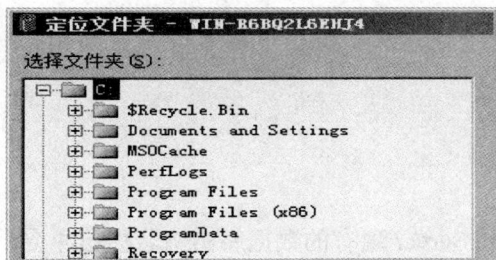

图 3-5　设置文件的保存位置　　　　　　图 3-6　创建 sst 数据库

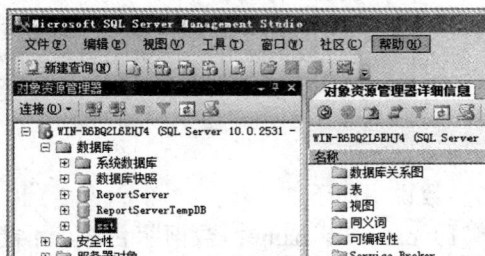

(6)在"对象资源管理器"窗口中右键单击要查看信息的 sst 节点,在弹出的快捷菜单中选择"属性"菜单命令,弹出"属性"窗口,即可查看 sst 数据库的基本信息、文件信息、文件组信息和权限信息等,如图 3-7 所示。

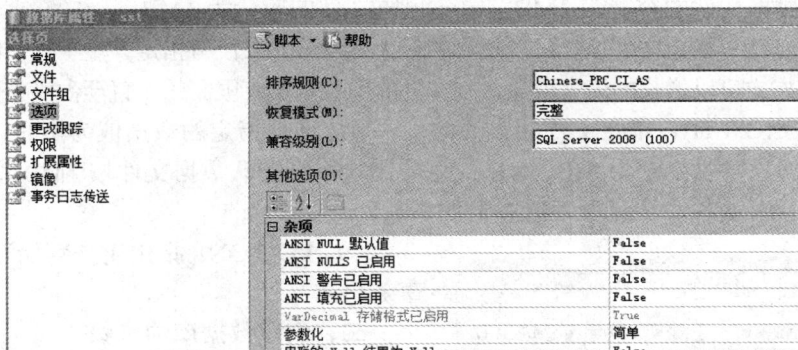

图 3-7　sst 数据库属性

3.5.2　使用 CREATE DATABASE 语句创建数据库

一、基本语法格式

使用 CREATE DATABASE 的基本语法格式如下:

```
CREATE  DATABASE  database_name
[ ON
{ [ PRIMARY ]
(
    NAME= logical_file_name ,
    FILENAME= ' os_file_name '
    [ , SIZE= size ]
    [ , MAXSIZE= max_size ]
    [ , FILEGROWTH= growth_increment ]
  )
} [ , ... n ]
]
[ LOG  ON
{
 (
    NAME= logical_file_name ,
```

```
   FILENAME= ' os_file_name '
   [ , SIZE= size ]
   [ , MAXSIZE= max_size ]
   [ , FILEGROWTH= growth_increment ]
  )
} [ , ... n ]
]
```

参数说明如下：

（1）database_name：数据库名称，不能与 SQL Server 现有的数据库实例名称相冲突。

（2）ON：指定用来存储数据的数据库文件。

（3）PRIMARY：指出是主文件组中的文件。

（4）NAME：指定文件的逻辑名称。

（5）FILENAME：指定文件的存储位置。如果给出路径，则必须是一个已经存在的路径。

（6）SIZE：指定数据库文件的初始大小。如果没有指定计量单位，则系统默认为 MB。默认情况下，数据文件的容量为 3MB，事务日志文件的容量为 1MB。

（7）MAXSIZE：指定文件增长可以达到的最大容量。如果没有指定计量单位，则系统默认为 MB。如果没有指定可以增长的最大容量，则文件的增长是没有限制的，直至占满整个磁盘空间。

（8）FILEGROWTH：指定文件的自动增量。当该选项指定的数据值为零时，表示文件不能增长。文件增长可以指定为 MB、KB 或百分比。系统默认数据文件按 1MB 增长，事务日志文件按文件 10%增长，并且不限制它们的增长。

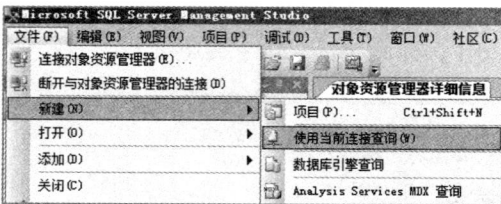

图 3-8 "使用当前连接查询"命令

询"菜单命令，如图 3-8 所示。

（9）LOG ON：指定用来存储数据库日志的事务日志文件。

二、创建数据库的步骤

使用 CREATE DATABASE 语句创建数据库的步骤如下：

（1）启动 SQL Server Management Studio，执行"文件"→"新建"→"使用当前连接查询"菜单命令，如图 3-8 所示。

（2）在"查询编辑器"窗口打开一个空的.sql 文件，输入创建数据库的 SQL 语句如下：

```
USE master
GO
CREATE DATABASE sst            /*创建数据库*/
ON
PRIMARY                        /*主文件组，可省略*/
(NAME= sst,                    /*数据库文件名*/
   FILENAME= ' c:\sst .mdf ' , /*数据库文件的存储位置*/
   SIZE=5MB,                   /*数据库文件初始大小*/
   MAXSIZE=40MB,               /*数据库文件的最大值*/
   FILEGROWS=4MB)              /*文件增量*/
LOG ON
 (NAME=sst_log,                /*事务日志文件逻辑名*/
   FILENAME='c:\sst.ldf',      /*事务日志文件的存储位置*/
   SIZE=15MB,                  /*事务日志文件初始大小*/
   MAXSIZE=60MB,               /*事务日志文件的最大值*/
```

```
        FILEGROWS=6MB)                              /*文件增量*/
    GO
```

（3）单击"执行"命令，即可成功创建 sst 数据库，如图 3-9 所示。

（4）使用系统提供的系统存储过程 sp_helpdb 查看数据库的拥有者、数据库容量、创建日期及状态等数据库的基本信息。在"查询编辑器"窗口输入系统存储过程 sp_helpdb 语句，单击"执行"命令，即可查看到数据库的信息，如图 3-10 所示。

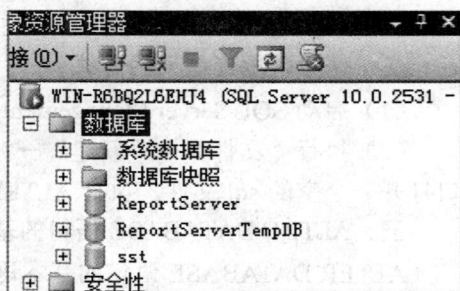

图 3-9　新建 sst 数据库

```
    sp_helpdb  sst
    GO
```

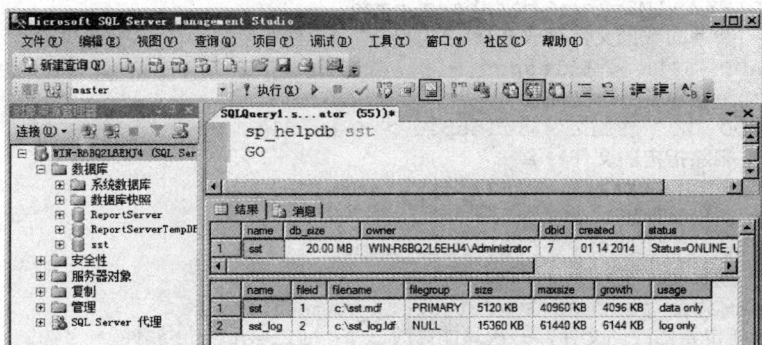

图 3-10　sst 数据库信息

📚 **提　示**

（1）如果系统存储过程 sp_helpdb 后面不带具体数据库名称参数，则是查看服务器上所有数据库的信息。

（2）可以使用系统存储过程 sp_spaceused 查看数据库使用和保留的空间。

3.6　管理数据库

数据库的管理主要包括查看或修改数据库信息、查看或修改数据库选项、重命名数据库和删除数据库。

3.6.1　查看或修改数据库信息

一、对现有的数据库信息进行修改

（1）在数据库中添加文件组。

（2）扩充数据库的容量。

1）给数据库新增次数据文件或事务日志文件。

2）修改现有的数据文件或事务日志文件的容量。

（3）缩减数据库的容量。

1）删除数据文件或事务日志文件。

2）缩减数据文件或事务日志文件的容量。

3）使用 SQL Server Management Studio 系统自动进行收缩。

二、修改数据库信息的方式

（1）启动 SQL Server Management Studio，选择"对象资源管理器"。

（2）执行"文件"→"新建"→"使用当前连接查询"菜单命令，在"查询编辑器"窗口打开一个空的.sql 文件，执行 ALTER DATABASE 语句。

三、ALTER DATABASE 语句的基本语法格式

ALTER DATABASE 语句的基本语法格式如下：

```
ALTER  DATABASE  database_name
{
        / * 重命名数据库 * /
        MODIFY  NAME= new_database_name
        / * 新增的数据文件存放在指定的文件组 * /
        | ADD  FILE < filespec > [ , …n] [ TO FILEGROUP filegroup_name ]
        / * 新增事务日志文件* /
        | ADD  LOG  FILE < filespec > [ , …n]
        / * 删除指定的文件* /
        | REMOVE  FILE  logical_file_name
        / * 新增文件组* /
        | ADD  FILEGROUP  filegroup_name
        / * 删除文件组* /
        | REMOVE  FILEGROUP  filegroup_name
        / *指定要修改的文件，一次只能修改一个< filespec >属性 * /
        | MODIFY  FILE < filespec >
}
< filespec > :: =
(
        NAME= logical_file_name
        [ , NEWNAME= new_logical_name ]
        [ , FILENAME= ' os_file_name ' ]
        [ , SIZE= size [ KB | MB | GB | TB ] ]
        [ , MAXSIZE= { max_size [ KB | MB | GB | TB ] | UNLIMITED } ]
        [ , FILEGROWTH= growth_increament [ KB | MB | GB | TB | % ] ]
```

四、使用 SQL Server Management Studio 修改数据库信息

在 SQL Server Management Studio 的"对象资源管理器"中对数据库的属性进行修改，来更改创建时的某些设置和创建时无法设置的属性。

启动 SQL Server Management Studio，选择"对象资源管理器"在"对象资源管理器"窗口中右键单击需要修改的"数据库"节点，在弹出的快捷菜单中选择"属性"菜单命令，打开指定数据库的"数据库属性"窗口。读者根据实际需要，分别对不同选项卡中的内容进行设置，如图 3-11 所示。

五、使用 ALTER DATABASE 语句在数据库中新增文件组

（1）在"查询编辑器"窗口输入新增名为 tablegroup 文件组的 ADD FILEGROUP 语句，单击"执行"命令，即可成功创建该文件组。

```
USE sst
GO
```

```
ALTER DATABASE sst
  ADD FILEGROUP tablegroup
GO
```

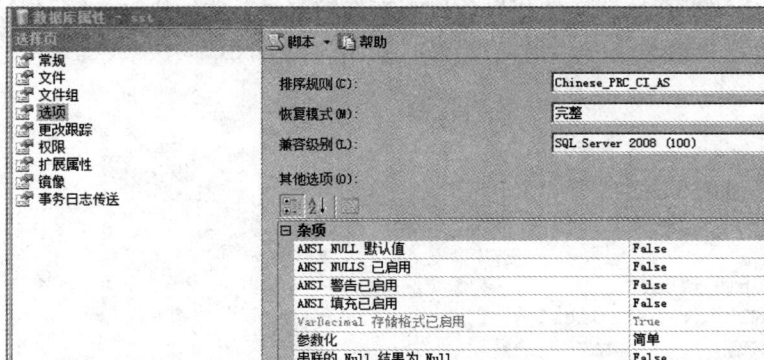

图 3-11　"数据库属性"窗口

（2）使用系统存储过程 sp_helpfilegroup 查看数据库
文件组信息。

在"查询编辑器"窗口输入查看文件组信息的系统
存储过程 sp_helpfilegroup，单击"执行"命令，即可查
看数据库中所有的文件组信息，如图 3-12 所示。

**六、使用 ALTER DATABASE 语句扩充数据文件和
事务日志文件的容量以扩充数据库的容量**

在"查询编辑器"窗口输入 MODIFY FILE 语句修
改现有的数据文件和事务日志文件容量，单击"执行"
命令，即可成功修改。然后执行系统存储过程 sp_helpdb
sst 语句即可查看数据库 sst 扩容后的信息，如图 3-13 所示。

图 3-12　新增数据库文件组的显示结果

```
USE master
GO
ALTER DATABASE sst
MODIFY FILE (NAME=sst,
  SIZE=30MB)
GO
ALTER DATABASE sst
  MODIFY FILE (NAME=sst_log,
  SIZE=40MB)
GO
```

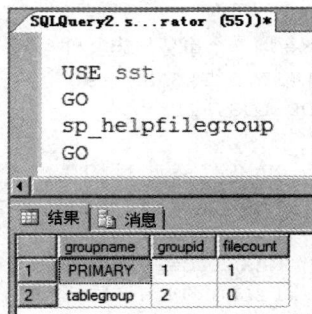

图 3-13　扩充 sst 数据库容量的显示结果

七、使用 ALTER DATABASE 语句新增次数据文件和事务日志文件以扩充数据库的容量

在"查询编辑器"窗口输入 ADD FILE 语句新增次数据文件和事务日志文件，单击"执行"命令，也可成功扩充数据文件和事务日志文件的容量。然后执行系统存储过程 sp_helpdb sst 语句，即可查看数据库 sst 扩容后的信息，如图 3-14 所示。

```
USE sst
GO
/*新增一个次数据文件*/
ALTER DATABASE sst
ADD FILE
(
    NAME='sst_data1',
    FILENAME='d:\sst_data1.ndf',
    SIZE=5MB,
    MAXSIZE=20MB,
    FILEGROWTH=3MB
)
GO
/*新增一个事务日志文件*/
ALTER DATABASE sst
ADD LOG FILE
(
    NAME='sst_log1',
    FILENAME='d:\sst_log1.ldf',
    SIZE=5MB,
    MAXSIZE=20MB,
    FILEGROWTH=3MB
)
GO
```

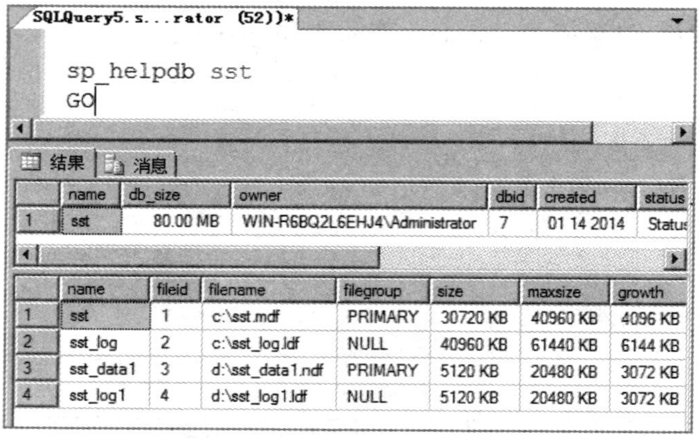

图 3-14　扩充 sst 数据库容量的显示结果

八、使用 ALTER DATABASE 语句删除数据文件或事务日志文件以缩减数据库的容量

在"查询编辑器"窗口输入 REMOVE FILE 语句删除指定的数据文件或事务日志文件，单击"执行"命令，即可缩减数据文件和事务日志文件的容量。然后执行系统存储过程 sp_helpdb sst 语句，即可查看数据库 sst 减容后的信息，如图 3-15 所示。

```
ALTER  DATABASE sst
    REMOVE FILE sst_data1
GO
ALTER DATABASE sst
    REMOVE FILE sst_log1
GO
```

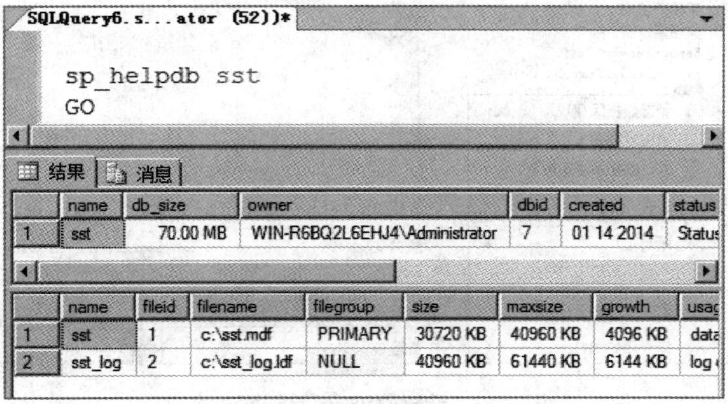

图 3-15　缩减 sst 数据库容量的显示结果

九、使用 DBCC SHRINKFILE 语句缩减数据库的容量

在"查询编辑器"窗口输入 DBCC SHRINKFILE 语句收缩数据库的数据文件或事务日志文件，单击"执行"命令，即可缩减数据文件和事务日志文件的容量。然后执行系统存储过程 sp_helpdb sst 语句，即可查看数据库 sst 的信息，如图 3-16 所示。

```
USE sst
GO
DBCC SHRINKFILE(sst,5)
GO
```

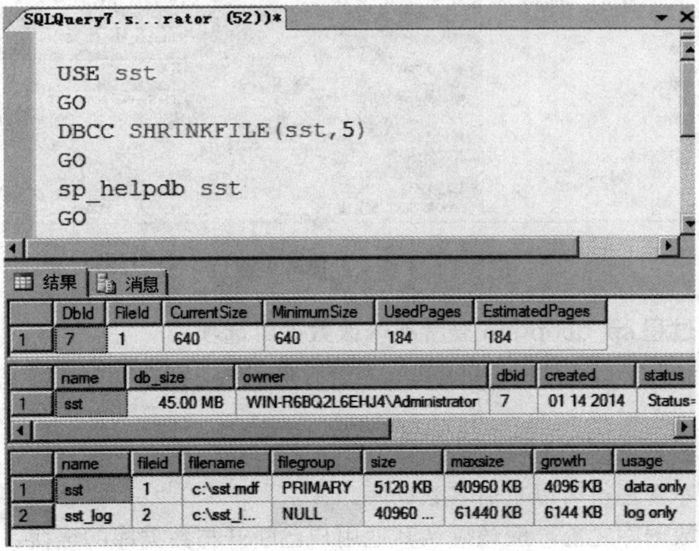

图 3-16　缩减 sst 数据库容量的显示结果

十、使用 SQL Server Management Studio 缩减数据库容量

在"对象资源管理器"窗口中右键单击要修改信息的"数据库"节点，在弹出的快捷菜单中选择"任务"→"收缩"→"数据库"菜单命令，如图 3-17 所示，弹出"收缩数据库-sst"窗口，单击"确定"按钮，系统会自动收缩数据库到合适的大小。

图 3-17　选择收缩 sst 数据库命令

3.6.2　查看或修改数据库选项

一、查看或修改数据库选项的方式

（1）SQL Server Management Studio。

（2）存储过程 sp_dboption。

二、使用 SQL Server Management Studio 查看或修改数据库选项

在"对象资源管理器"窗口中右键单击要重命名的"数据库"节点，在弹出的快捷菜单中选择"属性"菜单命令，输入新的数据库名称，按 Enter 键确认，如图 3-18 所示。

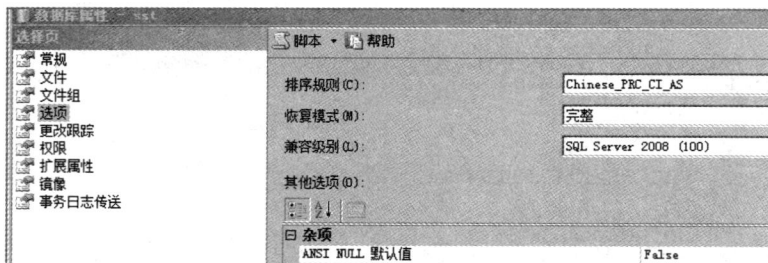

图 3-18　"数据库属性"窗口

三、使用存储过程 sp_dboption 查看或修改数据库选项

在"查询编辑器"窗口使用 sp_dboption 系统存储过程，查看可以修改的数据库选项，如图 3-19 所示。

3.6.3　重命名数据库

（1）只有数据库管理员可以重命名数据库。

（2）在重命名数据库之前，应该确认其他用户已断开与数据库的连接。

（3）将数据库的选项修改为单用户模式。

一、重命名数据库的方式

（1）SQL Server Management Studio。

（2）存储过程 sp_rename。

二、使用 SQL Server Management Studio 重命名数据库

图 3-19 sst 数据库中可修改选项的显示结果

提 示

在重命名数据库之前，需要将数据库修改为单用户模式。

（1）在"查询编辑器"窗口使用 sp_dboption 系统存储过程将 sst 数据库修改为单用户模式。

输入 SQL 语句如下：

```
USE sst
GO
Sp_dboption 'sst','single user','true'
GO
```

（2）在"对象资源管理器"窗口右键单击要重命名的"数据库"子节点，在弹出的快捷菜单中选择"重命名"菜单命令，如图 3-20 所示，输入新的数据库名称，按 Enter 键确认。

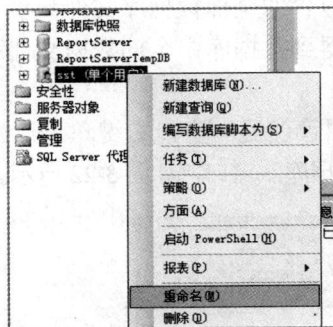

图 3-20 选择"重命名"命令

三、使用系统存储过程 sp_rename 重命名数据库

SQL 语句如图 3-21 所示。

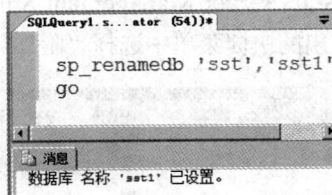

图 3-21 系统存储过程重命名数据库

3.6.4 删除数据库

删除数据库时，会从磁盘中删除数据库的所有文件和所有数据。因此，只有系统管理员和数据库所有者才有权限删除数据库。在删除数据库之前，应先做好数据库和事务日志的备

份。同时，不能删除系统数据库，否则会导致 SQL Server 2008 服务器无法使用。

一、删除数据库的方式

（1）SQL Server Management Studio。

（2）DROP DATABASE 语句。

二、使用 DROP DATABASE 语句删除数据库

提 示

使用 DROP DATABASE 语句要非常慎重，因为系统不会给出确认删除信息 。

在"查询编辑器"窗口输入 DROP DATABASE 语句，单击"执行"命令，即可成功删除 sst 数据库。

```
USE  master
GO
DROP DATABASE sst
GO
```

三、使用 SQL Server Management Studio 删除数据库

在"对象资源管理器"窗口右键单击要删除的"数据库"子节点，在弹出的快捷菜单中选择"删除"菜单命令或者直接按下 Delete 键。

3.7　附加/分离数据库

分离数据库是指将数据库从 SQL Server 实例中删除，但保留数据库的数据库文件和事务日志文件，这样，在 SQL Server Management Studio 中就看不到该数据库了。在需要时可以将这些文件附加到 SQL Server 数据库中。又或者当对数据库的数据进行更新后，需及时备份数据库，此时也可采用分离数据库的办法进行。附加/分离数据库也可以将数据库移植到另一台服务器上，或改变数据库数据文件和日志文件的物理位置。

3.7.1　附加数据库

在使用附加数据库功能之前，应先将要复制的数据库所包含的全部数据库文件和事务日志文件复制到自己的服务器上。可以通过数据库的属性窗口得到数据库中全部数据文件和日志文件的存放位置。

（1）启动 SQL Server Management Studio，在"对象资源管理器"窗口右键单击"数据库"节点，在弹出的快捷菜单中选择"附加"命令弹出"附加数据库"窗口，如图 3-22 所示。

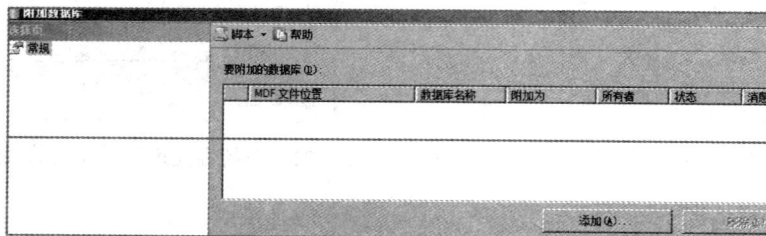

图 3-22　"附加数据库"窗口

（2）在"附加数据库"窗口中单击"添加"按钮，弹出"定位数据库文件"窗口，如图 3-23 所示。在该窗口找到 sst.mdf 文件所在的目录，选择要附加的数据库文件 sst.mdf，单击"确定"按钮。

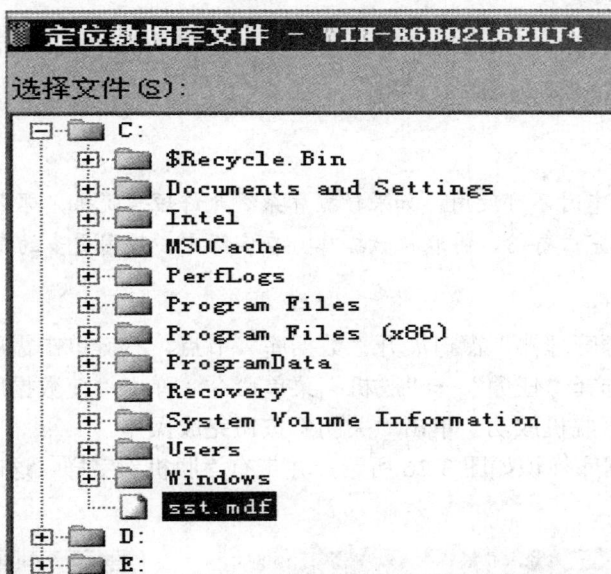

图 3-23 "定位数据库文件"窗口

（3）在"附加数据库"窗口，单击"确定"按钮，完成附加数据库的操作。

提 示

正在被使用的数据库是不允许复制其数据库文件和事务日志文件的，除非已经被分离。

3.7.2 分离数据库

将 sst 数据库从 SQL Server 实例中删除并将 sst.mdf、sst_log.ldf 文件保存在磁盘上。

（1）启动 SQL Server Management Studio，在"对象资源管理器"窗口右键单击"数据库"节点下面的 sst 数据库节点，在弹出的快捷菜单中选择"任务"→"分离"命令，弹出"分离数据库"窗口，如图 3-24 所示。

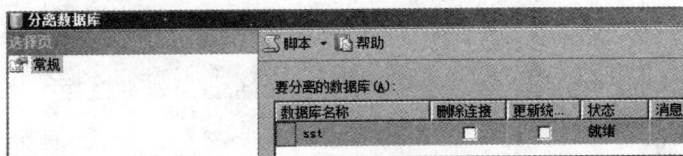

图 3-24 "分离数据库"窗口

（2）单击"确定"按钮，完成 sst 数据库的分离。

提 示

分离数据库需要对数据库具有独占访问权限。如果数据库正在使用，则限制为只允许单个用户进行访问。

3.8　数据库联机或脱机

当数据库处于联机状态时不能复制数据库文件。采用脱机/联机操作可方便地复制数据库文件，比分离/附加数据库更加简单、方便。

提　示

数据库处于离线状态时不可使用。如果数据库系统允许短暂脱机，那么可以让数据库脱机，然后复制数据库文件，完成备份，再联机数据库。在实际中，使用更多的是联机备份数据。

具体操作步骤如下：

（1）在"对象资源管理器"窗口展开"数据库"节点，右键单击需脱机操作的数据库，在弹出的快捷菜单中选择"任务"→"脱机"菜单命令，弹出"使数据库脱机"窗口，如图3-25所示，显示数据库脱机成功。单击"关闭"按钮完成操作。

（2）脱机后的数据库标识如图3-26所示，并带有"脱机"字样。这时，可以进行数据库文件的复制操作。

图 3-25　"使数据库脱机"窗口

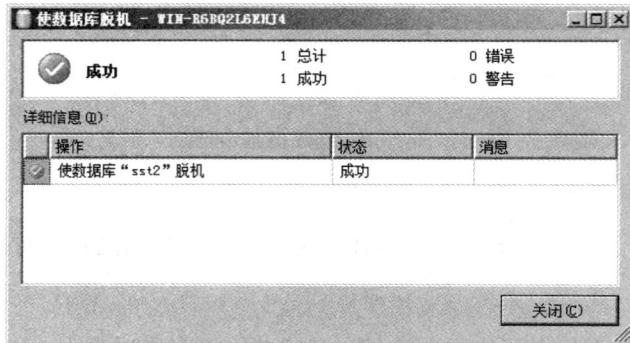

图 3-26　数据库脱机标识

（3）在"对象资源管理器"中展开"数据库"节点，右键单击需联机操作的数据库，在弹出的快捷菜单中选择"任务"→"联机"菜单命令，弹出"使数据库联机"窗口，如图3-27所示，显示数据库联机成功。单击"关闭"按钮完成操作。

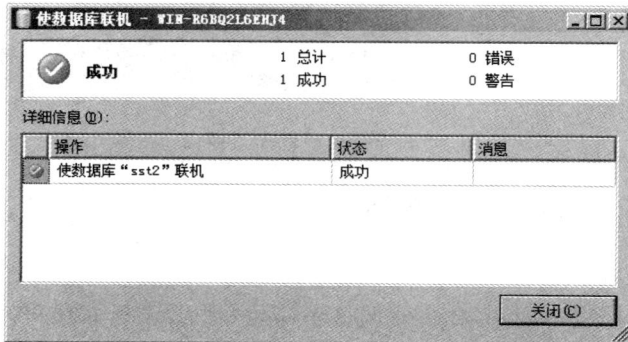

图 3-27　"使数据库联机"窗口

3.9　复制数据库

将数据库从一台计算机复制到其他计算机，可以用于创建镜像数据库或远程操作数据库。在 SQL Server 中，采用复制数据库向导来完成在服务器之间复制、移动数据库。具体操作步骤如下：

（1）启动 SQL Server Management Studio，在"对象资源管理器"窗口右键单击"SQL Server 代理"节点，在弹出的快捷菜单中单击"启动"命令启动 SQL Server 代理。

（2）在"对象资源管理器"窗口展开"数据库"节点，右键单击 sst 数据库节点，在弹出的快捷菜单中单击"任务"→"复制数据库"命令，弹出"复制数据库向导"窗口。

（3）单击"下一步"按钮，弹出"选择源服务器"窗口。设置源服务器，即要移动或复制的数据库所在的服务器，如图 3-28 所示。

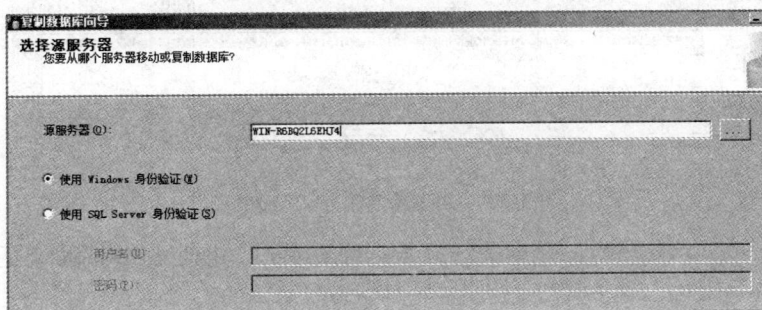

图 3-28　"选择源服务器"窗口

（4）单击"下一步"按钮，弹出"选择目标服务器"窗口，用于指定数据库移动或复制的目标服务器，如图 3-29 所示。在实际应用中，源服务器和目标服务器应该是不同的数据库服务器。本复制数据库的操作过程，为了方便学习和测试，源服务器和目标服务器选择为一样。

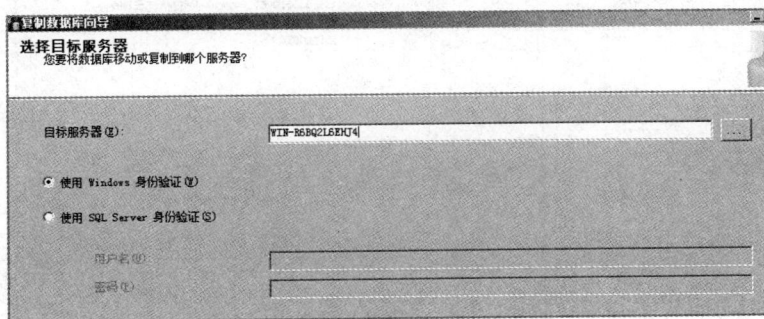

图 3-29　"选择目标服务器"窗口

（5）单击"下一步"按钮，弹出"选择传输方法"窗口，如图 3-30 所示。

1）使用分离和附加方法：从源服务器上分离数据库，将数据库文件复制到目标服务器，然后在目标服务器上附加数据库。使用此方法操作速度快，但在传输过程中用户无法使用数据库。

2）使用 SQL 管理对象方法：读取源数据库上每个数据库对象的定义，在目标数据库上再创建各个对象，然后从源表向目标表传输数据。使用该方法时，源数据库可以保持联机状态。

图 3-30　"选择传输方法"窗口

（6）单击"下一步"按钮，弹出"选择数据库"窗口，指定需要移动或复制的数据库，如图 3-31 所示。

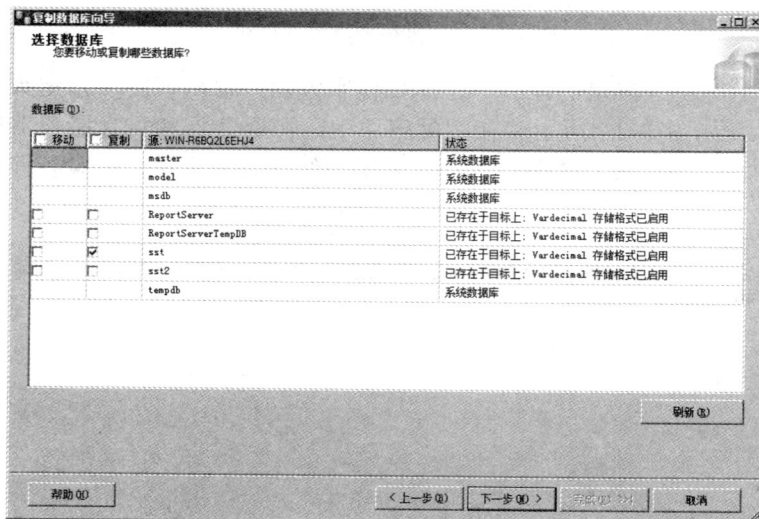

图 3-31　"选择数据库"窗口

（7）单击"下一步"按钮，弹出"配置目标数据库"窗口，在"目标数据库"下面的文本框指定目标数据库的名称，如图 3-32 所示。

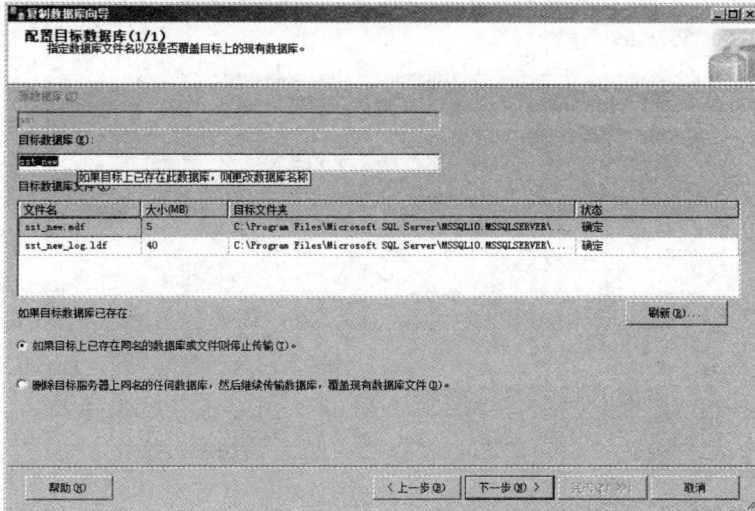

图 3-32 "配置目标数据库"窗口

（8）单击"下一步"按钮，弹出"配置包"窗口，复制数据库向导将创建 SSIS 包以传输数据库，如图 3-33 所示。

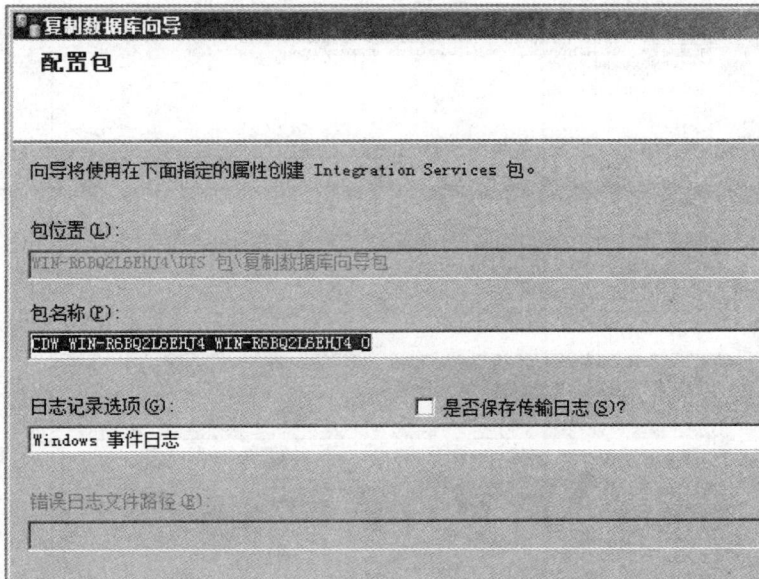

图 3-33 "配置包"窗口

（9）单击"下一步"按钮，弹出"安排运行包"窗口，选择"立即运行"单选按钮，如图 3-34 所示。

（10）单击"下一步"按钮，弹出"完成该向导"窗口，如图 3-35 所示。

（11）单击"完成"按钮，弹出"正在执行操作"窗口，如图 3-36 所示，单击"关闭"按钮，完成复制数据库的操作。

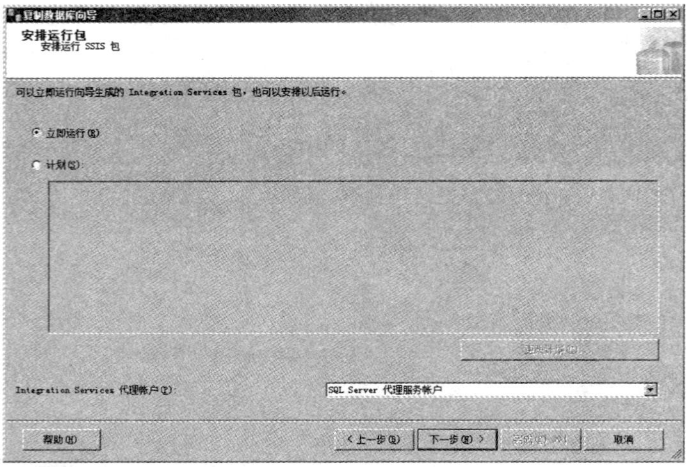

图 3-34　"安排运行包"窗口

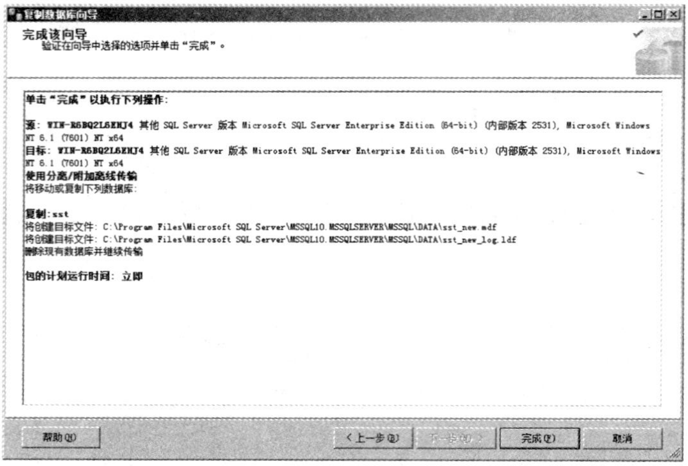

图 3-35　"完成该向导"窗口

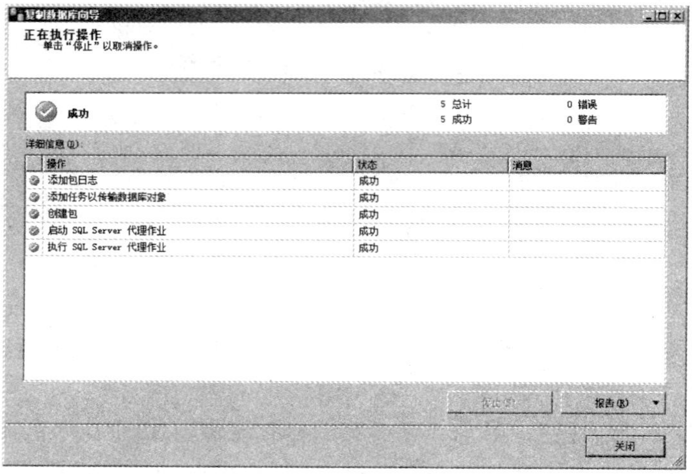

图 3-36　"正在执行操作"窗口

实 训 任 务

在学生选课系统的实训中，完成：

（1）创建数据库 xsxk，该数据库有一个 xsxk.mdf 的主数据文件和一个 xsxk_log.ldf 的事务日志文件。主数据文件容量为 10MB，事务日志文件容量为 15MB，主数据文件和事务日志文件的最大容量为 40MB，文件增长为 4MB。要求主数据文件和事务日志文件保存在不同的路径下。

（2）使用系统存储过程显示 xsxk 数据库的信息。

（3）在 xsxk 数据库下新增名为 xsgroup 的文件组。

（4）使用系统存储过程显示 xsxk 文件组的信息。

（5）以增加名为 xs 次数据文件的方式扩充 xsxk 数据库的容量。次数据库文件存放在 xsgroup 文件组，初始容量为 10MB，最大容量为 20MB，文件增量为 1MB。

（6）先将 xsxk 数据库分离，再将其附加到 SQL Server 2008 中。

（7）复制 xsxk 数据库。

本 章 小 结

（1）安装 SQL Server 时会自动安装 master、msdb、model、tempdb 4 个系统数据库。系统数据库由 SQL Server 数据库管理系统自动维护，这些数据库用于存放维护系统正常运行的信息。

（2）SQL Server 数据库在磁盘上是以文件为单位存储的，分为数据库文件和事务日志文件。一个数据库至少应该包括一个数据库文件和一个事务日志文件。数据库文件分为主数据文件与次数据文件，主数据文件扩展名为.mdf，次数据文件扩展名为.ndf。事务日志文件扩展名为.ldf。

（3）SQL Server 文件组分为主文件组和用户定义文件组。在创建数据库时，由数据库引擎自动创建一个名称为 PRIMARY 的主文件组。事务日志文件不存在于某个文件组中。

（4）使用 SQL Server Management Studio 或 CREATE DATABASE 语句创建数据库及配置数据库参数。

（5）使用 ALTER DATABASE 语句在数据库中新增文件组。

（6）使用 ALTER DATABASE 语句，以增加次数据文件或事务日志文件的方式、修改数据文件或事务日志文件容量的方法扩充数据库的容量。

（7）使用 ALTER DATABASE 语句，以删除数据文件或事务日志文件的方式缩减数据库的容量。

（8）使用 SQL Server Management Studio 或 DBCC SHRINKFILE 语句缩减数据库的容量。

（9）使用 SQL Server Management Studio 或 sp_rename 语句重命名数据库。

（10）使用 SQL Server Management Studio 或 DROP DATABASE 语句删除数据库。

（11）使用 SQL Server Management Studio 附加/分离数据库的方法。

（12）联机或脱机数据库的方法。

（13）使用 SQL Server Management Studio 复制数据库的方法。

（14）查看数据库信息的系统存储过程。

思 考 与 练 习

3-1　简述各个系统数据库的作用。

3-2　创建数据库时，系统默认的数据文件和事务日志文件容量是多少？

3-3　创建数据库后，如何显示指定数据库的信息？如何显示所有数据库的信息？

3-4　扩充数据库的容量有哪几种方式？

3-5　缩减数据库的容量有哪几种方式？

3-6　如何将数据库修改为单用户模式？

3-7　如何将数据库修改为只读模式？

第4章 创建和管理数据表

▲ 教学导航

一、教师的教学

1. 知识重点

（1）数据表的三种类型及其特点。

（2）创建数据表。

（3）管理数据表。

（4）显示数据表结构方面的信息。

2. 知识难点

在数据表的详细设计中，如何选择合适的数据类型和长度。

二、学生的学习

1. 知识目标

（1）数据表的三种类型及其特点。

（2）创建和管理数据表的 Transact-SQL 语句。

2. 技能目标

（1）根据实际情况选择合适的数据类型和长度，详细设计数据表。

（2）创建和管理（修改、重命名、删除）数据表。

（3）使用 Sp_help table 显示表结构。

▲ 课程学习

4.1 数据表概述

在 SQL Server 2008 中，数据库是数据表、索引、视图、存储过程、触发器等数据库对象的集合，需要在数据库中创建这些数据库对象并添加各种数据内容。这些在数据库对象中，最基本的是数据表，用来存储数据和操作的逻辑结构，包括行和列。其中，行是组织数据的单位，每一行表示唯一的一条记录；列主要描述数据的属性，每一列表示记录的一个属性，而且同一个表中的列名必须唯一。

SQL Server 中的表分为系统表、用户自定义表和临时表三类。

（1）系统表是 SQL Server 数据库引擎使用的表。系统表中存储了定义服务器配置及其所有表的数据。用户不允许对系统表进行修改，系统表的使用与普通表的使用类似。

（2）用户自定义表是指用户创建的表，是 SQL Server 中最常见的表，表中记录的是用户的数据。用户可以根据所拥有的权限创建、修改和删除用户自定义表。

（3）临时表存储在 tempdb 中，不是存储在用户的数据库中。临时表在用户不再使用时，会自动被 SQL Server 删除。临时表分为本地临时表和全局临时表。本地临时表的名称以"#"开头，全局临时表的名称以"##"开头。本地临时表仅对当前的用户连接可见，且当用户断开与 SQL Server 实例的连接时被删除。全局临时表创建后对所有连接的用户都是可见的，且当所有引用该表的用户断开与 SQL Server 实例的连接时被删除。因此全局临时表与本地临时表的区别在于：本地临时表只和创建该表的用户相关，而全局临时表则与使用该表的所有用户有关，这也是全局的意义所在。例如：

1）如果创建名为 sst_user 的表，只要在数据库中有使用该表的安全权限的用户，就可以使用该表。

2）如果创建名为#sst_user 的本地临时表，只有创建者才能对该表进行操作，且在断开连接时删除该表。

3）如果创建名为##sst_user 的全局临时表，则数据库中的任何用户都可对该表进行操作，SQL Server 在断开所有使用该全局临时表的用户连接后删除该表。

（4）临时表对于复杂的查询非常有用，通过灵活运用临时表，可以轻松解决这些问题。

4.2　创 建 数 据 表

4.2.1　数据表的详细设计

数据表的创建就是定义表的结构，包括列的名称、数据类型和约束等。

（1）列的名称：SQL Server 支持中文名和英文名。

（2）列的数据类型：说明列数据的取值范围，这些数据类型可以是系统定义的数据类型，也可以是用户自定义的数据类型。

（3）列的约束：就是为了进一步限制列的取值范围，包括：主键字、外键、列取值是否允许为空、列取值是否有默认值、列取值是否唯一等约束。

（4）数据表的存放位置：系统默认将数据表创建在 PRIMARY 主文件组中。如果需要将数据表创建在其他文件夹组中，则需要先创建文件组。

（5）尽量不要使用空值。

1）空值（NULL）不等于 0、空格或零长度的字符串。空值表示没有输入，意味着相应的值是未知的或未定义的。

2）当向一个表中插入记录时，如果没有给允许为空值的列提供值，则系统自动将其赋为空值。

3）由于空值会使查询和更新变得复杂，所以尽量不允许使用空值，可以使用默认约束代替空值。

4.2.2　使用 SQL Server Management Studio 创建数据表

（1）启动 SQL Server Management Studio，在"对象资源管理器"窗口依次展开"数据库"→sst 数据库，右键单击"表"选项，在弹出的快捷菜单中选择"新建表"命令，弹出

"表设计"窗口,输入图书表 book 的列名、数据类型和"允许 NULL 值",如图 4-1 所示。

(2)单击工具栏上的"保存"按钮,在弹出的"选择名称"窗口输入表名"book",最后单击"确定"按钮,完成表 book 的创建。

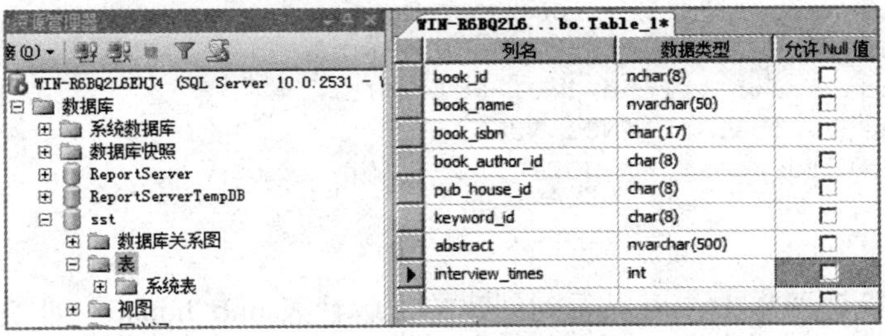

图 4-1 创建图书表 book

4.2.3 使用 CREATE TABLE 语句创建数据表

1. CREATE TABLE 语句的基本语法格式

```
CREATE  TABLE [ database_name . ] table_name
(
     column_name < data_type > [ NULL | NOT NULL ]
     | [ IDENTITY ( SEED , INCREMENT )]
     | [ DEFAULT  constant_expression ]
     { PRIMARY KEY | UNIQUE }
     [ ASC | DESC ],
     column_name < data_type > …
 )
[ ON { filegroup } DEFAULT ]
```

参数说明如下:

(1) database_name:指定要在其中创建数据表的数据库名称。系统默认使用当前数据库。

(2) table_name:指定要创建的数据表的名称。

(3) column_name:指定数据表中各个列的名称,列名称必须是唯一的。

(4) data_type:指定列的数据类型,可以是系统数据类型,也可以是用户自定义数据类型。

(5) NULL | NOT NULL:确定该列是否允许使用空值。

(6) IDENTITY:指定该列需要产生唯一系统值。

(7) DEFAULT:指定该列的默认值。

(8) PRIMARY KEY:指定该列的主键约束。

(9) UNIQUE:指定该列的唯一性约束。

(10) ON { filegroup } DEFAULT:指定将表创建在哪个文件组。系统默认将表创建在主文件组,即 PRIMARY。

2. 使用 CREATE TABLE 语句创建数据表

启动 SQL Server Management Studio,执行"文件"→"新建"→"使用当前连接查询"菜单命令,在"查询编辑器"窗口打开一个空的.sql 文件,输入创建出版社表 pub_house 的 CREATE TABLE 语句如下:

```
USE sst
GO
```

```
/*创建出版社表*/
CREATE TABLE pub_house
(
    pub_house_id  char(8) NOT NULL,
    pub_house_name  nvarchar(60) NOT NULL,
    pub_house_address nvarchar(80) NOT NULL,
    pub_homepage_url varchar(60) NOT NULL,
    pub_phone varchar(15) NOT NULL,
    pub_postalcode char(6) NOT NULL
)
GO
```

在"对象资源管理器"中，可以看到创建的出版社表 pub_house，如图 4-2 所示。

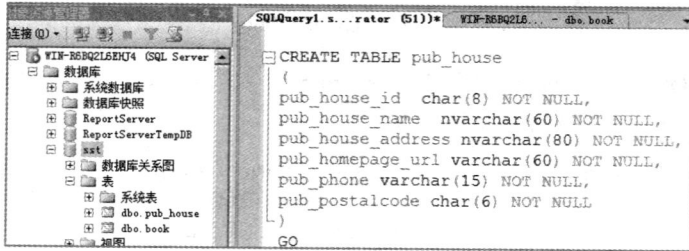

图 4-2   在"对象资源管理器"中查看出版社表创建结果的显示

本节以数据表 book 和数据表 pub_house 为例，说明了创建表的方法和详细步骤，其他数据表以同样的方法进行创建，本章节就不再赘述。

4.3   查看数据表信息

数据表创建后，读者可以根据需要查看数据表信息，例如表的结构、表的属性、表中存储的数据以及与其他数据对象之间的依赖关系等。

4.3.1   使用 SQL Server Management Studio 查看数据表信息

一、查看表的结构

在"对象资源管理器"窗口依次展开"数据库"→sst→"表"节点，右键单击需要查看的数据表，在弹出的快捷菜单中选择"设计"命令，弹出"表设计"窗口，如图 4-3 所示，与之前创建数据表的窗口是同一个。在该窗口中显示了表中定义的各列的名称、数据类型、是否允许空值以及主键唯一性约束等信息。

二、查看表的信息

在"对象资源管理器"窗口依次展开"数据库"→sst→"表"节点，右键单击需要查看的数据表，在弹出的快捷菜单中选择"属性"命令，弹出"表属性"窗口，如图 4-4 所示。在该窗口中显示了表的各类信息。该窗口中的属性不能修改。

📚 提 示

右键单击选中的数据表，在弹出的快捷菜单中选择"编辑前 200 行"命令，将显示所选数据表的前 200 条记录，并允许编辑这些记录。也可以右键单击选中的数据表，在弹出的快捷菜单中选择"查看依赖关系"命令，将显示该数据表和其他数据对象的依赖关系。

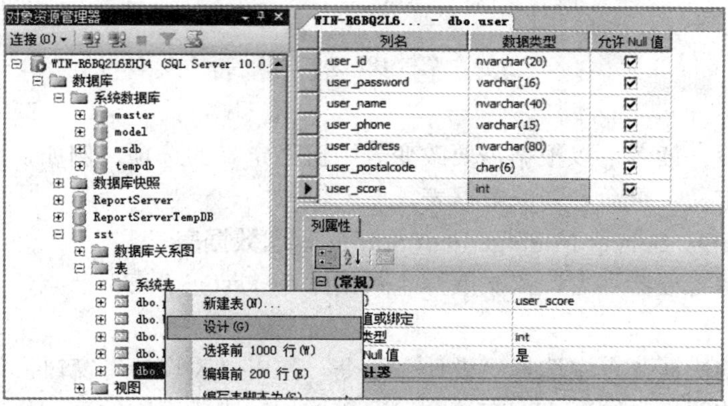

图 4-3 查看 user 数据表的结构

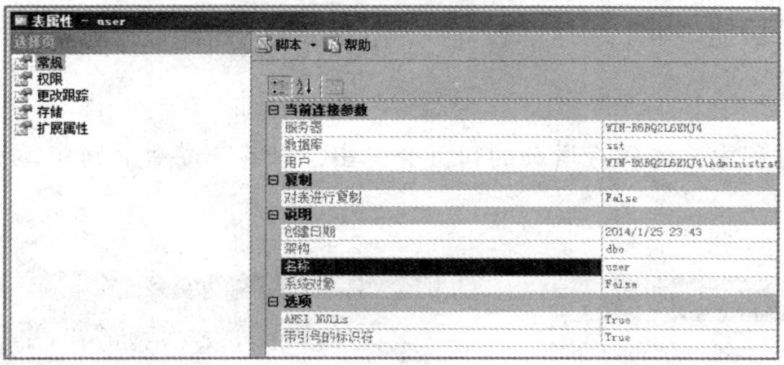

图 4-4 “表属性”窗口

4.3.2 使用系统存储过程查看数据表结构

通过系统存储过程 sp_help 查看数据表结构，这种方法比 SQL Server Management Studio 更直观。查看数据表 book 结构的结果如图 4-5 所示。

```
sp_help table_name
```

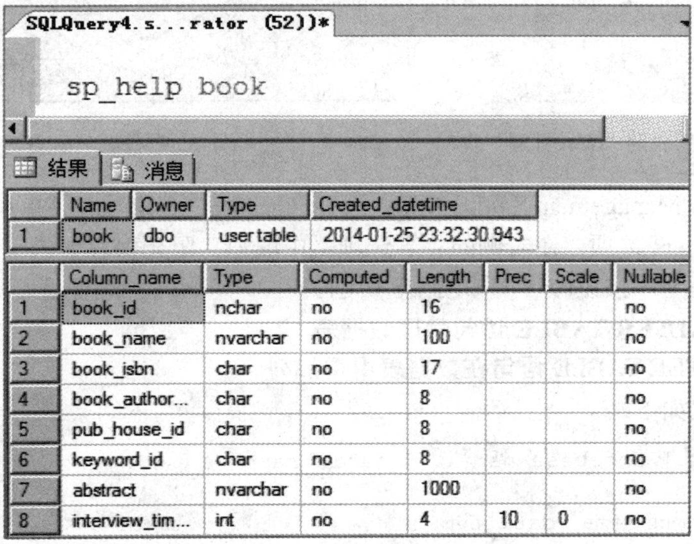

	Name	Owner	Type	Created_datetime
1	book	dbo	user table	2014-01-25 23:32:30.943

	Column_name	Type	Computed	Length	Prec	Scale	Nullable
1	book_id	nchar	no	16			no
2	book_name	nvarchar	no	100			no
3	book_isbn	char	no	17			no
4	book_author...	char	no	8			no
5	pub_house_id	char	no	8			no
6	keyword_id	char	no	8			no
7	abstract	nvarchar	no	1000			no
8	interview_tim...	int	no	4	10	0	no

图 4-5 数据表 book 相关信息

4.4　管　理　数　据　表

数据表创建后，读者可以根据需要改变表中已经定义的选项，例如，增加、删除表中的列，修改表的列定义，重命名列或数据表。

4.4.1　使用 SQL Server Management Studio 管理数据表

在"对象资源管理器"窗口依次展开"数据库"→sst→"表"节点，右键单击需要管理的数据表：

（1）在弹出的快捷菜单中选择"设计"命令，弹出"表设计"窗口，如图 4-6 所示，与之前创建数据表的窗口是同一个。在该窗口可以增加、删除表中的列，修改表的列定义，以及重命名列。最后单击"保存"按钮即可保存修改。

（2）在弹出的快捷菜单中选择"重命名"命令，输入新的数据表表名，按 Enter 键确认。

提　示

如果在保存过程中无法保存增加的列，会弹出"保存"警告对话框，如图 4-7 所示。按照以下方法解决。

图 4-6　keyword 数据表的"表设计器"窗口　　　　图 4-7　"保存"警告对话框

在 SQL Server Management Studio 窗口，选择"工具"→"选项"菜单命令，打开"选项"窗口，选择 Designers 选项，在右侧的"表选项"中取消"阻止保存要求重新创建表的更改"复选框，单击"确定"按钮即可，如图 4-8 所示。

4.4.2　使用 ALTER TABLE 语句管理数据表

一、使用 ALTER TABLE 语句在数据表中增加列

基本语法格式如下：

```
ALTER  TABLE [ database_name . ] table_name
(
    ADD  column_name data_type
    [ NULL | NOT NULL ]
```

```
   | [ DEFAULT  constant_expression ]
   { PRIMARY KEY | UNIQUE }
)
```

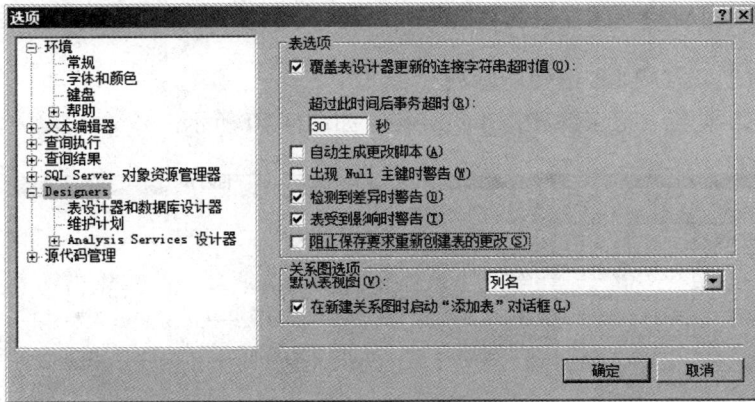

图 4-8   "选项"对话框

二、使用 ALTER TABLE 语句在数据表中修改列定义

基本语法格式如下：

```
ALTER  TABLE [ database_name . ] table_name
(
    ALTER  COLUMN  column_name  new_ data_type
    [ NULL | NOT NULL ]
    | [ DEFAULT  constant_expression ]
    { PRIMARY KEY | UNIQUE }
)
```

三、使用 ALTER TABLE 语句在数据表中删除列

基本语法格式如下：

```
ALTER  TABLE [ database_name . ] table_name
(
    DROP  COLUMN  column_name
)
```

四、使用 ALTER TABLE 语句增加列

在 keyword 数据表中增加列 fifth_keyword，如图 4-9 所示。

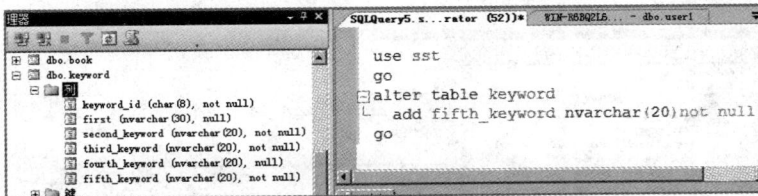

图 4-9   在 keyword 数据表中增加列 fifth_keyword 的显示结果

提　示

在数据表已有数据的情况下，新增列必须允许新增列为空。否则，表中已有数据行的那些新增列的值为空与新增列不允许为空相矛盾，会导致新增列操作失败。

五、使用 ALTER TABLE 语句删除列

在 keyword 数据表中删除列 fifth_keyword，如图 4-10 所示。

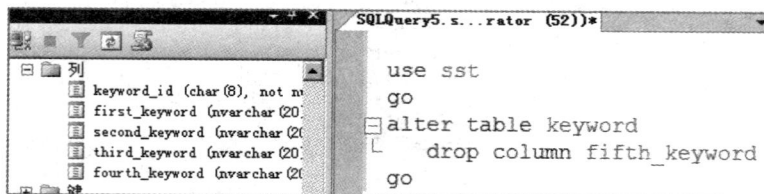

图 4-10　在 keyword 数据表中删除列 fifth_keyword 的显示结果

六、使用 ALTER TABLE 语句修改列定义

在 book 数据表中修改 interview_times 列的定义，如图 4-11 所示。

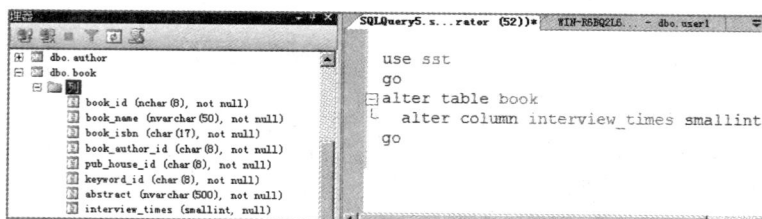

图 4-11　在 book 数据表中修改 interview_times 列定义的显示结果

提　示

修改列定义时，如果修改后的长度小于原来定义的长度，或者修改成其他数据类型，会造成数据丢失。

七、使用系统存储过程 sp_rename 重命名

使用系统存储过程 sp_rename 重命名数据表列名 first_keyword，如图 4-12 所示。或重命名数据表表名，如图 4-13 所示。

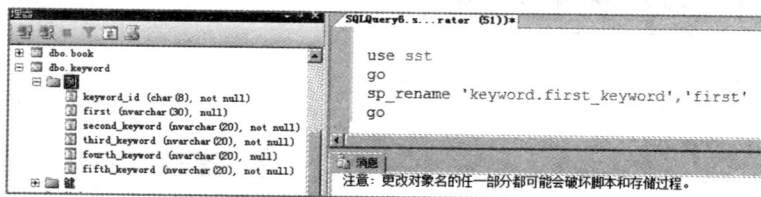

图 4-12　在 keyword 数据表中 sp_rename 重命名列 first_keyword 的显示结果

图 4-13 重命名 book 数据表的显示结果

提 示

更改对象名的任何一部分都可能破坏脚本和存储过程。从程序执行时系统给出的提示可以看出，重新命名以后，原有的相关性关系将会破坏，引用原表的视图和存储过程将无法再使用，因此，必须先删除这些视图和存储过程再重新创建。

4.5 删 除 数 据 表

4.5.1 使用 DROP TABLE 语句删除数据表

```
DROP TABLE table_name
```

4.5.2 使用 SQL Server Management Studio 删除数据表

在"对象资源管理器"窗口依次展开"数据库"→sst→"表"节点，右键单击需要删除的数据表，在弹出的快捷菜单中选择"删除"命令，在弹出的"删除对象"窗口中单击"确定"按钮，即可删除选定的数据表，如图 4-14 所示。

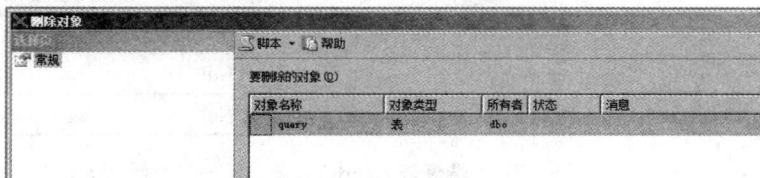

图 4-14 "删除对象"窗口

实 训 任 务

在学生选课系统的实训中，完成：

（1）详细设计数据表，见表 4-1～表 4-5。

表 4-1　　　　　　　　　　　　　课程表 course

列名	数据类型	列的约束
course_id	char(8)	Primary Key
course_name	nvarchar(50)	Not Null 、Unique
course_kind	char(8)	Not Null
course_credit	tinyint	Not Null

续表

列名	数据类型	列的约束
teacher_name	nvarchar(40)	Not Null、Default
department_id	char(4)	Not Null、Foreign Key
course_time	nvarchar(50)	Not Null
limit_number	tinyint	Not Null
choose_number	tinyint	Not Null

表 4-2　　　　　　　　　　　　　　系部表 department

列名	数据类型	列的约束
department_id	char(4)	Primary Key
department_name	nvarchar(40)	Not Null

表 4-3　　　　　　　　　　　　　　学生表 student

列名	数据类型	列的约束
student_id	char(8)	Primary Key
student_name	nvarchar(40)	Not Null
class_id	char(6)	Not Null、Foreign Key

表 4-4　　　　　　　　　　　　　　班级表 class

属性名称	数据类型	数据完整性规则
class_id	char(8)	Primary Key
class_name	nvarchar(40)	Not Null
department_id	char(4)	Not Null

表 4-5　　　　　　　　　　　　　　选修表 elective

列名	数据类型	列的约束
student_id	char(8)	Primary Key
course_id	char(8)	

（2）在学生选课数据库 xsxk 数据库中创建以上数据表的结构。

（3）掌握系统存储过程 sp_help、sp_rename 的使用方法。

本　章　小　结

（1）数据表是最基本的数据库对象，用来存储数据和操作的逻辑结构。SQL Server 中的表分为系统表、用户自定义表和临时表三类。系统表是 SQL Server 数据库引擎使用的表。用户自定义表是用户创建的表，记录了用户的数据。临时表存储在 tempdb 中，当用户不再使用时，会自动被 SQL Server 删除。

（2）数据表的创建就是定义表的结构，包括列的名称、数据类型和约束等。使用 SQL Server Management Studio 或 CREATE TABLE 语句创建表。使用 SQL Server Management Studio 或系统存储过程 sp_help 查看表结构。使用 ALTER TABLE 语句修改表结构。使用系统存储过程 sp_rename 重命名列或重命名表。使用 SQL Server Management Studio 或 DROP TABLE 语句删除表。

思 考 与 练 习

简述在项目开发中，如何选择合适的数据类型和长度。

第5章 实施数据的完整性规则

一、教师的教学

1．知识重点

（1）约束、标识列的作用。

（2）各种约束的使用方法。

（3）创建标识列的方法。

2．知识难点

根据实际情况设计约束，有效地维护数据的完整性。

二、学生的学习

1．知识目标

（1）五类约束的特点及其使用时机。

（2）标识列的作用及其创建方法。

2．技能目标

（1）根据实际情况设计约束，有效地维护数据的完整性。

（2）创建标识列。

▲ 课程学习

数据完整性是指保证数据正确的特性。本书 2.4 节介绍了数据完整性规则的基本知识。在此基础上，本章将学习如何在 SQL Server 中实施和管理数据的完整性，包括约束、默认值、标识列。读者能根据实际情况设计数据库的数据完整性规则，引导数据库用户输入正确的数据，限制数据库用户输入不符合逻辑的数据。

📖 ｜ 提　示

SQL Server Management Studio 已不再提供管理默认值和规则的功能，读者应避免在新的开发工作中使用默认值和规则，并应着手修改当前还在使用该功能的应用程序，将默认值修改为默认值约束，将规则修改为检查约束。

5.1　使用约束实施数据的完整性

约束定义关于列中允许值的规则，是一个定义 SQL Server 自动强制数据库完整性的方式，是强制完整性的标准机制。

（1）使用约束优先于触发器。

（2）SQL Server 2008 的五类约束。

1）PRIMARY KEY（主键）约束：其值能唯一标识表中行的列或列的组合称为主键约束，用来实现实体完整性规则，保证关系中的每个元组都是可识别的和唯一的。主键列不允许为 NULL，每个数据表只能有一个主键约束。

2）FOREIGN KEY（外键）约束：外部关键字的取值不能超出所参照的主关键字的取值范围，用来实现参照完整性规则。定义时，该约束参照的列必须是 PRIMARY KEY 约束或者 UNIQUE 约束的列，而且外键列表中的列数目和每个列指定的数据类型都必须和 REFERENCES 表中的列相匹配。

3）UNIQUE（唯一性）约束：基于一列或多列定义，目的是保证在非主关键字的一列或多列组合中不能输入重复的值。一个表可以定义多个唯一性约束。

4）CHECK（检查）约束：限制列的取值范围。可以限制一个列的取值范围，也可以限制同一个表中多个列之间的取值约束关系，但不可以限制多个表中的多个列之间的取值约束关系。在对有检查约束的列的值进行更新时，系统自动检查列值的有效性。

5）DEFAULT（默认值）约束：为列提供默认值。如果插入记录时没有为该列指定值，则系统自动使用默认值。默认值可以是计算结果为常量的任何值，包括常量、内置函数或数学表达式等。每个列只能有一个默认值约束。默认值约束不能与 IDENTITY 属性和 TIMESTAMP 属性一起使用。

（3）可以使用 SQL Server Management Studio、CREATE TABLE 语句、ALTER TABLE 语句创建、添加或删除约束。

5.1.1　主键约束（PRIMARY KEY）的创建或删除

一、使用 CREATE TABLE 语句创建主键约束

以 author 为例，创建表的同时创建主键，创建结果如图 5-1 所示。

```
USE sst
GO
CREATE TABLE author
(
    author_id char(8),
    author_name nvarchar(40),
    author_life nvarchar(500),
    CONSTRAINT pk_author PRIMARY KEY (author_id)
)
GO
```

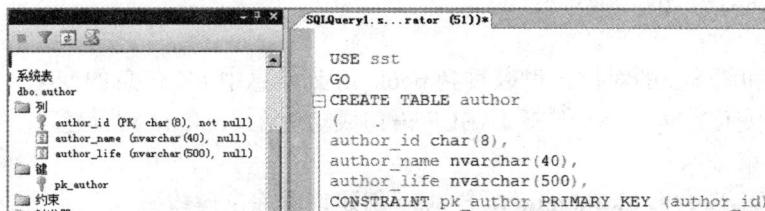

图 5-1　创建 author 表的同时创建主键约束

通过图 5-1 可以看出，author_id 列信息多了 PK 信息，在"键"节点多了一个主键约束 pk_author，表示 CREATE TABLE 语句成功地在 author_id 列创建了一个主键约束。

二、使用 ALTER TABLE 语句添加主键约束

使用 ALTER TABLE 语句添加主键约束的基本语法格式如下：

```
ALTER  TABLE [ database_name . ] table_name
(
    ADD  CONSTRAINT  constraint_name PRIMARY KEY (col_name)
)
```

以表 book 为例，将 book_id 定义为主键约束，约束名为 pk_book，如图 5-2 所示。

```
USE sst
GO
ALTER TABLE book
    ADD CONSTRAINT pk_book PRIMARY KEY (book_id)
GO
```

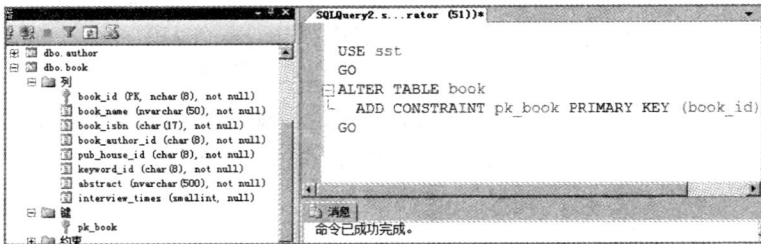

图 5-2　数据表 book 添加主键约束 pk_book

通过图 5-2 可以看出，book_id 列信息多了 PK 信息，在"键"节点多了一个主键约束 pk_book，表示 ALTER TABLE 语句成功地在 book_id 列添加了一个主键约束。

三、使用 ALTER TABLE 语句删除主键约束

使用 ALTER TABLE 语句删除约束的基本语法格式如下：

```
ALTER  TABLE [ database_name . ] table_name
(
    DROP  CONSTRAINT  constraint_name
)
```

以表 book 为例，删除名为 pk_book 的主键约束，如图 5-3 所示。

```
USE sst
GO
ALTER TABLE book
DROP CONSTRAINT pk_book
GO
```

通过图 5-2 和图 5-3 的对比，可以看到 book_id 列信息中 PK 信息的变化，以及在"键"节点主键约束的变化，表示 ALTER TABLE 语句成功地在 book_id 列创建了主键约束，之后又删除了主键约束。

四、使用 SQL Server Management Studio 创建或删除主键约束

（1）在"对象资源管理器"窗口展开 sst 数据库，再展开"表"选项。

（2）右键单击 book 表，在弹出的快捷菜单中选择"设计"命令，打开表设计器。

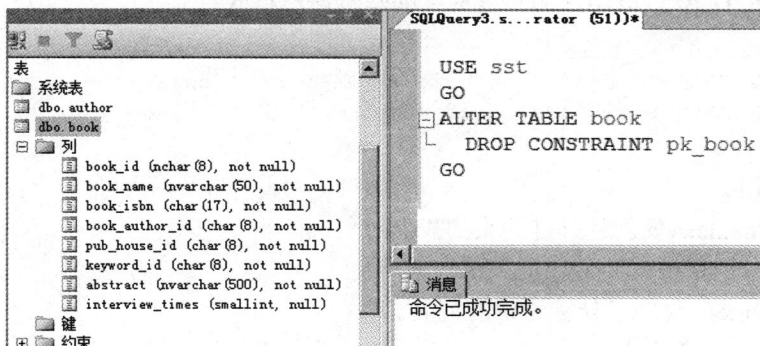

图 5-3　数据表 book 删除主键约束 pk_book

（3）在表设计器中选择 book_id 行，单击鼠标右键，在弹出的快捷菜单中选择"设置主键"命令，如图 5-4 所示。命令执行后，在 book_id 行左侧出现 🔑，表示成功创建主键约束。

（4）单击工具栏上的"保存"按钮。

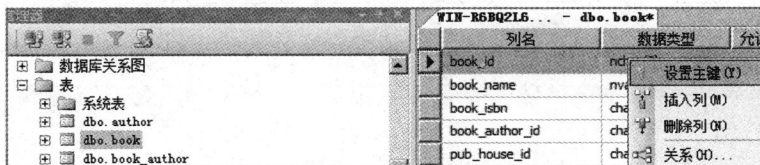

图 5-4　数据表 book 添加主键约束

（5）再次选中 book_id 行，单击鼠标右键，在弹出的快捷菜单中选择"删除主键"命令，则成功删除主键约束，如图 5-5 所示。

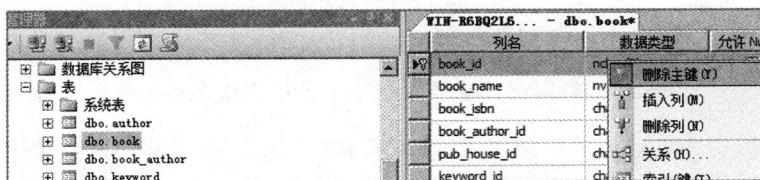

图 5-5　数据表 book 删除主键约束

按照上述方法，添加其他各个数据表的主键约束，在此就不再赘述。

提　示

RIMARY KEY 约束只能删除，不能修改。

5.1.2　外键约束（FOREIGN KEY）的添加或删除

提　示

定义外键约束之前，必须先定义主键约束；在删除主键约束时，必须首先删除外键约束。

一、使用 ALTER TABLE 语句添加外键约束

使用 ALTER TABLE 语句添加外键约束的基本语法格式：

```
ALTER TABLE table1_name
    ADD CONSTRAINT constraint_name FOREIGN KEY (col1_name)
    REFERENCES table2_name (col2_name)
GO
```

参数说明如下：

（1）table1_name：要创建外键约束的表名。

（2）constraint_name：要创建的外键约束名。

（3）col1_name：要创建外键约束的列名。

（4）table2_name：表名。

（5）col2_name：外键约束参照的主键约束的主键列名。

以表 book 为例，将 keyword_id 定义为外键约束，如图 5-6 所示。

```
USE sst
GO
ALTER TABLE book
   ADD CONSTRAINT fk_book_keyword FOREIGN KEY (keyword_id)
   REFERENCES keyword (keyword_id)
GO
```

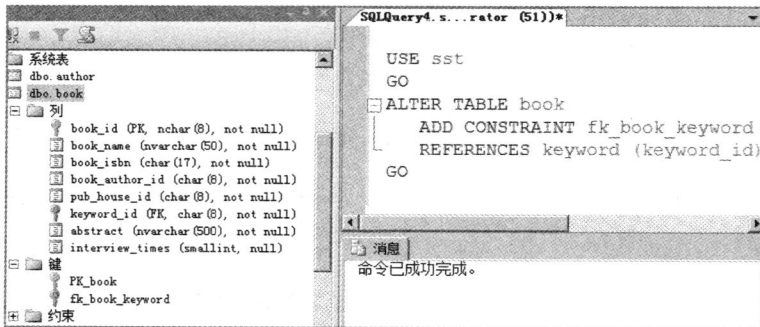

图 5-6　数据表 book 添加外键约束 fk_book_keyword

从图 5-6 可以看出，keyword_id 列信息多了 FK 信息，在 "键" 节点多了一个外键约束 fk_book_keyword，表示 ALTER TABLE 语句成功地在 keyword_id 列添加了一个外键约束。

二、使用 ALTER TABLE 语句删除外键约束

使用 ALTER TABLE 语句删除外键约束的基本语法格式：

```
ALTER TABLE table1_name
   DROP CONSTRAINT constraint_name
GO
```

以表 book 为例，删除名为 fk_book_keyword 的外键约束，如图 5-7 所示。

```
USE sst
GO
ALTER TABLE book
   DROP CONSTRAINT fk_book_keyword
GO
```

对比图 5-6 和图 5-7，可以看到 keyword_id 列信息中 FK 信息的变化，以及在"键"节点外键约束的变化，表示 ALTER TABLE 语句在 keyword_id 列添加了外键约束，之后又删除了外键约束。

图 5-7　数据表 book 删除外键约束 fk_book_keyword

三、使用 SQL Server Management Studio 添加外键约束

（1）在"对象资源管理器"窗口展开 sst 数据库，再展开"表"选项。

（2）右键单击 book 表，在弹出的快捷菜单中选择"设计"命令。

（3）单击工具栏上的"关系"按钮 ，打开"外键关系"窗口，如图 5-8 所示。

图 5-8　"外键关系"窗口

（4）单击"添加"按钮，如图 5-9 所示。

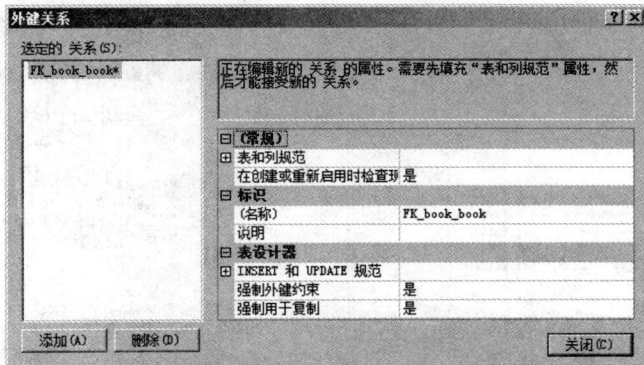

图 5-9　"外键关系"对话框

（5）先单击"表和列规范"行，然后单击在"表和列规范"右侧的按钮 ，弹出"表和

列"窗口，按照下面的步骤进行设置：

1）在"关系名"文本框中输入定义的外键名 fk_book_keyword。

2）在"主键表"下拉列表中选择 keyword 选项。

3）外键表为 book，不需修改。

4）在"外键表"选项下方的下拉列表中清除第一行显示的列名，在下拉列表中选择"无"选项。

5）在"主键表"下拉列表下方的列表中选择 keyword_id 选项为主键列。

6）在"外键表"下拉列表的列表中选择 keyword_id 选项为外键列。

7）完成设置后的窗口显示如图 5-10 所示，单击"确定"按钮。

（6）单击"关闭"按钮。单击工具栏上的"保存"按钮，显示如图 5-11 所示的系统提示信息窗口，单击"是"按钮，完成添加外键约束的操作，结果如图 5-12 所示。

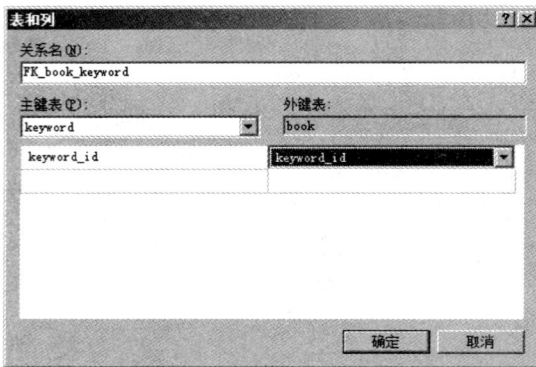

图 5-10　完成设置后的窗口显示

图 5-11　"保存"窗口

通过图 5-12 可以看出，keyword_id 列信息多了 FK 信息，在"键"节点多了一个外键约束 fk_book_keyword，表示通过 SSMS 也能成功地在 keyword_id 列添加一个外键约束。

四、使用 SQL Server Management Studio 删除外键约束

（1）在"对象资源管理器"窗口展开 sst 数据库，再展开"表"选项。

（2）右键单击 book 表，在弹出的快捷菜单中选择"设计"命令。

（3）单击工具栏上的"关系"按钮 ⛓，打开"外键关系"窗口，如图 5-13 所示。

图 5-12　数据表 book 添加的外键约束

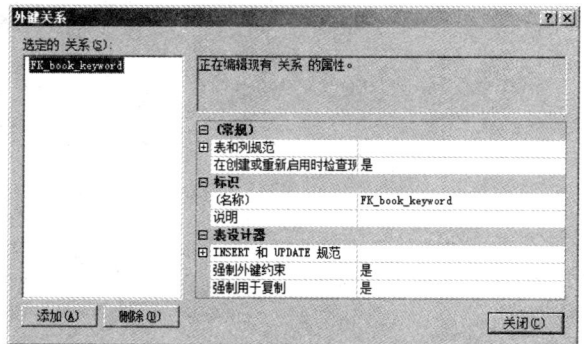

图 5-13　"外键关系"窗口

（4）在"外键关系"对话框中的"选定的关系"列表中选择需要删除的外键约束，单击

"删除"按钮，删除外键约束。

（5）单击工具栏上的"保存"按钮。

提　示

外键一般不需要与对应的主键名称相同。但是，为了便于识别，当外键与对应的主键不在同一数据表时，通常使用相同的名称。

按照上述方法，添加其他各个数据表的主键约束，在此就不再赘述。

5.1.3　唯一性约束（UNIQUE）的添加或删除

唯一性约束和主键约束都强制唯一性，但在强制下列唯一性时应使用唯一性约束而不是主键约束：

（1）强制一列或多列组合（不是主键）的唯一性。

（2）允许 NULL 值的列（注意唯一性约束列只允许有一个 NULL 值）。

一、使用 ALTER TABLE 语句添加或删除唯一性约束

以表 pub_house 为例，先将 pub_house_name 定义为唯一性约束，再删除名为 un_pub_house_name 的唯一性约束，如图 5-14 所示。

```
/*添加唯一性约束*/
USE sst
GO
ALTER TABLE pub_house
    ADD CONSTRAINT un_pub_house_name UNIQUE (pub_house_name)
GO


/*删除唯一性约束*/
USE sst
GO
ALTER TABLE pub_house
    DROP CONSTRAINT un_pub_house_name
GO
```

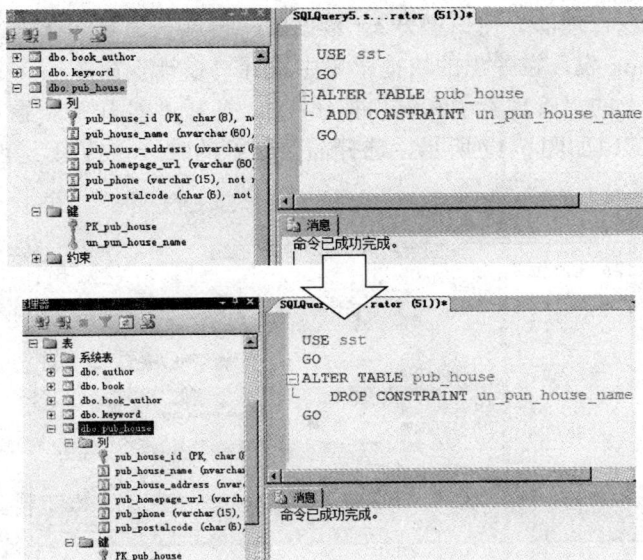

图 5-14　数据表 pub_house 添加或删除唯一性约束 un_pun_house_name

通过图 5-14 的上下图对比可以看出，在"键"节点中 un_pun_house_name 信息的变化表示 ALTER TABLE 语句成功地在 pub_house_name 列添加了唯一性约束，之后又删除了唯一性约束。

二、使用 SQL Server Management Studio 添加唯一性约束

（1）在"对象资源管理器"窗口展开 sst 数据库，再展开"表"选项。

（2）右键单击 book 表，在弹出的快捷菜单中选择"设计"命令。

（3）单击工具栏上的"管理索引和键"按钮 ，打开"索引/键"窗口。

（4）在"索引/键"窗口，如图 5-15 所示，单击"添加"按钮，在"（名称）"行输入 un_pub_house_name；选择"列"所在的行，单击最右侧的按钮 ，弹出"索引列"窗口。

（5）"索引列"窗口如图 5-16 所示，选择 pub_house_name 列，"排序顺序"为默认的"升序"。单击"确定"按钮，关闭"索引列"窗口。

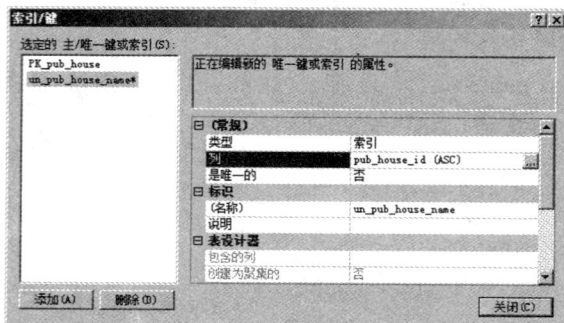

图 5-15　"索引/键"对话框　　　　　图 5-16　"索引列"对话框

（6）单击"关闭"按钮，关闭"索引/键"窗口。单击工具栏上的"保存"按钮，完成添加唯一性约束的操作。

三、使用 SQL Server Management Studio 删除唯一性约束

（1）在"对象资源管理器"窗口展开 sst 数据库，再展开"表"选项。

（2）右键单击 book 表，在弹出的快捷菜单中选择"设计"命令。

（3）单击工具栏上的"管理索引和键"按钮 ，打开"索引/键"窗口。

（4）"索引/键"窗口如图 5-17 所示，选择需要删除的唯一性约束，单击"删除"按钮。

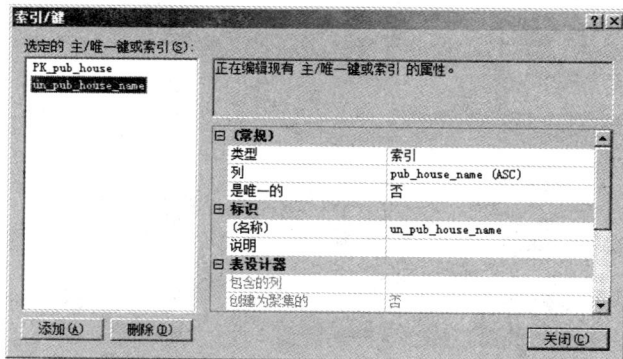

图 5-17　"索引/键"对话框

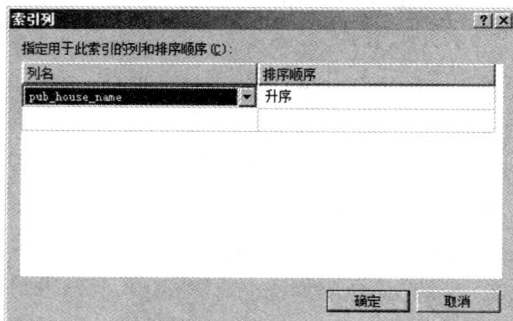

（5）单击工具栏上的"保存"按钮，完成删除唯一性约束操作。

按照上述方法步骤，添加其他各个数据表的主键约束，在此就不再赘述。

📚┆ 提　示

UNIQUE 约束只能删除不能修改。

5.1.4　检查约束（CHECK）的添加或删除

一、使用 ALTER TABLE 语句添加检查约束

使用 ALTER TABLE 语句添加检查约束的基本语法格式：

```
ALTER TABLE table1_name
    ADD CONSTRAINT constraint_name CHECK (check_expr)
GO
```

以表 users 为例，将 user_score 定义为检查约束，如图 5-18 所示。

```
USE sst
GO
ALTER TABLE users
    ADD  CONSTRAINT ck_score CHECK  (user_score>0 and user_score<255)
GO
```

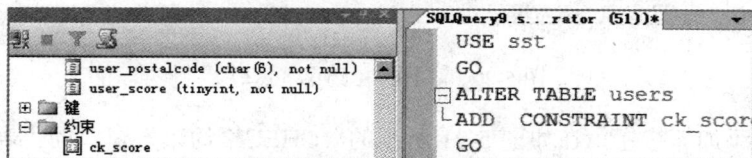

图 5-18　数据表 users 添加检查约束 ck_score

二、使用 ALTER TABLE 语句删除检查约束

使用 ALTER TABLE 语句删除检查约束的基本语法格式：

```
ALTER TABLE table1_name
    DROP CONSTRAINT constraint_name
GO
```

以表 users 为例，删除名为 ck_score 的检查约束，如图 5-19 所示。

```
USE sst
GO
ALTER TABLE users
  DROP CONSTRAINT ck_score
GO
```

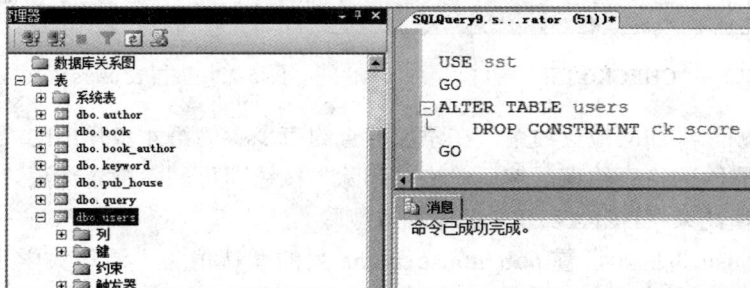

图 5-19　数据表 users 删除检查约束 ck_score

对比图 5-18 和图 5-19，可以看出"约束"节点检查约束的变化，表示 ALTER TABLE 语句在 user_score 列添加了检查约束，之后又删除了检查约束。

三、使用 SQL Server Management Studio 添加或删除检查约束

（1）在"对象资源管理器"窗口展开 sst 数据库，再展开"表"选项。

（2）右键单击 users 表，在弹出的快捷菜单中选择"设计"命令。

（3）单击工具栏上的"管理 CHECK 约束"按钮 ，打开"CHECK 约束"窗口，如图 5-20 所示。

图 5-20　"CHECK 约束"窗口

（4）单击"添加"按钮，在如图 5-21 所示的"CHECK 约束"窗口的"表达式"行输入"user_score>0 and user_score<255"；在"名称"行中为约束命名，采用系统默认名 ck_users；创建检查约束的参数设置。

（5）单击"关闭"按钮，单击工具栏上的"保存"按钮，结果如图 5-22 所示。

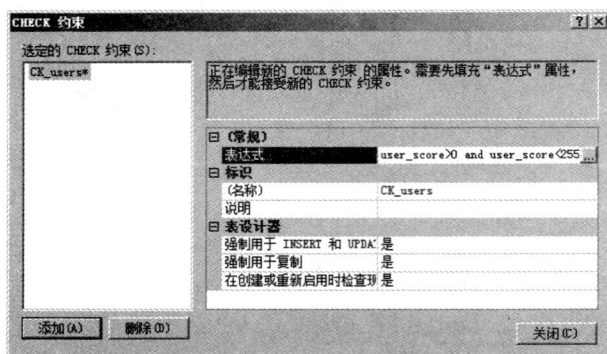

图 5-21　"CHECK 约束"窗口

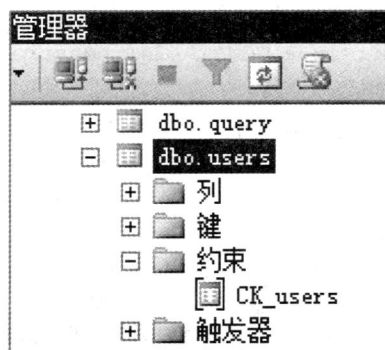

图 5-22　数据表 users 添加检查约束 ck_users

（6）如果要删除添加的检查约束，在添加检查约束步骤的第 4 步弹出的"CHECK 约束"窗口中选择需要删除的检查约束，然后单击"删除"按钮即可删除检查约束。

5.1.5　默认值约束（DEFAULT）的添加或删除

以表 pub_house 为例，设置 pub_house_name 列的默认值为"清华大学出版社"，方法如下。

一、使用 ALTER TABLE 语句添加或删除默认值约束

使用 ALTER TABLE 语句添加或删除默认值约束，如图 5-23 所示。

```
/*添加默认值约束*/
USE sst
GO
ALTER TABLE pub_house
    ADD CONSTRAINT df_pub_house_name DEFAULT （'清华大学出版社'） FOR
pub_house_name
    GO
/*删除默认值约束*/
USE sst
GO
ALTER TABLE pub_house
    DROP CONSTRAINT df_pub_house_name
    GO
```

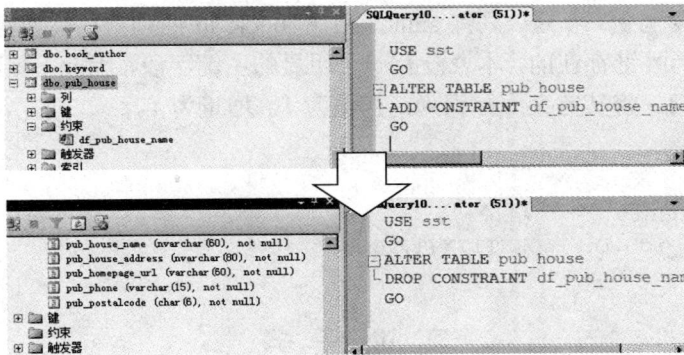

图 5-23　数据表 pub_house 添加或删除默认值约束 df_pub_house_name

通过对比图 5-23 的两幅图，可以看出"约束"节点中 df_pun_house_name 信息的变化，表示 ALTER TABLE 语句成功地在 pub_house_name 列添加默认值约束，之后又删除了默认值约束。

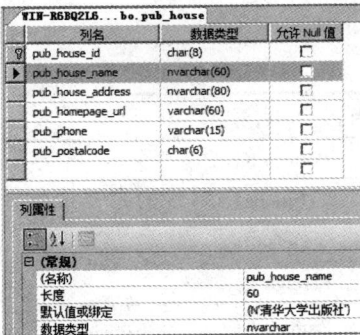

图 5-24　默认值约束的参数设置

二、使用 SQL Server Management Studio 添加或删除默认值约束

（1）在"对象资源管理器"窗口展开 sst 数据库，再展开"表"选项。

（2）右键单击 pub_house 表，在弹出的快捷菜单中选择"设计"命令。

（3）选中需要设置默认值的列，在"列属性"区域的"默认值或绑定"行中添加或清除行中的内容，如图 5-24 所示。

（4）单击工具栏上的"保存"按钮。

5.2　使用标识列实施数据的完整性

在一个数据表中如果没有一个明显的主键列，可以设置一个标识列来确保表中不会出现

重复记录。标识列用 IDENTITY 属性建立。

（1）一个表只能有一列定义为 IDENTITY 属性，而且该列的数据类型必须为数值型。

（2）标识列不允许空值，也不能有检查约束。

（3）对经常进行删除操作的表最好不要使用标识列，因为删除操作会使标识列的值出现不连续。

（4）SQL Server 通过递增种子值（初值）的方法自动生成下一个标识值。可指定种子值和增量值，两者的默认值为 1，即如果种子值（初值）为 1，增量为 1，则第一行数据的标识列值自动生成 1。对于后续行数据的标识列值，系统自动生成前一行的标识列值加上增量，不需要人工输入标识列值。

5.2.1　定义标识列的基本语法格式

列名 数据类型 IDENTITY [（种子，增量）]

5.2.2　创建标识列

以数据表 query 为例，query 只有 author_id 和 book_id 两列数据需要填写，而 author_id 和 book_id 都是作为外键存在的，本表没有一个明显的主键字段，因此，在数据表 query 增加一个编号列 query_id，将其定义为标识列，初值为 1，增量为 1。

```
USE sst
GO
ALTER TABLE query
    ADD query_id  int IDENTITY(1,1)
GO
```

实 训 任 务

在学生选课系统（xsxk）的实训中，完成：

（1）规划 xsxk 系统的数据完整性规则的解决方案（见表 5-1）。

表 5-1　　　　　　　　　　　　　　数据完整性规划表

表　　名	列　　名	列的约束	
课程表	course_id	Primary Key	
	course_name	Unique	
	teacher_name	Default	
	department_id	Foreign Key	
系部表	department_id	Primary Key	
选修表	student_id	Primary Key	Foreign Key
	course_id		Foreign Key
学生表	student_id	Primary Key、Check	
	class_id	Foreign Key	
班级表	class_id	Primary Key	
	department_id	Foreign Key	

（2）按照解决方案在 xsxk 数据库中创建数据表的约束。

（3）对学生表的 student_id 列创建检查约束，只允许是 8 位数字，并且不能是 8 个 0。

（4）对课程表的 teacher_name 默认值约束设定为"待定"。

本　章　小　结

（1）约束是 SQL Server 自动强制数据库完整性的方式，其五类约束为 PRIMARY KEY（主键）约束、FOREIGN KEY（外键）约束、UNIQUE（唯一性）约束、CHECK（检查）约束、DEFAULT（默认值）约束。

（2）使用 SQL Server Management Studio、CREATE TABLE 语句、ALTER TABLE 语句创建、添加或删除约束。

（3）使用 CREATE TABLE 语句在创建数据表的同时创建标识列，以确保没有明显主键列的数据表中不会出现重复记录。

思　考　与　练　习

5-1　保证数据完整性有哪些技术？分别保证了数据的哪些完整性？

5-2　唯一性约束与主键约束的区别是什么？

5-3　默认值约束和检查约束的使用时机是什么？

5-4　标识列的使用时机是什么？

第6章 Transact-SQL 语言基础

▲ 教学导航

一、教师的教学

1. 知识重点

（1）Transact-SQL 语言规范，包括语法格式约定、对象引用的规范和注释的规范等。

（2）SQL Server 标识符的命名规则。

（3）局部变量的使用。

（4）批处理语句。

（5）流程控制语句。

（6）创建、调用用户定义函数。

2. 知识难点

（1）灵活运用标识符、变量、批处理、流程控制语句、函数等 Transact-SQL 语言的语法元素。

（2）根据实际需要综合运用 Transact-SQL 语言编写并完善应用程序。

二、学生的学习

1. 知识目标

（1）了解 Transact-SQL 语言规范，包括语法格式约定、对象引用的规范和注释的规范等。

（2）了解 SQL Server 标识符的命名规则。

（3）掌握常量、变量、运算符、批处理语句等语法元素的使用。

（4）掌握常用 SQL Server 内置的系统函数。

（5）掌握 Transact-SQL 语言的流程控制语句。

（6）掌握创建、调用用户定义函数的方法。

2. 技能目标

（1）灵活运用标识符、变量、批处理、流程控制语句、函数等 Transact-SQL 语言的语法元素。

（2）Transact SQL 语言基础知识是编写程序的必备知识。在单个 SQL 语句不能解决问题时，可考虑编写 SQL 程序代码。能根据实际需要综合运用 Transact-SQL 语言编写并完善自己的应用程序。

▲ 课程学习

6.1　Transact–SQL 概　述

SQL 语言是结构化查询语言（Structured Query Language）的简称。SQL 语言是一种数据库查询和程序设计语言，用于存取数据以及查询、更新和管理关系数据库系统；同时也是数据库脚本文件的扩展名。与 Visual Basic、Visual C，Java 等编程语言不同，它侧重于对数据的操纵以及对数据库的管理。

SQL 语言是 1986 年 10 月由美国国家标准局（ANSI）推出的数据库语言标准。国际标准化组织于 1989 年 4 月提出了 SQL89 标准，1992 年 11 月又公布了 SQL92 标准。

SQL 语言集数据定义 DDL、数据操纵 DML 和数据控制 DCL 于一体，可以完成数据库中的全部工作。

（1）数据定义语言（Data Definition Language，DDL）：用于创建数据库和数据库对象，包括创建（CREATE）、修改（ALTER）和删除（DROP）。

（2）数据操纵语言（Data Manipulation Language，DML）：用于操纵数据表或视图中的数据，包括查询（SELECT）、插入（INSERT）、修改（UPDATE）和删除（DELETE）。

（3）数据控制语言（Data Control Language，DCL）：用来设置、更改用户或角色的权限，执行有关安全管理的操纵，包括对用户授予权限（GRANT）、收回已授予的用户权限（REVOKE）。

SQL 语言具有两种使用方式：直接以命令方式交互使用或嵌入高级语言中使用，例如，可以嵌入到 C、C++、FORTRAN、COBOL、JAVA 等主语言中使用。

SQL 语言简洁，语法简单。在 ANSI 标准中，SQL 语言包含了 94 个英文单词，核心功能只用 6 个动词，语法接近英语口语。

各种不同的数据库对 SQL 语言的支持与标准存在细微不同。Microsoft SQL Server 数据库的内置语言是由美国标准局（ANSI）和国际标准组织（ISO）所定义的 SQL 语言。微软公司对它进行了部分扩充而成为作业用的 SQL，即 Transact-SQL，简称为 T-SQL。使用 Transact-SQL 语言可以完成所有的数据库管理工作。对 SQL Server 而言，任何对数据库的操作，最终都将转化为 Transact-SQL 命令，即 Transact-SQL 语言是 SQL Server 唯一认知的语言。Transact-SQL 语言是深入掌握 SQL Server 2008 的基础。

Transact-SQL 语句作为 SQL Server 后台编程的基础，主要包括关键字、标识符、数据类型、运算符、表达式、函数、注释、流程控制语言以及错误处理语言等语法元素。以下面的例子说明 Transact-SQL 语句的语法元素。

```
-- 创建查询访问次数大于 3000 的视图
CREATE VIEW v_book
AS
  SELECT *
  FROM book
  WHERE interview_times>3000
GO
```

代码说明：

（1）在 SQL Server 2008 中可以以 "--" 开始一条注释语句，在执行 Transact-SQL 语句时会略过注释语句。

（2）上述程序代码中 ">" 是运算符。

（3）interview_times>3000 是一个表达式。

（4）CREATE、VIEW、AS、SELECT、FROM、WHERE、GO 等是关键字。

（5）v_book、book、interview_times 等是标识符。

6.2　Transact–SQL 的使用约定

Transact-SQL（简称 T-SQL）为其用法及表达方式规定了一系列规范，包括语法格式约定、对象引用的规范和注释的规范等。

6.2.1　语法格式约定

Transact-SQL 语法格式约定见表 6-1。

表 6-1　　　　　　　　　　　　Transact-SQL 语法格式约定

约　　　定	用　　　于
大写	Transact-SQL 关键字
斜体或小写字母	Transact-SQL 语法中需用户提供的参数
粗体	数据库名、表名、列名、索引名、存储过程、实用程序、数据类型名以及必须所显示的原样输入的文本
|（竖线）	分隔括号或大括号中的语法项，只能使用其中一项
[ ]（方括号）	可选项，不必输入方括号
{ }（大括号）	必选项，不必输入方括号
( )（小括号）	语句的组成部分，必须输入
[, ... n]	表示前面的项可重复 n 次，项与项之间用逗号分隔
[... n]	表示前面的项可重复 n 次，项与项之间用空格分隔
<label>::=	语法块的名称。此约定用于对可在语句中的多个位置使用的过长语法段或语法单元进行分组和标记

6.2.2　对象引用的规范

数据库包括表、视图和存储过程等对象，对数据库对象名的引用由四部分组成，有以下几种格式：

```
server_name . [database_name ] . [ schema_name ] . object_name
| database_name . [ schema_name ] . object_name
| schema_name . object_name
| object_name
```

参数说明如下。

（1）server_name：指定连接的服务器名称或远程服务器名称。

（2）database_name：如果数据库对象驻留在本地实例中，则指定数据库名称；如果数据库对象在连接服务器中，则指定 OLE DB 目录。

（3）schema_name：如果数据库对象驻留在本地实例中，则指定包含对象的架构名称；如果数据库对象在连接服务器中，则指定 OLE DB 架构名称。其中，架构是指包含表、视图、存储过程等数据库对象的容器。

（4）object_name：引用的数据库对象的名称。

引用某个特定对象时，如果能够确保找到对象，则不必总是指定服务器、数据库和架构。如果找不到对象，则返回错误消息。若省略中间级节点，需要使用句点来表示这些位置，例如，server_name … object_name 表示省略数据库和架构名称的数据库对象引用格式。

6.2.3　注释的规范

注释是程序代码中不执行的文本字符串。使用注释对代码进行说明，便于将来对程序代码进行维护。SQL Server 支持单行注释和批注释。

（1）单行注释：使用 "--" 作为注释符，从 "--" 开始到行尾的内容均为注释。

```
-- 查询阅读了图书的用户编号和用户姓名，以及他们阅读的图书编号和图书名称
USE sst
GO
CREATE VIEW v_query(user_id,user_name,book_id,book_name)
```

（2）批注释：开始注释符为 "/*"，结束注释符为 "*/"。开始注释符与结束注释符之间的所有内容均视为注释。

```
/* 查询阅读了图书的用户编号和用户姓名，以及他们阅读的图书编号和图书名称 */
USE sst
GO
CREATE VIEW v_query(user_id,user_name,book_id,book_name)
```

6.3　保　留　关　键　字

保留关键字是 SQL Server 使用的 Transact-SQL 语言语法的一部分，用于分析和理解 Transact-SQL 语句和批处理，SQL Server 中的所有对象的名称不能使用保留字。如果必须使用保留字，则在保留字中使用分隔标识符。例如，ORDER 是 SQL Server 的保留字，如果必须使用 ORDER 作为某一表格的属性，则在 SQL Server 语句中使用[ORDER]表示该属性。

6.4　标　识　符

标识符是 SQL Server 中的所有对象，如表、视图、列、存储过程、触发器、数据库和服务器等的名称。对象标识符在定义对象时创建，随后用于引用该对象。SQL Server 的标识符分为常规标识符和分隔标识符两类。标识符的字符长度不能超过 128，临时表标识符的长度不能超过 116。

6.4.1　常规标识符

常规标识符是指符合标识符格式规则的标识符，在 Transact-SQL 语句中使用常规标识符时不需要使用界定符。

【例 6-1】　使用 USE 语句将 sst 切换为当前数据库。

```
USE sst  -- sst 就是常规标识符
GO
```

常规标识符格式规则：

（1）第一个字符必须是下列字符之一：所有 Unicode2.0 标准中规定的字符，包括英文字母 a～z 和 A～Z，以及其他语言的字符（如汉字）、"_"、"@"、"#"。

（2）后续字符可以是所有 Unicode2.0 标准中规定的字符，包括英文字母 a～z 和 A～Z，以及其他语言的字符（如汉字）、十进制数字 0～9、"_"、"@"、"#"、"$"。

（3）不能使用保留关键字。如果必须使用保留关键字，则在保留关键字中使用界定符。

（4）不允许嵌入空格或其他特殊字符。某些以特殊字符开头的标识符在 SQL Server 中具有特定的含义。

1）以 "@" 开头的标识符表示局部变量或函数的参数。

2）以 "@@" 开头的标识符表示全局变量。

3）以 "#" 开头的标识符表示临时表或存储过程。

4）以 "##" 开头的标识符表示全局的临时数据库对象。

6.4.2　分隔标识符

分隔标识符是指使用双引号" "或方括号[ ]等界定符进行位置限定的标识符。不符合常规标识符格式规则的标识符都必须使用界定符进行位置限定。

【例 6-2】　分隔标识符的使用。

```
/* my  user 因为字符 my 和字符 user 之间有空格，不能作为标识符。"my  user"或[my  user]
添加了界定符之后才能作为标识符 */
SELECT * FROM [my  user]
```

6.5　变　　　量

变量是对应内存中的一个存储空间。变量的值在程序运行进程中可以随时改变。Transact-SQL 语句中允许使用两种变量：一种是用户自己定义的局部变量；另一种是系统提供的全局变量。

6.5.1　局部变量

局部变量是指用户在程序中定义的变量，其作用范围仅在程序内部，用来保存从表中读取的数据，也可以作为临时变量保存计算的中间结果。变量名必须以 "@" 开头。局部变量的使用一般包括声明变量、为变量赋值和输出变量值三部分内容。局部变量必须在同一个批处理或过程中被声明和使用。

一、声明变量

DECLARE 数据声明语句用于声明局部变量、游标变量、函数和存储过程等。除非在声明中提供初始值，否则声明之后所有变量将初始化为 NULL。

声明局部变量的基本语法格式如下：

```
DECLARE @local_variable  datatype [ , ... ]
```

参数说明如下：

（1）@local_variable：指定局部变量的名称。变量名必须以 "@" 开头，而且必须符合

SQL Server 标识符的命名规则。

（2）datatype：指定局部变量的数据类型。除了 text、ntext、image 数据类型外，可以是任何系统数据类型或用户定义数据类型。

提 示

不能定义与全局变量同名的局部变量。

```
/* 声明局部变量@name */
DECLARE @name nchar(20)
```

二、为变量赋值

第一次声明变量时，其值设置为 NULL。若要为变量赋值，则使用 SET 语句或 SELECT 语句。SET 语句或 SELECT 语句的基本语法格式如下：

```
/* SET 语句一次只能为一个局部变量赋值 */
SET { @ local_variable = expression }
或
/* SELECT 语句可以同时为多个局部变量赋值 */
SELECT { @ local_variable = expression } [ , ... ]
```

其中，expression 可以是任何有效的 SQL Server 表达式。

提 示

SELECT 语句的赋值功能和查询功能不能在一个 SELECT 语句中混合使用，但可以在一个 Transact-SQL 脚本文件中混合使用。

```
/* 声明@name 变量，并为该变量赋值 */
DECLARE @name nchar(20)
SET @name='阿紫'
```

三、输出变量值

PRINT 语句用于显示字符类数据类型的内容，其他数据类型则必须进行数据类型转换，然后才能在 PRINT 语句中使用。PRINT 语句通常用于测试运行结果。

PRINT 语句的基本语法格式如下：

```
PRINT @ local_variable
或
SELECT
@ local_variable
```

【例 6-3】 局部变量的使用 1。

```
/* 声明@name 和@grade 变量，并为变量赋值，然后输出变量值 */
DECLARE @name nchar(20)
DECLARE @grade numeric(3,1)
SET @name='阿紫'
SET @grade=90.5
PRINT @name+'的成绩为'
PRINT @grade
```

【例 6-4】 局部变量的使用 2。

/* 读者先自行分析下列语句错误的原因，再对照正确语句，领会"局部变量必须在同一个批处理或过程中被声明和使用"的含义 */

错误语句
```
DECLARE @myvar int
GO
SELECT @myvar=33
GO
```
正确语句
```
DECLARE @myvar int
SELECT @myvar=33
GO
```

【例 6-5】 局部变量的使用 3。

```
/* 声明两个变量，测试变量的默认值和作用域 */
USE sst
GO
DECLARE @myint int,@mychar char(3)
SELECT @myint AS myint,@mychar AS mychar      --赋值前查看变量的默认值
SELECT @myint=12,@mychar='hi!'        --给变量赋值
SELECT @myint AS myint,@mychar AS mychar      --赋值后查看变量的值
GO
SELECT @myint AS myint,@mychar AS mychar      --在作用域外查看变量的值
GO
```

执行结果如图 6-1 所示。

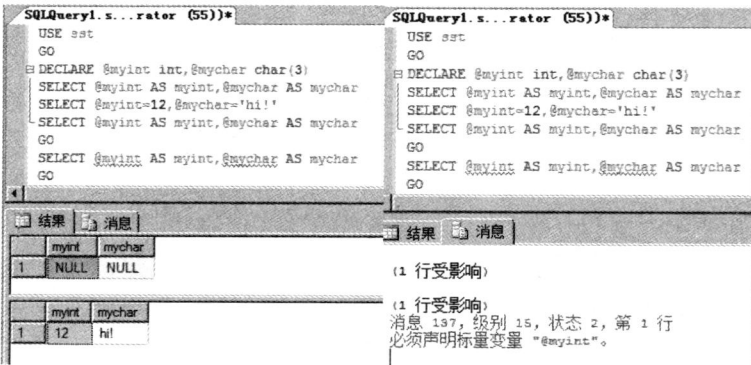

图 6-1　变量的默认值和作用域的测试结果

6.5.2　全局变量

全局变量是指 SQL Server 系统提供且预先声明的变量，它们主要提供当前连接或系统的信息。全局变量的作用范围并不局限于某一程序，任何程序均可随时调用。全局变量名以"@@"开头，无需定义，也不能修改，只能直接使用。从 SQL Server 7.0 开始，全局变量就以系统函数的形式使用。例如，通过@@ERROR 的值获取系统的错误信息；通过@@SERVER NAME 的值获取本地服务器名称；通过@@VERSION 的值获取 SQL Server 2008 的产品信息；通过@@ROWCOUNT 的值获取受上一语句影响的行数。

6.6　常　　量

常量是表示一个特定数据值的符号，其格式取决于它所表示的值的数据类型。Transact-SQL 的常量主要有字符串常量、数值常量、日期和时间常量等。

6.7　运　算　符

在 SQL Server 2008 中，运算符主要有算术运算符、赋值运算符、比较运算符、逻辑运算符、连接运算符、位运算符等六大类。

（1）算术运算符：一般用于数值型表达式，包含＋（加）、－（减）、*（乘）、/（除，返回商）、%（模除，返回整数余数）。

（2）逻辑运算符：用于判断条件的真假，包括 AND（逻辑与）、OR（逻辑或）、NOT（逻辑非）。

（3）比较运算符：用于判断两个表达式的大小关系，包括=（等于）、>（大于）、<（小于）、>=（大于等于）、<=（小于等于）、<>或!=（不等于）、!>（不大于）、!<（不小于）。

（4）字符串连接运算符：用于将两个或两个以上字符串合并成一个字符串，只有"+"一个运算符。

（5）赋值运算符：通常与 SET 语句或 SELECT 语句一起使用，用来为局部变量赋值，只有"="一个运算符。

当多个运算符参与运算时，会按照优先顺序进行运算。运算符的优先级由高到低排列如下：＋（正号）、－（负号）→ *（乘）、/（除）、%（模除）→＋（加）、－（减）、＋（连接）→比较运算符→NOT→AND→OR→=（赋值）。

用运算符和圆括号把变量、常量和函数等运算成分连接起来，就构成了表达式。通常，单个的常量、变量和函数也是一个表达式。

6.8　批　处　理

批处理是包含一个或多个 Transact-SQL 语句的组，被一次性地发送到 SQL Server 给予执行。SQL Server 将批处理的语句编译为一个可执行单元，称为执行计划。一个批以 GO 为结束标记。GO 不是 Transact-SQL 语句，它是可由 sqlcmd 和 osql 实用工具以及 SQL Server Management Studio 代码编辑器识别的命令。下面以实现"创建访问次数大于 3000 的图书信息的视图 v_book，然后显示 book 数据表的信息"功能的程序为例，通过列举正确和错误的批处理形式来说明批处理的使用方法。

【例 6-6】　批处理的使用 1。

```
/* 正确的批处理形式 */
USE sst
GO
CREATE VIEW v_book
AS
```

```
  SELECT *
  FROM book
  WHERE interview_times>3000
GO
SELECT * FROM book
GO
```

执行结果如图 6-2 所示。

【例 6-7】 批处理的使用 2。

```
/* 错误的批处理形式 1 */
USE sst
CREATE VIEW v_book1
AS
  SELECT *
  FROM book
  WHERE interview_times>3000
SELECT * FROM book
GO
```

执行结果如图 6-3 所示。

图 6-2　批处理显示结果（一）

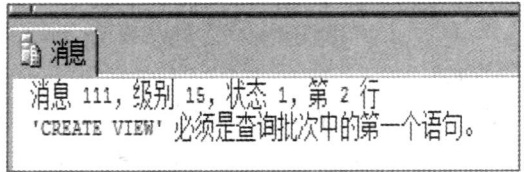

图 6-3　批处理显示结果（二）

从图 6-3 可以知道，"'CREATE VIEW'必须是批查询中的第一条语句 "，因此，要在 CREATE VIEW 语句前加 GO，使 USE sst 语句成为一个批，使 CREATE VIEW 语句成为另一个批的第一条语句。

【例 6-8】 批处理的使用 3。

```
/* 错误的批处理形式 2 */
USE sst
GO
CREATE VIEW v_book2
AS
  SELECT *
  FROM book
  WHERE interview_times>3000
SELECT * FROM book
GO
```

执行结果如图 6-4 所示。

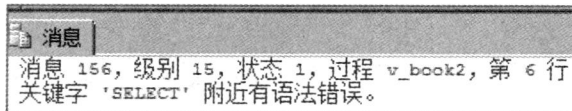

图 6-4　批处理显示结果（三）

从图 6-4 可以看出，出错信息 "在关键字' SELECT '附近有语法错误"。表明 CREATE VIEW 要单独作为一个批。因此，要在 SELECT * FROM book 语句前加 GO。

📖┊**提　示**

除了 CREATE DATABASE、CREATE TABLE、CREATE INDEX 语句之外的其他大多数的 CREATE 语句要单独作为一个批。

6.9　脚　　本

脚本是存储在文件中的一系列 Transact-SQL 语句。Transact-SQL 脚本包含一个或多个批处理。该文件可以在 SQL Server Management Studio 代码编辑器中编写和运行。

6.10　流 程 控 制 语 句

在程序的执行过程中，经常需要按照指定的条件进行控制转移或重复执行某些操作。这个过程通过流程控制语句来实现。流程控制语句分为顺序、选择和循环三类。

6.10.1　BEGIN…END 语句

BEGIN…END 语句通常包含在其他控制流程中，用于将多个 SQL 语句组合成一个语句块，并视为一个整体来处理。例如，对于 IF…ELSE 语句、WHILE 语句或 CASE 语句，如果不是有语句块，这些语句中只能包含一条语句。实际的情况可能需要多个语句处理复杂的过程，这时可以用 BEGIN…END 语句将这些语句块封装成一个语句块。

BEGIN…END 语句的基本语法格式：

```
BEGIN
{
   statement_block
}
```

6.10.2　IF…ELSE 语句

IF…ELSE 语句是 Transact-SQL 语句中最常用的流程控制语句，用于简单条件的判断。其功能为：IF 关键字后面的表达式的值为 TRUE 时，执行 IF 关键字下面的 sql_statement1 或 statement_block1；否则，执行 ELSE 关键字后面的 sql_statement2 或 statement_block2。如果在 IF 语句中需要处理多条 SQL 语句，则必须使用 BEGIN…END 语句。

IF…ELSE 语句的基本语法格式为

```
IF Boolean_expression
   { sql_statement1 | statement_block1 }
[ ELSE
   { sql_statement2 | statement_block2 } ]
```

【例 6-9】 IF…ELSE 语句的使用。

```
/* 显示用户积分,要求声明局部变量并进行赋值,然后显示局部变量的值 */
USE sst
GO
```

```
DECLARE @score smallint
SELECT @score=(SELECT user_score FROM users WHERE use_id='wangyy0823')
IF @score>=80
  PRINT '阅读是一个好习惯！'
ELSE
  PRINT '养成阅读的习惯！'
GO
```

执行结果如图 6-5 所示。

```
消息
阅读是一个好习惯！
```

图 6-5   IF...ELSE 语句

6.10.3   CASE 语句

CASE 语句是多条件分支语句，用于计算多个条件并为每个条件返回单个值。CASE 语句有搜索 CASE 语句和简单 CASE 语句两种格式。可以在允许有效表达式的任何语句或子句中使用 CASE 表达式。如在 SELECT、UPDATE、DELETE 和 SET 等语句以及 IN、WHERE、ORDER BY 和 HAVING 等子句中使用 CASE 语句。

一、CASE 语句的基本语法格式

```
CASE [ input_expression ]
   WHEN when_ expression1 THEN  result_ expression1
   [ ... n]
   [ ELSE else_result_ expression ]
END
```

二、搜索 CASE 语句

该语句的 CASE 关键字后面没有表达式。依次判断 WHEN 关键字后面的表达式的值，如果值为真，则执行 THEN 关键字后面的表达式，执行完毕跳出 CASE 语句。如果所有 WHEN 关键字后面的表达式的值均为假，则执行 ELSE 关键字后面的表达式。

【例 6-10】 搜索 CASE 语句的使用。

```
DECLARE @n int,@ch nvarchar(16)   --声明两个局部变量
SET @n=10                         --给 n 变量赋初值 10
SET @ch=
CASE
   WHEN @n=2 THEN 'a'
   WHEN @n=5 THEN 'b'
   WHEN @n=6 THEN 'g'
   WHEN @n=8 THEN 's'
   ELSE 'o'
END
PRINT @ch
GO
```

执行结果如图 6-6 所示。

三、简单 CASE 语句

CASE 关键字后面有表达式。将 CASE 关键字后面的 input_expression 表达式的值与各

WHEN 关键字后面的 when_expression 表达式的值相比较，如果相等，则执行 THEN 关键字后面的 result_expression 表达式。执行完毕跳出 CASE 语句，否则，执行 ELSE 关键字后面的 else_result_expression 的表达式。

【例 6-11】 简单 CASE 语句的使用。

```
DECLARE @n int,@ch nvarchar(16)
SET @n=6
SET @ch=
CASE @n
    WHEN 2 THEN 'a'
    WHEN 5 THEN 'b'
    WHEN 6 THEN 'g'
    WHEN 8 THEN 's'
    ELSE 'o'
END
PRINT @ch
GO
```

执行结果如图 6-7 所示。

图 6-6　搜索 CASE 语句　　　　　　　　　　图 6-7　简单 CASE 语句

6.10.4　WHILE 语句

WHILE 语句是 Transact-SQL 中唯一的循环语句，用于重复执行语句或语句块。当 WHILE 关键字指定的条件为真时，就重复执行循环体。在 WHERE 语句中可以通过 BREAK 语句或 CONTINUE 语句跳出循环。

WHILE 语句的基本语法格式：

```
WHILE Boolean_expression
  { sql_statement | statement_block }
[ BREAK | CONTINUE ]
```

参数说明如下：

（1）如果 Boolean_expression 中含有 SELECT 语句，则必须用圆括号将其括起来。

（2）sql_statement ｜statement_block：称为循环体。该部分若要定义语句块，则必须使用 BEGIN…END 语句。

（3）BREAK：将从 WHILE 循环中退出，执行 END 关键字后面的语句。

（4）CONTIUE：退出当前 WHILE 循环，重新开始执行新的 WHILE 循环。

【例 6-12】 WHILE 语句的使用。

```
/* 计算 1+2+3+…+100 的和，并显示计算结果 */
DECLARE @n int,@sum int
SELECT @n=1,@sum=0
WHILE @n<=100
  BEGIN
```

```
        SELECT @sum=@sum+@n
        SELECT @n=@n+1
    END
SELECT '1+2+3+…+100 的和'=@sum
GO
```

执行结果如图 6-8 所示。

图 6-8　WHILE 语句

【例 6-13】　流程控制语句综合练习 1。

```
/* 请读者先自行分析下面综合练习 1 的程序功能，再对照执行结果验证自己的分析 */
USE sst
GO
WHILE(SELECT max(user_score) FROM users)<300
    BEGIN
        UPDATE users
            SET user_score=user_score*2
        SELECT max(user_score) FROM users
        IF (SELECT max(user_score) FROM users)>1500
            BREAK
        ELSE
            CONTINUE
    END
PRINT'循环结束'
GO
```

执行结果如图 6-9 所示。程序执行前，用户高积分是 215。运行程序后，该程序执行第一次循环，用户的最高积分变为 430。由于不满足 IF 语句的条件，转而执行 ELSE 语句，执行 CONTINUE，进入第二次循环；而在进行第二次循环时，由于不满足最高积分小于 300 的循环条件，从而结束了循环语句。

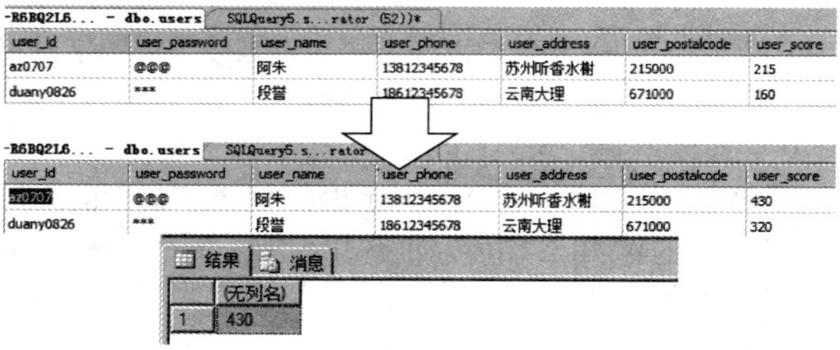

图 6-9　综合练习 1 的显示结果

【例 6-14】　流程控制语句综合练习 2。

/* 在综合练习 1 的基础上，继续执行下面综合练习 2 的程序语句。请读者先自行分析下面综合练习 2

的程序功能,再对照执行结果验证自己的分析 */

```
USE sst
GO
WHILE(SELECTmax(user_score) FROM users)<500
   BEGIN
      UPDATE users
         SET user_score=user_score*2
      SELECT max(user_score) FROM users
      IF (SELECT max(user_score) FROM users)>600
          BREAK
        ELSE
          CONTINUE
   END
PRINT'循环结束'
GO
```

执行结果如图 6-10 所示。程序执行前，用户高积分是 430。运行程序后，该程序执行第一次循环，用户的最高积分变为 860。此时满足 IF 语句的条件，执行 BREAK，将从 WHILE 循环中退出，执行 END 关键字后面的语句，从而结束了循环语句。

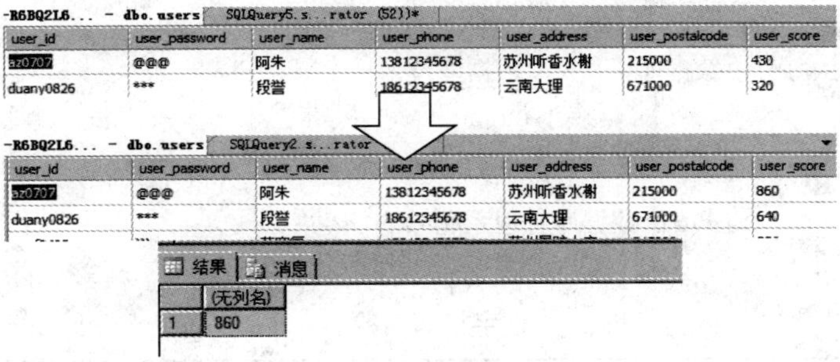

图 6-10　综合练习 2 显示结果

6.10.5　WAITFOR 语句

WAITFOR 语句用来暂时停止程序的执行，直到所设定的等待时间已过或所设定的时刻快到才继续往下执行。延迟时间和时刻的格式为 HH：MM：SS。在 WAITFOR 语句中不能指定日期。

WAITFOR 语句的基本语法格式：

```
WAITFOR
{
   DELAY  'time_to_pass'
}
```

【例 6-15】　WAITFOR 语句。

```
DECLARE @name varchar(10)
SET @name='SQL Server'
BEGIN
  WAITFOR DELAY '00:00:10'
  PRINT @name
END
```

执行结果如图 6-11 所示。

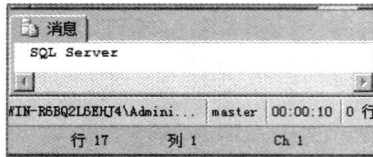

图 6-11　WAITFOR 语句

6.11　系统内置函数

SQL Server 2008 提供了许多系统内置函数，使用这些函数可以方便快捷地执行某些操作。这些函数通常用在查询语句中，用来计算查询结果或修改数据格式和查询条件。一般来说，允许使用变量、列或表达式的地方都可以使用这些内置函数。

6.11.1　字符串函数

用于对字符串进行各种操作，常用的字符串函数见表 6-2。

```
/* 执行结果为 3 */
SELECT CHARINDEX('数据库','大型数据库技术')
GO

/* 执行结果为 17 */
SELECT LEN('SQL Server 数据库管理系统')
GO
```

表 6-2　　　　　　　　　　　　字符串函数

字符串函数	功　　能
ASCII(character_expression)	返回字符表达式最左边字符的 ASCII 码
CHAR(integer_expression)	将 ASCII 码转换为字符的字符串函数
LEN(string_expression)	返回字符串的字符（而不是字节）个数，不包括尾随空格
RIGHT(character_expression,integer_expression)	返回字符串从右边开始的指定个数的字符
LEFT(character_expression,integer_expression)	返回字符串从左边开始的指定个数的字符
SUBSTRING(value_expression,start, length)	返回字符、二进制字符串或文本字符串的一部分，字符串的开始位置由 start 指定，返回字符串的长度由 length 指定
LTRIM(character_expression)	删除起始空格后返回字符串
RTRIM(character_expression)	截断尾随空格后返回字符串
CHARINDEX(str1,str,[start])	返回子字符串 str1 在字符串 str 中的开始位置，start 为搜索的开始位置
REPLACE(str,str1,str2)	使用字符串 str2 替换字符串 str 中的所有字符串 str1
LOWER(character_expression)	返回将大写字符数据转换为小写的字符表达式
UPPER(character_expression)	返回将小写字符数据转换为大写的字符表达式
SPACE(integer_expression)	返回由重复空格组成的字符串
STR(float_ expression[,length[,decimal]])	返回将浮点数据转换为给定长度的字符串

6.11.2　日期和时间函数

日期和时间函数处理 datatime 和 smalldatatime 的值，并对其进行算术运算，以显示日期和时间的信息。常用的日期和时间函数见表 6-3。

表 6-3　　　　　　　　　　　　　　　日期和时间函数

日期函数	功　　能
YEAR (date)	返回指定日期中年份的整数
MONTH(date)	返回指定日期中月份的整数
DAY(date)	返回指定日期中日期部分的整数
DATENAME(datepart , date)	根据 datepart 的指定，返回日期 date 中相应部分的值
DATEPART(datepart , date)	根据 datepart 的指定，返回日期 date 中相应部分的整数值
DATEIFF(datepart , startdate , enddate)	返回两个日期之间的差值并转换为指定的 datepart 形式
DATEADD(datepart , number , date)	返回指定日期加上一个时间间隔后的新值
GETDATE( )	返回以 SQL Server 内部格式表示的当前日期和时间

```
/*显示服务器当前系统的日期和时间*/
SELECT GETDATE()
GO

/*显示服务区当前系统的月份和月份名称*/
SELECT DATEPART(MONTH,GETDATE())
SELECT DATENAME(MONTH,GETDATE())
GO
```

6.11.3　系统函数

系统函数用来获取 SQL Server 的有关信息。常用的系统函数见表 6-4。

表 6-4　　　　　　　　　　　　　　　系统函数

系统函数	功能
CAST(expression AS data_type)	将一种数据类型的表达式转换为另一种数据类型的表达式
CONVERT(data_type , expression)	将一种数据类型的表达式转换为另一种数据类型的表达式
HOST_NAME( )	返回服务器端计算机的名称

```
/*计算两个整数之和*/
DECLARE @a int,@b int,@c int
SET @a=3
SET @b=4
SET @c=@a+@b
PRINT 'a+b='+CAST(@C AS char(1))
```

以上列举的都是 SQL Server 最常用的函数。SQL Server 本身还包含很多函数，例如，数学函数、文本和图像函数等，这里不再赘述，具体使用时可以参阅相关书籍和 SQL Server 2008 联机手册。

6.12　用 户 定 义 函 数

SQL Server 不但提供系统内置函数，还允许用户定义自己的函数，以便程序代码的重用。

用户定义函数是由一个或多个 Transact-SQL 语句组成的子程序。常用的用户定义函数有三种：返回单值的标量函数、相当于参数化视图的可更新内嵌表值函数、使用程序创建结果集的多语句表值函数。

与定义其他数据库对象一样，使用 CREATE FUNCTION 语句创建用户定义函数，使用 ALTER FUNCTION 语句修改用户定义函数，使用 DROP FUNCTION 语句删除用户定义函数。与定义其他数据库对象不同的是，用户定义函数的语法允许其返回值。

标量函数返回一个确定类型的标量值。

创建标量函数的基本语法格式：

```
CREATE FUNCTION function_name( parameter_name )
  RETURNS return_data_type
  AS
    BEGIN
      function_body
      RETURN scalar_expression
    END
```

参数说明如下：

（1）function_name：用户定义函数的名称。

（2）parameter_name：用户定义函数中的参数，可以声明一个或多个参数。

（3）return_data_type：标量函数返回值的数据类型。

（4）function_body：函数体。

（5）scalar_expression：标量函数返回的标量值。

【例 6-16】　标量函数的使用。

```
/* 创建标量函数 get_name。根据指定的用户编号，返回该用户的姓名 */
USE sst
GO
CREATE FUNCTION get_name(@id nvarchar(20))
   RETURNS nvarchar(40)
   AS
     BEGIN
       DECLARE @name nvarchar(40)
       SELECT @name=(SELECT user_name FROM users WHERE user_id=@id)
       RETURN @name
     END
GO
```

执行结果如图 6-12 所示。

通过查询语句对@id 变量赋值，即可调用该函数，如图 6-13 所示。

图 6-12　标量函数的创建

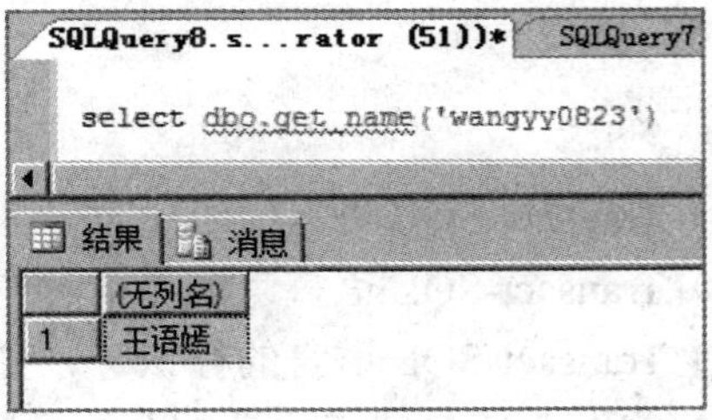

图 6-13　调用标量函数

6.13　编　程　风　格

一个数据库应用系统的开发，如果没有良好的代码风格，将会给项目的后期维护以及后续的开发带来极大的困难。一个项目的开始准备阶段最重要的就是规定好编码格式。

一、关于大小写的问题

（1）SQL Server 中的 SQL 语句不区分大小写。为了让代码更容易阅读和维护，应该先制定好本次项目是通用大写或通用小写，并严格按要求执行。

（2）尽量将 Transact-SQL 语言的关键字和用户定义的对象、变量用大小写区分开来。例如，如果规定 Transact-SQL 语言的关键字采用大写，那么对象名或变量名都采用小写。

二、关于代码缩进与对齐的问题

（1）当代码换行时，如果第二行语句与第一行语句不存在并列关系，可以采用缩进。

（2）Transact-SQL 语言的代码缩进一般采用缩进 2～3 个空格。

（3）当一句代码在一行已经写满，需要第二行接着写时，将第二行与第一行对齐。

（4）一个控制流程的开始与结束的关键字之间要对齐，这样可以将中间的若干语句封装起来，使之成为一个整体。

三、关于代码注释和模块声明

（1）对于一个复杂的算法，或者有很多变量，应在程序的关键部分写上注释，提高程序的可读性。

（2）对于一个结构复杂的程序，还需要进行模块说明。

▓ 实 训 任 务

在学生选课系统的实训中，完成：

（1）显示课程表中有多少类课程。

（2）对课程进行分类统计，并显示课程类别、课程名称和报名人数。

（3）编写计算 30！的程序，并显示计算结果。

（4）声明整数变量@var，使用 CASE 流程控制语句判断@var 值等于 1、等于 2，或者两者都不等。当@var 值为 1 时，输出字符串"var is 1"；当@var 值为 2 时，输出字符串"var is 2"；否则，输出字符串"var is not 1 or 2"。

本 章 小 结

（1）Transact-SQL 语言的组成。
（2）Transact-SQL 语言语法元素的使用规则。
（3）Transact-SQL 语言的标识符、变量、批处理等语法元素的使用。
（4）常用 SQL Server 内置的系统函数。
（5）Transact-SQL 语言的流程控制语句。
（6）创建、调用、删除用户定义函数。

思 考 与 练 习

6-1   如何引用某个数据库对象？
6-2   在程序中使用一个局部变量，应该包含哪些步骤？
6-3   SQL Server 2008 标识符的命名规则是什么？
6-4   以@@开始的变量是什么变量？是否可以改变它的值？

第7章 Transact-SQL 查询

▲ 教学导航

一、教师的教学

1. 知识重点

（1）SELECT 语句的基本语法格式。

（2）SELECT 查询命令中各子句的使用，包括 SELECT 子句、FROM 子句、WHERE 子句、GROUP BY 子句和 ORDER BY 子句。

（3）UNION 运算符的使用。

（4）嵌套查询的方法。

（5）多表连接查询的方法。

（6）排序函数的使用。

2. 知识难点

（1）嵌套查询的方法。

（2）多表连接查询的方法。

二、学生的学习

1. 知识目标

（1）SELECT 语句的基本语法格式。

（2）SELECT 查询命令中各子句的使用，包括 SELECT 子句、FROM 子句、WHERE 子句、GROUP BY 子句和 ORDER BY 子句。

（3）UNION 运算符的使用。

（4）嵌套查询的方法。

（5）多表连接查询的方法。

（6）排序函数的使用。

2. 技能目标

（1）单表查询。

（2）嵌套查询。

（3）多表连接查询。

（4）排序函数的使用。

▲ 课程学习

    SQL 语言是一种数据库查询和程序设计语言，用于存取数据以及查询、更新和管理关系数据库系统；同时也是数据库脚本文件的扩展名。

7.1 SELECT 语句的基本语法格式

对于数据库管理系统而言，数据查询是核心功能。Transact-SQL 使用 SELECT 语句主要用于数据查询，也可以用来为局部变量赋值或调用一个函数。

SELECT 语句的基本语法格式：

```
SELECT [ALL|DISTINCT]{*|<列名列表>}
FROM table_name|view_name
[WHERE <condition>]
[GROUP BY <列名>][HAVING<expression>]
[ORDER BY <列名>][ASC|DESC]
```

参数说明如下：

（1）SELECT 子句：指定查询结果中的列名列表，可以是列名，也可以是表达式。列名之间用逗号间隔。

1）ALL：查询结果中可以包含重复记录。

2）DISTINCT：查询结果中只能包含唯一记录。

3）{*|<列名列表>}：通配符*表示查询源表中的所有列；<列名列表>表示查询源表中指定的列。

（2）FROM 子句：指定用于查询的数据源表 table_name，表名之间用逗号间隔。

（3）WHERE 子句：指定对记录的筛选条件。

（4）GROUP BY 子句：指定分组列。SQL Server 按照分组列对查询结果进行分组，使得用于分组列值相同的记录为一组，形成查询结果中的一个记录。

（5）ORDER BY 子句：指定查询结果按其列值进行升序或降序排列的列。

7.2 SELECT 子 句

7.2.1 查询表中所有列

【例 7-1】 查询表中的所有信息。

```
/* 查询 users 表中的所有用户信息 */
USE sst
GO
SELECT *
FROM users
GO
```

执行结果如图 7-1 所示。

	user_id	user_password	user_name	user_phone	user_address	user_postalcode	user_score
1	101	""	段誉	18612345678	云南大理	671000	160
2	102	###	萧峰	18812345678	北京前井胡同	100032	42
3	103	@@@	阿朱	13812345678	苏州斫香水榭	215000	215
4	104	~~~	虚竹	13712345678	新疆天山灵鹫宫	830000	125
5	105	&&&	王语嫣	13612345678	苏州慢陀山庄	215000	89

图 7-1 查询表中的所有列

7.2.2　查询表中指定的列

【例 7-2】　查询表中指定的列。

```
/* 查询 usesr 表中用户的姓名和联系电话等信息 */
USE sst
GO
SELECT user_name, user_phone
FROM users
GO
```

执行结果如图 7-2 所示。

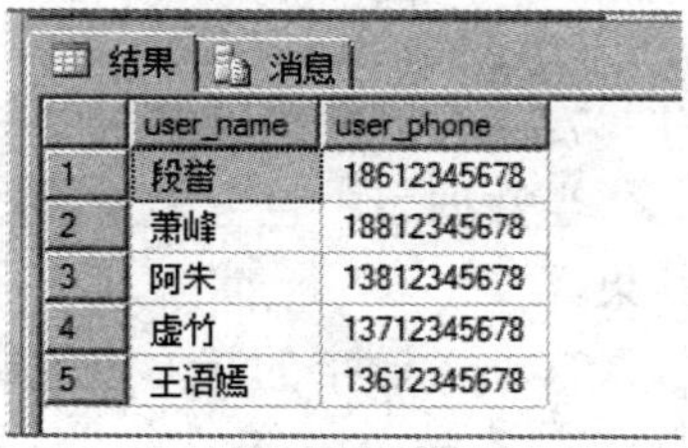

7.2.3　设置查询列的显示名称

在显示查询结果时，列名就是数据表定义时的列名。查询
数据有时会遇到下面这些问题：

（1）查询的数据表中的列名是英文，不易理解。

（2）对多个表同时进行查询时，可能会出现列名相同的情
况，容易引起混淆或者不能引用这些列。

（3）当 SELECT 子句的选择列表是表达式时，在查询结果中没有列名。

这时，可以通过 AS 关键字定义查询显示结果中的列名，即为查询显示结果中的列取一
个别名。

图 7-2　查询表中指定的列

📚｜ 提　示

在输入 SQL 语句时，标点符号一定要在英文半角状态下输入。

【例 7-3】　设置列的别名。

```
/* 查询 users 表中的用户姓名和用户密码信息，查询结果显示为 "姓名"、"密码" */
/* 方法一 */
USE sst
GO
SELECT user_name AS '姓名', user_password AS '密码'
FROM users
GO
/* 方法二 */
USE sst
GO
SELECT user_name '姓名', user_password '密码'
FROM users
GO
/* 方法三 */
USE sst
GO
SELECT '姓名'=user_name, '密码'=user_password
FROM users
GO
```

执行结果如图 7-3 所示。对比图 7-6 的左右图，可以看出显示查询列的列名时发生的
变化。

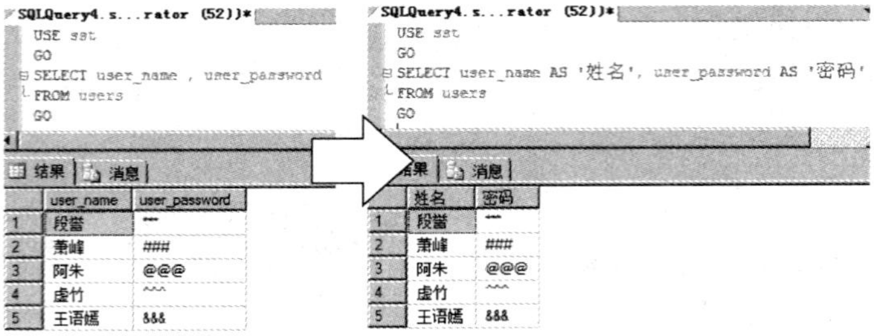

图 7-3　设置查询列的显示名称

7.2.4　返回查询结果的前 n(%)行

当数据表中包含大量的数据时，可以通过 TOP 关键字指定显示记录数，限制返回的查询结果。

TOP 关键字的基本语法格式如下：

```
/* 返回查询结果的前 n 行或数据行的前 n%行 */
SELECT TOP n [PERCENT] {*|<列名列表>}
FROM table_name
```

参数说明如下：

（1）TOP n *表示返回查询结果的前 *n* 行。

（2）TOP n PERCENT *表示返回查询结果的前 *n*%行。

【例 7-4】 TOP 关键字的使用。

```
/* 查询 users 表中的前 3 位用户信息 */
USE sst
GO
SELECT TOP 3 *
FROM users
GO
```

执行结果如图 7-4 所示。

	user_id	user_password	user_name	user_phone	user_address	user_postalcode	user_score
1	101	***	段誉	18612345678	云南大理	671000	160
2	102	###	萧峰	18812345678	北京前井胡同	100032	42
3	103	@@@	阿朱	13812345678	苏州听香水榭	215000	215

图 7-4　返回查询结果的前 3 行

7.2.5　使用聚合函数统计汇总

有时并不是只需要返回实际的查询数据，还要对数据进行分析和报告。SQL Server 提供的聚合函数能对一组值进行分析计算并返回一个数值。

（1）COUNT (［ALL|DISTINCT］<列名>|*)：若选用 ALL<列名>，则统计指定列的总行数（去除列值为空的行，但不去除重复值的行）；若选用［DISTINCT］<列名>，则统计指定列的总行数（去除列值为空以及重复值的行）；若选用*，则统计所有记录的行数。

（2）SUM(［ALL|DISTINCT］<列名>)：求出对应列的总和。

（3）MIN(［ALL|DISTINCT］<列名>)：求出对应列的最小值。

（4）MAX（［ALL|DISTINCT］<列名>）：求出对应列的最大值。

（5）AVG（［ALL|DISTINCT］<列名>）：求出对应列的平均值。

【例 7-5】 聚合函数 COUNT 的使用。

```
/* 统计用户总人数 */
USE sst
GO
SELECT COUNT(*)
FROM users
GO
```

执行结果如图 7-5 所示。

7.2.6 消除查询结果的重复行

DISTINCT 关键字用于消除 SELECT 语句的查询结果集的重复行。如果没有指定 DISTINCT 关键字，将返回所有行，包括值相同的重复行。

图 7-5 使用 COUNT 函数统计汇总

【例 7-6】 DISTINCT 关键字的使用。

```
/* 查询数据表 book 中出版社的编号 */
USE sst
GO
SELECT DISTINCT pub_house_id
FROM book
GO
```

执行结果如图 7-6 所示。对比左右图，可以看到包含 DISTINCT 关键字的查询结果只返回不同的 pub_house_id。

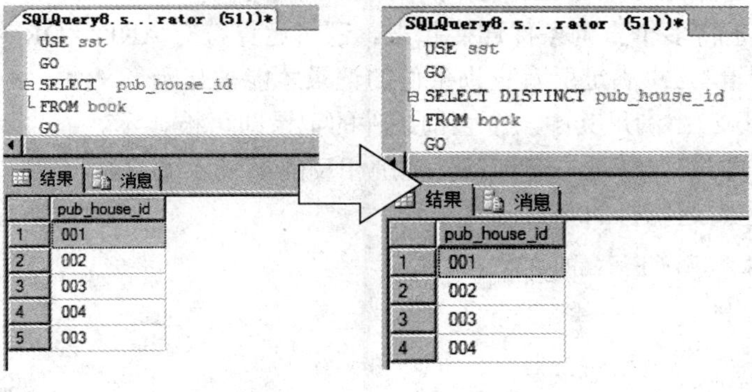

图 7-6 消除查询结果的重复行

7.2.7 在查询结果中显示字符串

为了使查询结果更加容易理解，可以在查询结果中添加一些说明性的文字。在 Transact-SQL 语言中，通过在 SELECT 语句的查询列名列表中使用单引号为特定的列添加注释。

【例 7-7】 在查询结果中添加注释。

```
USE sst
```

```
GO
SELECT '总访问次数：' SUM(interview_times)
FROM book
GO
```

执行结果如图 7-7 所示。

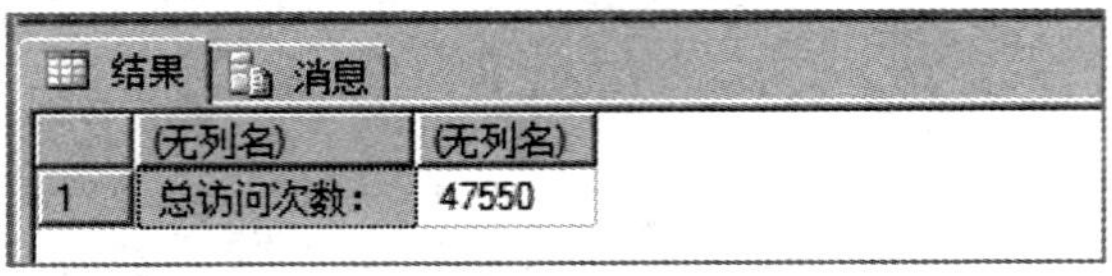

图 7-7　在查询结果集中显示字符串

7.3　WHERE 子 句

WHERE 选项可对数据进行过滤，查询数据表中指定的数据。

7.3.1　基本的条件查询

【例 7-8】　基本的条件查询。

```
/*查询编号为"101"用户的姓名和联系电话*/
USE sst
GO
SELECT user_name,user_phone
FROM users
WHERE user_id='101'
GO
```

执行查询结果如图 7-8 所示。

7.3.2　带逻辑运算符的 WHERE 子句

逻辑运算符用于将多个查询条件连接起来。逻辑运算符有 AND、OR 和 NOT。

（1）AND（逻辑与）：满足所有查询条件的记录才能被显示。

（2）OR（逻辑或）：满足其中一个查询条件的记录即可被显示。

（3）NOT（逻辑非）：满足与查询条件范围相反的记录才能被显示。

【例 7-9】　带逻辑运算符的 WHERE 子句。

```
/* 查询用户阿朱和用户王语嫣的信息 */
USE sst
GO
SELECT *
FROM users
WHERE user_name='阿朱' OR user_name='王语嫣'
GO
```

执行查询结果如图 7-9 所示。

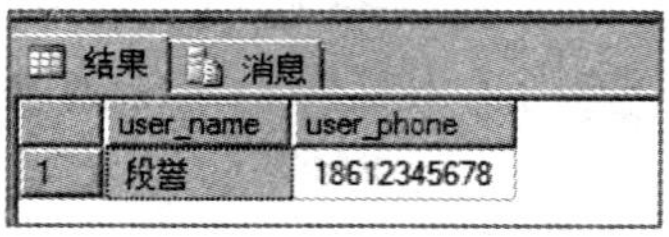

图 7-8　基本 WHERE 子句查询

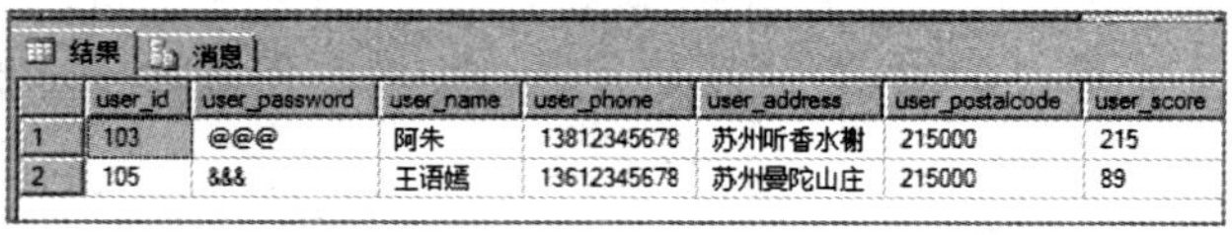

图 7-9　带逻辑运算符的 WHERE 子句查询

7.3.3 带比较运算符的 WHERE 子句

比较运算符包括=（等于）、>（大于）、<（小于）、>=（大于等于）、<=（小于等于）、<>或!=（不等于）、!>（不大于）、!<（不小于），可用于列值的大小比较。

【例 7-10】 带比较运算符的 WHERE 子句。

```
/*查询积分少于50，以及积分多于100的用户信息 */
USE sst
GO
SELECT *
FROM users
WHERE user_score<50 OR user_score>100
GO
```

执行查询结果如图 7-10 所示。

	user_id	user_password	user_name	user_phone	user_address	user_postalcode	user_score
1	101	***	段誉	18612345678	云南大理	671000	160
2	102	###	萧峰	18812345678	北京前井胡同	100032	42
3	103	@@@	阿朱	13812345678	苏州听香水榭	215000	215
4	104	^^^	虚竹	13712345678	新疆天山灵鹫宫	830000	125

图 7-10 带比较运算符的 WHERE 子句查询

7.3.4 带范围运算符的 WHERE 子句

范围运算符有 BETWEEN 和 NOT BETWEEN，用来对查询值设置查询范围，它总是和关键字 AND 一起使用，用于确定查询的范围。

【例 7-11】 带范围运算符的 WHERE 子句。

```
/* 查询积分在50~100之间的用户信息 */
USE sst
GO
SELECT *
FROM users
WHERE user_score between 50 AND 100
GO
```

执行结果如图 7-11 所示。

	user_id	user_password	user_name	user_phone	user_address	user_postalcode	user_score
1	105	&&&	王语嫣	13612345678	苏州曼陀山庄	215000	89

图 7-11 带范围运算符的 WHERE 子句查询

7.3.5 带列表运算符的 WHERE 子句

列表运算符有 IN 和 NOT IN，用来给出要查找的值的列表。

【例 7-12】 带列表运算符的 WHERE 子句。

```
/*查询编号为101、103、105的用户信息 */
USE sst
GO
```

```
SELECT *
FROM users
WHERE user_id IN ('101','103','105')
GO
```

执行结果如图 7-12 所示。

图 7-12　带列表运算符的 WHERE 子句查询

7.3.6　带模糊查询的 WHERE 子句

当不能精确地知道查询条件时，可以使用模糊查询。LIKE 关键字用于模糊查询。LIKE 必须和四种通配符%（表示任意个任意字符）、_（表示一个任意字符）、[ ]（表示可以是方括号里面列出的任意一个字符）、[^]（表示不在方括号里面列出的任意一个字符）配合使用。

提　示

通配符和要匹配的值必须引在单引号中。当需要查找通配符本身时，需将它们用方括号括起来。

例如：" LIKE '5[%]' "表示匹配" 5% "，这时的"%"不表示任意个任意字符，而表示"%"这个字符本身。

【例 7-13】 带模糊查询的 WHERE 子句。

```
/* 查询所有姓"王"的用户信息 */
USE sst
GO
SELECT *
FROM users
WHERE user_name LIKE '王%'
GO
```

执行结果如图 7-13 所示。

图 7-13　带模糊查询的 WHERE 子句查询

7.3.7　查询空值的数据行

创建数据表时，设计者可以指定某列是否可以包含空值（NULL）。在 WHERE 子句中使用 IS NULL，可以查询列值为空的记录。与 IS NULL 相反的是 IS NOT NULL，用于查询列值不为空的记录。

【例 7-14】 查询列值为空的记录。

```
/*查询只有一位作者的图书作者列表编号*/
USE sst
GO
SELECT *
FROM book_author
WHERE second_author_id is null
GO
```

执行结果如图 7-14 所示。

	book_author_id	first_author_id	second_author_id	third_author_id
1	a0004	guom1203	NULL	NULL
2	a0008	huangch	NULL	NULL
3	a0009	jiny1230	NULL	NULL
4	a0010	xiaoz1011	NULL	NULL
5	a0011	fengzk0929	NULL	NULL

图 7-14 查询只有一位作者的图书作者列表编号

7.4 ORDER BY 子 句

使用 ORDER BY 子句对查询结果重新进行排序,可以按升序(ASC)排序,也可以按降序排序(DESC),系统默认按升序排序。

在 ORDER BY 子句中,既可以根据单列值进行排序,也可以根据多列值进行排序。如果按多列值进行排序,表示查询结果首先按第一列的列值进行排序,当第一列的列值相同时,再按第二列的列值进行排序,依次类推。

【例 7-15】 对查询结果排序。

```
/*查询所有用户信息,并按照积分由高到低进行排序*/
USE sst
GO
SELECT *
FROM users
ORDER BY user_score DESC
GO
```

执行结果如图 7-15 所示。

	user_id	user_password	user_name	user_phone	user_address	user_postalcode	user_score
1	103	@@@	阿朱	13812345678	苏州听香水榭	215000	215
2	101	---	段誉	18612345678	云南大理	671000	160
3	104	^^^	虚竹	13712345678	新疆天山灵鹫宫	830000	125
4	105	&&&	王语嫣	13612345678	苏州曼陀山庄	215000	89
5	102	###	萧峰	18812345678	北京前井胡同	100032	42

图 7-15 查询所有用户信息,并按照积分由高到低进行排序

7.5　GROUP BY 子 句

有时根据实际情况，需要对数据进行分类查询。在 SQL Server 中，GROUP BY 子句用来对数据进行分组，HAVING 关键字用于限定分组条件。

（1）使用 GROUP BY 子句分组查询时需要使用聚合函数。

（2）HAVING 关键字在 GROUP BY 子句之后使用，对分组汇总后的信息进行进一步地筛选。

【例 7-16】　对查询结果分组。

```
/*统计各出版社出版图书的总数 */
USE sst
GO
SELECT pub_house_id,count(pub_house_id)AS'图书总数'
FROM book
GROUP BY pub_house_id
GO
```

执行结果如图 7-16 所示。

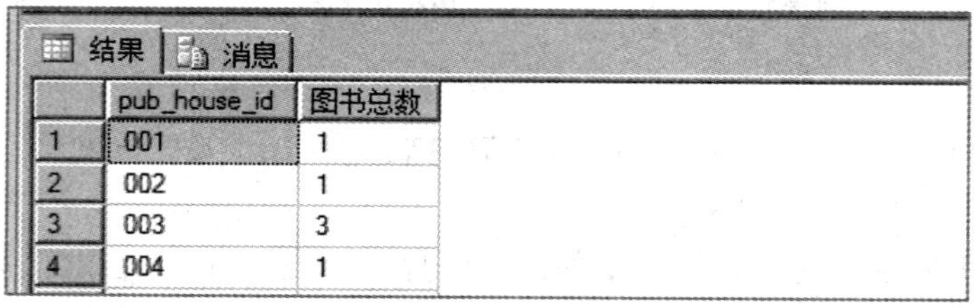

	pub_house_id	图书总数
1	001	1
2	002	1
3	003	3
4	004	1

图 7-16　统计各出版社出版图书的总数

【例 7-17】　带 HAVING 关键字的查询结果分组。

```
/* 统计图书访问量在 3000 以上,而且出版图书总数大于 1 的出版社编号 */
USE sst
GO
SELECT pub_house_id
FROM book
WHERE interview_times>3000
GROUP BY pub_house_id HAVING count(pub_house_id)>1
GO
```

执行结果如图 7-17 所示。

对比图 7-17 的上下图，可以看到满足条件的出版社被查询出来。

📚 | 提 示

（1）WHERE 子句和 HAVING 关键字都用于过滤数据，两者的区别在于作用对象不同。WHERE 子句作用于数据表或视图，在数据分组之前选择满足条件的记录；HAVING 关键字作用于组，在数据分组之后再选择满足条件的组。另外，WHERE 排除的记录不再包括在分组中。

（2）WHERE 子句和 GROUP BY 子句中不能使用聚合函数，但 HAVING 关键字后可以带聚合函数。

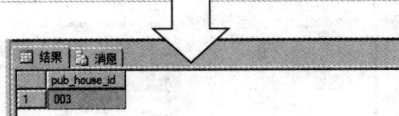

图 7-17　统计图书访问量在 3000 以上，而且出版图书总数大于 1 的出版社编号

7.6　嵌　套　查　询

嵌套查询又称为子查询，是指一个查询语句嵌套在另一个查询语句内部的查询。在 SELECT 语句中，先执行内层子查询，再执行外层查询，内层子查询的结果作为外层查询的比较条件。查询可以基于一个表或多个表。子查询可以嵌套在 SELECT、INSERT、UPDATE 或 DELECT 语句中，也可以用在 WHERE 子句或 HAVING 关键字中。

7.6.1　使用比较运算符的子查询

子查询可以使用比较运算符，例如，=（等于）、>（大于）、<（小于）、>=（大于等于）、<=（小于等于）、<>或!=（不等于）、!>（不大于）、!<（不小于）。

【例 7-18】　使用比较运算符的子查询。

```
/* 查询没有阅读 b0005 这本书的用户姓名 */
USE sst
GO
SELECT user_name
FROM users
WHERE user_id
<>(SELECT user_id
    FROM query
    WHERE book_id='b0005')
GO
```

执行结果如图 7-18 所示。

7.6.2　使用 IN 关键字

使用 IN 关键字进行子查询时，内层查询语句返回一个数据列值，提供给外层查询进行比较操作。

【例 7-19】　使用 IN 关键字的子查询。

```
/* 查询阅读超过 5 本书的用户姓名 */
USE sst
GO
SELECT user_name
```

```
FROM users
WHERE user_id
IN(SELECT user_id
    FROM query
    GROUP BY user_id HAVING COUNT (user_id)>=5)
GO
```

执行结果如图 7-19 所示。

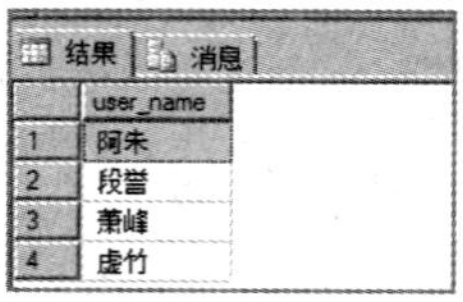

图 7-18 查询没有阅读 b0005 这本书的用户姓名    图 7-19 查询阅读超过 5 本书的用户姓名

SELECT 语句也可以使用 NOT IN 关键字，其作用与 IN 正好相反。

【例 7-20】 使用 NOT IN 关键字的子查询。

```
/* 查询没有阅读的用户姓名 */
USE sst
GO
SELECT user_name
FROM users
WHERE user_id NOT IN
  (SELECT user_id  FROM query)
GO
```

执行结果如图 7-20 所示。

7.6.3 使用 ANY、SOME 和 ALL 关键字

（1）ANY 和 SOME 关键字是同义词，接在一个比较运算符后面，表示与内层查询的返回值列表进行比较，只要满足内层查询中的任何一个条件，就返回 TRUE。

（2）ALL 关键字接在一个比较运算符后面，表示与内层查询的返回值列表进行比较，只有同时满足内层查询中的所有条件，才返回 TRUE。

【例 7-21】 使用 ANY 关键字的子查询。

```
/* 查询访问次数最多和最少图书的编号 */
USE sst
GO
SELECT book_id
FROM book
WHERE interview_times
=any (SELECT MAX(interview_times) FROM book
        UNION
      SELECT MIN(interview_times) FROM book)
GO
```

执行结果如图 7-21 所示。

图 7-20　查询没有阅读的用户姓名

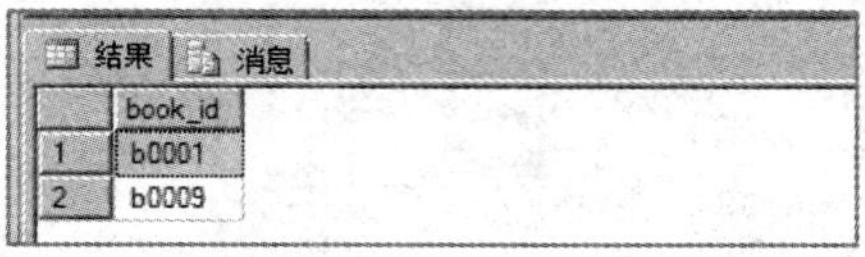

图 7-21　查询访问次数最多和最少的图书的编号

【例 7-22】 使用 ALL 关键字的子查询。

```
/* 查询访问次数不是最多，也不是最少的图书的编号 */
USE sst
GO
SELECT book_id
FROM book
WHERE interview_times
<>ALL (SELECT MAX(interview_times) FROM book
       UNION
     SELECT MIN(interview_times) FROM book)
GO
```

执行结果如图 7-22 所示。

7.6.4　使用 EXISTS 关键字

EXISTS 关键字后面的参数是一个任意的子查询，当内层查询结果至少返回一个数据行时，EXISTS 的结果为 TRUE。此时，外层查询将进行查询，否则，外层查询语句将不进行查询。

NOT EXISTS 与 EXISTS 使用方法相同，返回的结果相反。当内层查询结果至少返回一个数据行时，NOT EXISTS 的结果为 FALSE。此时，外层查询将不进行查询，否则，外层查询语句将进行查询。

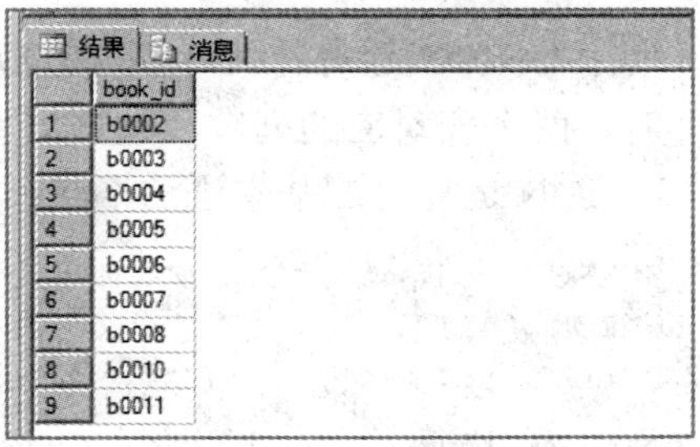

图 7-22　查询访问次数不是最多，
也不是最少的图书编号

【例 7-23】 使用 EXISTS 关键字的子查询。

```
/*使用 EXISTS 关键字的查询 */
USE sst
GO
SELECT book_name
FROM book
WHERE EXISTS
  (SELECT pub_house_name
    FROM pub_house
    WHERE pub_house_id='007')
GO
```

执行结果如图 7-23 所示。

对比图 7-23 的左右图可以看到，EXISTS 的结果只取决于是否会返回行，而不取决于这些行的内容，所以内层查询的 SELECT 子句通常是无关紧要的。

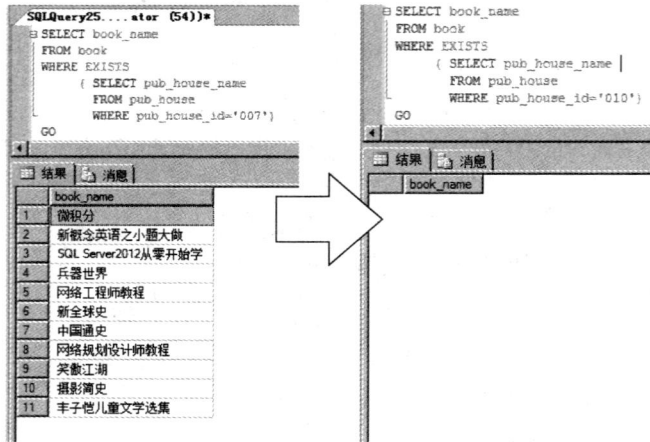

图 7-23　使用 EXISTS 关键字的查询

7.7　使用 UNION 运算符合并查询结果

利用 UNION 运算符，可以给出多条 SELECT 语句，并将它们的结果组合成单个结果集。合并时，两个表对应的列数和数据类型必须相同。

UNION 运算符的基本语法格式：

```
SELECT column , ... FROM table1
UNION [ALL]
SELECT column , … FROM table2
```

使用说明如下：

（1）用来合并的每个查询结果中的列数必须相同，对应列的数据类型必须相同或兼容。

（2）第一个查询结果的列名作为合并后查询结果的列名。

（3）UNION 运算符不使用关键字 ALL，将消除查询结果的重复行；UNION 运算符使用关键字 ALL，将不消除查询结果的重复行，也不对查询结果进行自动排序。

（4）ORDER BY 子句和 COMPUTE BY 子句只能用在最后一个查询中，用来排序和汇总合并后的查询结果，但排序的列名必须来自第一个查询结果中的列名。

（5）GROUP BY 子句和 HAVING 关键字仅用在其他查询中，不可用于最后的合并结果中。

（6）UNION 运算符可以和 INSERT 语句一起使用。

【例 7-24】　使用 UNION 运算符合并查询结果。

```
/* 查询访问次数大于 3000 和图书编号为 b0011 的图书名称和图书摘要 */
USE sst
GO
SELECT book_name,abstract
FROM book
WHERE interview_times>3000
UNION
SELECT book_name,abstract
```

```
FROM book
WHERE book_id='b0011'
GO
```

执行结果如图 7-24 所示。

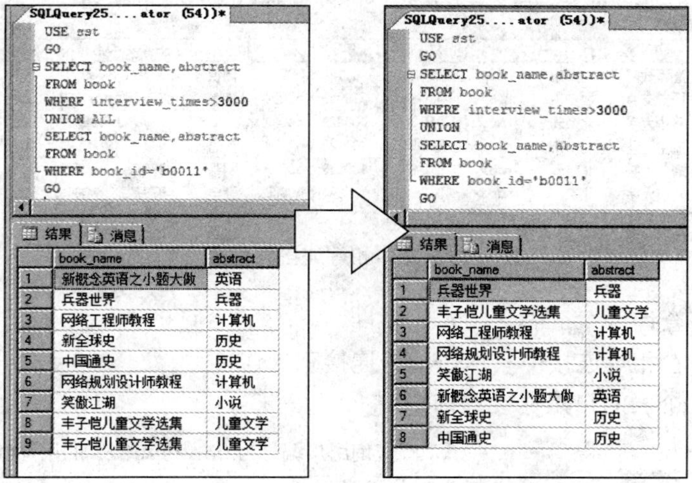

图 7-24　使用 UNION 运算符合并查询结果

对比图 7-24 的左右图可以看出，UNION 运算符不使用关键字 ALL 时，消除查询结果的重复行；使用关键字 ALL 时，不消除查询结果的重复行，也不对查询结果进行自动排序。

7.8　多表连接查询

连接查询是关系数据库中最主要的查询，主要包括内连接查询和外连接查询。当两个或多个表中存在相同意义的列时，便可以通过这些列对不同的表进行连接查询。

7.8.1　内连接查询

（1）在内连接查询中，通过公共键建立表与表之间的连接。例如，pub_house 表中的 pub_house_id 是主键，book 表中的 pub_house_id 是外键，pub_house_id 就是连接 pub_house 表和 book 表的公共键。查询来自 pub_house 表和 book 表的连接条件只有一个：主表.主键=从表.外键，即：pub_house.pub_house_id=book.pub_house_id。

（2）表与表之间的关系用 JOIN 指定，表与表之间的连接条件写在 ON 子句中。

（3）内连接查询包括相等连接查询、自然连接查询、比较连接查询和自连接查询。

一、相等连接查询

相等连接是将连接两个表的公共键进行相等比较的连接。相等连接的查询结果中存在完全相同的两个列。

【例 7-25】　相等连接查询。

```
/*查询出版社的信息，以及该出版社出版的图书信息*/
USE sst
GO
SELECT *
```

```
FROM pub_house JOIN book
ON pub_house.pub_house_id=book.pub_house_id
GO
```

执行结果如图 7-25 所示。从图 7-25 可以看到相等连接查询的结果中存在完全相同的两个列。

	pub...	pub_hous...	pub_hou...	pub_h...	pub_ph...	pub_p...	book_id	book_...	book_i...	book...	pub...	key...	abst
1	001	高等教育...	北京市...	http:/...	400-81...	100120	b0001	微积分	978-7-...	a0001	001	k00...	数学
2	002	西安交通...	西安市...	http:/...	400-81...	710049	b0002	新概...	978-7-...	a0002	002	k00...	英语
3	003	清华大学...	北京清...	http:/...	010-64...	100029	b0003	SQL S...	978-7-...	a0003	003	k00...	计...
4	004	航空工业...	北京市...	http:/...	400-81...	100120	b0004	兵器...	978-7-...	a0004	004	k00...	兵器
5	003	清华大学...	北京清...	http:/...	010-64...	100029	b0005	网络...	978-7-...	a0005	003	k00...	计...
6	009	北京大学...	北京市...	http:/...	010-62...	100871	b0006	新全...	978-7-...	a0006	009	k00...	历史

图 7-25　相等连接查询

二、自然连接查询

自然连接是指在相等连接中只保留一个连接列的连接。

【例 7-26】　三个表的自然连接查询。

	user_name	book_name
1	王语嫣	微积分
2	王语嫣	网络工程师教程
3	王语嫣	丰子恺儿童文学选集
4	王语嫣	笑傲江湖
5	王语嫣	摄影简史
6	王语嫣	兵器世界

图 7-26　查询用户编号为 wangyy0823
的用户姓名及所读的书名

```
/* 查询用户编号为 wangyy0823 的用户姓名及所读的书名 */
USE sst
GO
SELECT users.name,book.book_name
FROM query JOIN users
ON query.user_id=users.user_id
     JOIN book
       ON query.book_id=book.book_id
WHERE users.user_id='wangyy0823'
GO
```

执行结果如图 7-26 所示。

三、比较连接查询

比较连接是指表与表之间的连接使用除 " = " 运算符之外的比较运算符进行的连接。

【例 7-27】　比较连接查询。

```
/* 查询每个班可以选修非自己所在系部开设的课程信息 */
USE xsxk
GO
SELECT *
FROM class JOIN course
ON class.department_id< >course. department_id
GO
```

7.8.2　外连接查询

为了说明外连接查询，在数据表 users 中增加了一个"慕容复"用户，在数据表 query 中修改了 book_id 不能为空的设置，增加了"b0002"和"b0008"两个列值，对应的 user_id 列值为空。

内连接查询返回的是符合查询条件和连接条件的行。例如，虚竹和慕容复没有阅读图书，在数据表 query 中没有这两位用户的信息。再有，阅读编号为 b0002 和 b0008 这两本图书的用户不在数据表 users 中，因此，在数据表 query 里也没有这两本书的用户记录。如果要查询所有用户阅读的情况，要求包括有阅读记录的用户，也包括没有阅读记录的用户，这时使用内连接进行查询时会滤掉这些信息，如图 7-27 所示。

【例 7-28】 内连接查询。

```
/* 查询所有的阅读情况 */
USE sst
GO
SELECT users.user_id ,query.book_id
FROM users  JOIN query
    ON users.user_id=query.user_id
GO
```

使用外连接查询可以解决内连接查询所产生的显示信息不完整的问题。外连接分为左外连接、右外连接和全外连接。实现左外连接和右外连接的关键是，首先确定需要保证哪个表的信息完整，再根据该表是位于 JOIN 关键字的左侧还是右侧决定进行左外连接查询还是右外连接查询。而全外连接查询则同时实现了左外连接查询和右外连接查询的功能。

一、左外连接查询

```
FROM 左表名 LEFT JOIN 右表名
```

左外连接查询在对两个数据表进行内连接查询结果的基础上增加不满足连接条件的数据行，这些数据行的右表的列值显示为空值（NULL），如图 7-28 所示。

【例 7-29】 左外连接查询。

```
USE sst
GO
SELECT users.user_id ,query.book_id
FROM users LEFT OUTER JOIN query
    ON users.user_id=query.user_id
GO
```

图 7-27 查询所有的阅读情况

图 7-28 左外连接查询

二、右外连接查询

FROM 左表名 RIGHT JOIN 右表名

右外连接查询在两个数据表进行内连接查询结果的基础上增加不满足连接条件的数据行，这些数据行的左表的列值显示为空值（NULL），如图 7-29 所示。

【例 7-30】 右外连接查询。

```
USE sst
GO
SELECT users.user_id ,query.book_id
FROM users RIGHT OUTER JOIN query
    ON users.user_id=query.user_id
GO
```

三、全外连接查询

FROM 左表名 FULL JOIN 右表名

全外连接查询返回两个数据表中的所有记录，不论是否满足连接条件，都返回数据行，只不过在相应的列中显示为空值（NULL），如图 7-30 所示。

【例 7-31】 全外连接查询。

```
USE sst
GO
SELECT users.user_id ,query.book_id
FROM users FULL OUTER JOIN query
    ON users.user_id=query.user_id
GO
```

	user_id	book_id
1	wangyy0823	b0001
2	wangyy0823	b0005
3	wangyy0823	b0011
4	az0707	b0011
5	az0707	b0006
6	xiaof0916	b0009
7	xiaof0916	b0003
8	xiaof0916	b0004
9	xiaof0916	b0010
10	xiaof0916	b0007
11	wangyy0823	b0009
12	wangyy0823	b0010
13	wangyy0823	b0004
14	duany0826	b0007
15	duany0826	b0006
16	NULL	b0002
17	NULL	b0008

图 7-29 右外连接查询

	user_id	book_id
1	az0707	b0011
2	az0707	b0006
3	duany0826	b0007
4	duany0826	b0006
5	murf0612	NULL
6	wangyy0823	b0001
7	wangyy0823	b0005
8	wangyy0823	b0011
9	wangyy0823	b0009
10	wangyy0823	b0010
11	wangyy0823	b0004
12	xiaof0916	b0009
13	xiaof0916	b0003
14	xiaof0916	b0004
15	xiaof0916	b0010
16	xiaof0916	b0007
17	xuz1210	NULL
18	NULL	b0002
19	NULL	b0008

图 7-30 全外连接查询

7.9 排 序 函 数

SQL Server 的排序函数能将查询结果按照所指定的列排序，还可以根据需要给出间断的排序和没有间断的排序。排序函数及功能见表 7-1。

表 7-1　　　　　　　　　　　　　　　排 序 函 数

排序函数	说　　明
ROW_NUMBER()OVER(ORDER By clause)	在查询结果中为每条记录添加递增的数值序号
RANK()OVER(ORDER By clause)	在查询结果中为每条记录添加递增的数值序号，但排序可能会中断
DENSE_RANK()OVER(ORDER By clause)	在查询结果中为每条记录添加递增的顺序数值序号

为了说明排序函数的使用及区别，完善数据表 users 中的数据如图 7-31 所示，即增加了一个同名的"慕容复"。

user_id	user_password	user_name	user_phone	user_address	user_postalcode	user_score
az0707	@@@	阿朱	13812345678	苏州听香水榭	215000	215
duany0826	***	段誉	18612345678	云南大理	671000	160
murf0403	)))	慕容复	13312345678	苏州慕陀山庄	215000	89
murf0612	(((	慕容复	13412345678	苏州慕陀山庄	215000	42
wangyy0823	&&&	王语嫣	13612345678	苏州慕陀山庄	215000	89
xiaof0916	###	萧峰	18812345678	北京前井胡同	100032	42
xuz1210	^^^	虚竹	13712345678	新疆天山灵鹫宫	830000	125
NULL	NULL	NULL	NULL	NULL	NULL	NULL

图 7-31　数据表 users 的数据

7.9.1　ROW_NUMBER( )函数

【例 7-32】　使用 ROW_NUMBER( )函数排序。

```
USE sst
GO
SELECT ROW_NUMBER()OVER(ORDER BY user_score),user_name,user_score
FROM users
GO
```

执行结果如图 7-32 所示。可以看出，查询结果按照 user_score 列值排序并且给出了连续的序号。

	(无列名)	user_name	user_score
1	1	慕容复	42
2	2	萧峰	42
3	3	慕容复	89
4	4	王语嫣	89
5	5	虚竹	125
6	6	段誉	160
7	7	阿朱	215

图 7-32　使用 ROW_NUMBER()函数排序

7.9.2　RANK( )函数

【例 7-33】　使用 RANK ()函数排序。

```
USE sst
GO
SELECT RANK()OVER(ORDER BY user_score),user_name,user_score
```

```
FROM users
GO
```

执行结果如图 7-33 所示。可以看出，查询结果按照 user_score 列值排序，可以看到，如果有两位用户具有相同的 user_score 列值，则它们具有相同的序号，而下一位用户将后推序号。RANK()函数并不是总返回连续的序号。

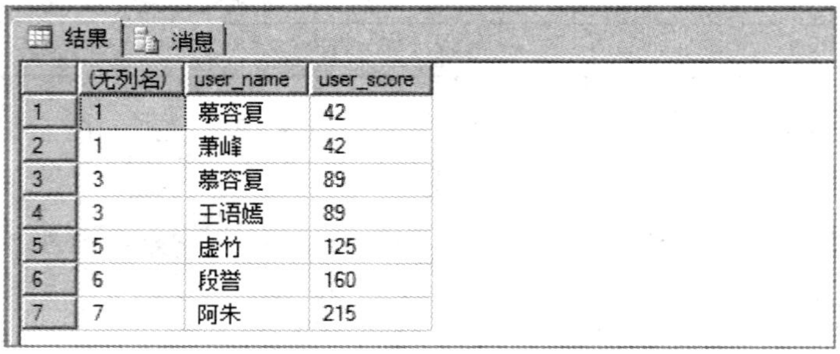

图 7-33　使用 RANK ()函数排序

7.9.3　DENSE_RANK ( )函数

【例 7-34】　使用 DENSE_RANK ( )函数排序。

```
USE sst
GO
SELECT DENSE_RANK()OVER(ORDER BY user_score),user_name,user_score
FROM users
GO
```

执行结果如图 7-34 所示。可以看出，查询结果按照 user_score 列值排序，如果有两位用户具有相同的 user_score 列值，则它们具有相同的序号，而下一位用户将顺序递增序号。

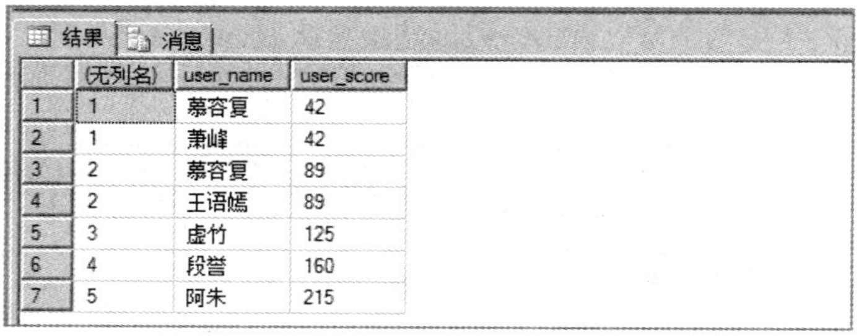

图 7-34　使用 DENSE_RANK ()函数排序

提　示

排序函数只和 SELECT 以及 ORDER BY 子句一起使用，不能直接在 WHERE 或者 GROUP BY 子句中使用。

实 训 任 务

在学生选课系统的实训中，完成：

（1）查询课程表中的所有数据。

（2）查询班级表中"班级名称"和"系部编号"这两个列的数据。

（3）查询选修表中的前 5 行数据。

（4）查询选修表中选修人数最少和最多的 3 门课程。

（5）查询周二晚上上课的教师和所上的课程名称。

（6）查询姓"王"、"段"的学生的所有信息。

（7）按系部统计课程的平均报名人数，并显示结果。

（8）查询 13 级计算机信息班的选修情况。

（9）查询学生王语嫣选修的课程信息。

（10）查询没有学生选修的课程信息。

本　章　小　结

（1）SELECT 语句的基本语法格式。

（2）SELECT 子句、通配符，以及聚合函数的使用方法。

（3）WHERE 子句、逻辑运算符、比较运算符、范围运算符，以及列表运算符的使用。

（4）使用 ORDER BY 子句排序查询结果。

（5）使用 GROUP BY 子句分组查询结果，了解 HAVING 子句和 WHERE 子句的区别。

（6）使用比较运算符、IN 关键字、ANY、SOME 和 ALL 关键字、EXISTS 关键字实现嵌套查询。

（7）使用 UNION 运算符合并查询结果。

（8）关系数据库中最重要的多表连接查询，包括内连接查询和外连接查询，根据需要写出正确的连接条件和查询条件。

（9）排序函数的使用。

思　考　与　练　习

7-1　排序时 NULL 值如何处理？

7-2　SELECT 语句的基本语法格式是什么？

7-3　DISTINCT 可以应用于所有的列吗？

第8章 管理数据表中的数据

▲ **教学导航**

一、教师的教学

1. 知识重点

（1）使用 SQL Server Management Studio 进行数据的插入、修改、删除操作。

（2）使用 INSERT、UPDATE、DELETE 语句进行数据的插入、修改、删除操作。

（3）TRUNCATE 语句。

2. 知识难点

数据操纵语句的语法格式及参数含义。

二、学生的学习

1. 知识目标

（1）INSERT、UPDATE、DELETE 语句。

（2）TRUNCATE 语句。

2. 技能目标

（1）使用 INSERT、UPDATE、DELETE 语句进行数据的插入、修改、删除操作。

（2）使用 SQL Server Management Studio 进行数据的插入、修改、删除操作。

（3）使用 TRUNCATE 语句删除数据表的所有数据。

▲ **课程学习**

管理数据表中的数据主要是指对表中数据的修改性操作，包括插入、删除和更新。插入 INSERT 是指向表中插入一个或多个记录的操作；删除 DELETE 是指从表中删除一个或多个记录的操作；更新 UPDATE 是指更改表中某些记录的某些列值的操作。

可以使用 SQL Server Management Studio 和 T-SQL 语言对数据进行管理。使用 T-SQL 语言对数据进行管理时，更具有灵活性的优势。

为了保证数据的安全性，只有系统管理员（SA）、数据库所有者（DBO）、数据库对象的所有者以及被授予权限的用户才能管理数据库中的数据。

提 示

CREATE、ALTER、DROP 命令用于数据表结构的创建、修改、删除；INSERT、UPDATE、DELETE 命令则用于数据表内容的插入、修改、删除。

8.1　插　入　数　据

8.1.1　使用 INSERT 语句插入数据

SQL Server 使用 INSERT 语句向数据表中插入新的数据记录，一般有两种方式：第一种是直接向表中插入记录，即单行记录的插入；第二种是向表中插入一个查询结果，即多行记录的插入。

1．INSERT 语句的基本语法格式

```
INSERT [INTO] table_name [column_list]
VALUES(values_list);
```

参数说明如下：

（1）table_name：指定要插入数据的表名。

（2）column_list：指定要插入数据的列名表。不要向设置了 IDENTITY 属性的列中插入值。

（3）values_list：给出与 column_list 中的每个列名相对应的列值。

【例 8-1】　插入单行记录的 INSERT 语句。

```
USE sst
GO
/*按照数据表中定义时列的顺序依次给出所有列的值，可以省略列名列表*/
INSERT INTO users
VALUES('101','***','段誉','18612345678','云南大理','671000', 110);
/*列名顺序可以与数据表定义时的顺序不同。但列值顺序必须与给定的列名顺序相同*/
INSERT INTO users(user_id, user_name, user_password, user_phone, user_address,
user_postalcode, user_score)
VALUES('102', '萧峰','###' ,'18812345678','北京前井胡同','100032', 42);
/*显示查询结果*/
SELECT * FROM users
```

命令执行结果如图 8-1 所示。可以看到 INSERT 语句成功插入了两条记录。

	user_id	user_password	user_name	user_phone	user_address	user_postalcode	user_score
1	101	***	段誉	18612345678	云南大理	671000	110
2	102	###	萧峰	18812345678	北京前井胡同	100032	42

图 8-1　插入数据的查询结果

【例 8-2】　同时插入多行记录的 INSERT 语句。

```
USE sst
GO
/*向 sst_user 表中插入三行数据*/
INSERT INTO users
VALUES
('103','@@@','阿朱','13812345678','苏州听香水榭','215000', 165),
    ('104','^^^','虚竹','13712345678','新疆天山灵鹫宫','830000', 125),
    ('105','&&&','王语嫣','13612345678','苏州曼陀山庄','215000', 89);
/*显示查询结果*/
```

```
SELECT * FROM users
GO
```

命令执行结果如图 8-2 所示。可以看到 INSERT 语句成功插入了三条记录。

图 8-2　插入数据的查询结果

2. 将查询结果插入到表中

INSERT 语句可以将 SELECT 语句查询得到的数据集插入到数据表中。

INSERT 语句的基本语法格式如下：

```
INSERT [INTO] table_name [column_list]
SELECT column_list
FROM table_name
```

提　示

SELECT 语句可以使用 TOP 关键字、DISTINCT 关键字、WHERE 子句、GROUP BY 子句和 ORDER BY 子句等。

【例 8-3】　将查询结果插入到表中。

```
/*由于是将数据表 users 中的数据全部检索出来并添加到 ai，所以数据表 ai 和数据表 users 的结构完全一样*/
USE sst
GO
/*创建数据表 ai*/
CREATE TABLE ai
(
user_id char(15) ,
user_password varchar(16),
user_name nvarchar(40) ,
user_phone varchar(15) ,
user_address nvarchar(80) ,
user_postalcode char(6) ,
user_score smallint
)
GO
/*将查询结果插入数据表 ai 中*/
USE sst
GO
INSERT INTO ai
SELECT *
FROM users
GO
```

```
/*显示查询结果*/
SELECT  *
FROM ai
GO
```

命令执行结果如图 8-3 所示。显示新增了数据表 ai，并且向数据表 ai 添加了所有记录。

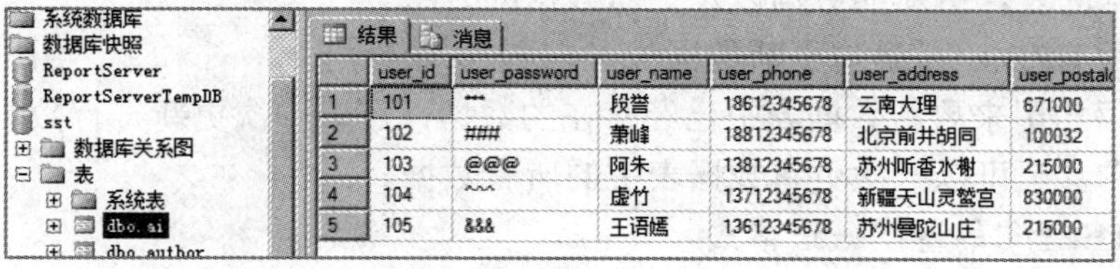

图 8-3　插入数据的查询结果

【例 8-4】　采用 SELECT INTO 语句将查询结果插入表中。

```
/*将查询结果插入数据表 ai 中*/
USE sst
GO
SELECT user_id, user_password, user_name, user_phone, ser_address,
user_postalcode,user_score
INTO  ai
FROM users
GO
/*显示查询结果*/
SELECT  *
FROM ai
GO
```

8.1.2　使用 SQL Server Management Studio 插入数据

（1）启动 SQL Server Management Studio，在"对象资源管理器"窗口依次展开"数据库"节点、sst 节点和"表"节点，右键单击需要添加数据的数据表 book，在弹出的快捷菜单中选择"编辑前 200 行"命令。

（2）系统显示如图 8-4 所示的窗口，此时直接添加数据行。

（3）添加数据后，关闭窗口即可。

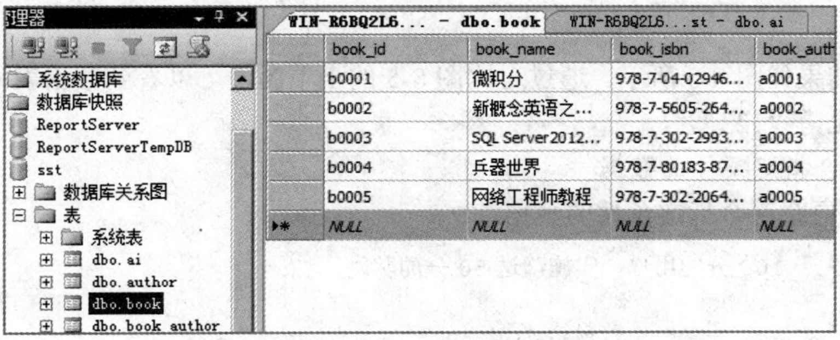

图 8-4　插入数据行窗口

按照上述方法步骤，添加其他各个数据表的数据，本章节就不再赘述。

8.2 更 新 数 据

可以使用 SQL Server Management Studio 和 UPDATE 语句更新数据表数据。更新数据时确定要更新数据的表，更新的数据以及更新数据的方法。

8.2.1 使用 UPDATE 语句更新数据

UPDATE 语句用来更新数据表中已经存在的数据，可以一次更新一行数据，也可以一次更新多行数据，甚至可以一次更新数据表中的所有数据。

1. UPDATE 语句的基本语法格式

```
UPDATE table_name
SET col_name1=value1, col_name2=value2, col_name3=value3,...
FROM table_name
WHERE search_condition
```

参数说明如下：

（1）table_name：指定需要更新数据的数据表名。

（2）col_name1, col_name2, col_name3,...：指定需要更新数据的列名。

（3）value1, value2, value3,...：指定更新值。

（4）search_condition：指定更新数据需要满足的条件。

2. 更新表中指定列的所有数据行

如果在 UPDATE 命令中不设置任何更新条件，那么将更新命令中指定列的所有数据。

【例 8-5】 更新表中指定列的所有数据。

```
/*将数据表 users 中所有用户的密码初始化为"123"*/
USE sst
GO
UPDATE users
SET user_password='123'
GO
/*显示查询结果*/
SELECT *
FROM users
GO
```

命令执行结果如图 8-5 所示。通过对比图 8-5 的上下图，可以看到数据表 users 中所有用户密码均初始化为"123"。

3. 更新符合指定条件的数据

【例 8-6】 更新符合指定条件的数据。

```
/*对于积分大于 100 分的用户，实施赠送 50 分的奖励。*/
USE sst
GO
UPDATE users
SET user_score=user_score+50
FROM users
WHERE user_score>=100
```

```
GO
/*显示查询结果*/
SELECT *
FROM users
WHERE user_score>=150
GO
```

命令执行结果如图 8-6 所示。通过对比图 8-6 的上下图可以看到，数据表 users1 中满足奖励条件的用户积分均发生了变化。

结果 | 消息

	user_id	user_password	user_name	user_phone	user_address	use
1	101	***	段誉	18612345678	云南大理	67
2	102	###	萧峰	18812345678	北京前井胡同	10
3	103	@@@	阿朱	13812345678	苏州听香水榭	21
4	104	^^^	虚竹	13712345678	新疆天山灵鹫宫	83
5	105	&&&	王语嫣	13612345678	苏州曼陀山庄	21

↓

结果 | 消息

	user_id	user_password	user_name	user_phone	user_address	use
1	101	123	段誉	18612345678	云南大理	67
2	102	123	萧峰	18812345678	北京前井胡同	10
3	103	123	阿朱	13812345678	苏州听香水榭	21
4	104	123	虚竹	13712345678	新疆天山灵鹫宫	83
5	105	123	王语嫣	13612345678	苏州曼陀山庄	21

图 8-5　更新数据的查询结果（一）

结果 | 消息

	user_id	user_password	user_name	user_phone	user_address	user_postalcode	user_score
1	101	123	段誉	18612345678	云南大理	671000	110
2	102	123	萧峰	18812345678	北京前井胡同	100032	42
3	103	123	阿朱	13812345678	苏州听香水榭	215000	165
4	104	123	虚竹	13712345678	新疆天山灵鹫宫	830000	125
5	105	123	王语嫣	13612345678	苏州曼陀山庄	215000	89

↓

结果 | 消息

	user_id	user_password	user_name	user_phone	user_address	user_postalcode	user_score
1	101	123	段誉	18612345678	云南大理	671000	160
2	103	123	阿朱	13812345678	苏州听香水榭	215000	215
3	104	123	虚竹	13712345678	新疆天山灵鹫宫	830000	175

图 8-6　更新数据的查询结果（二）

8.2.2　使用 SQL Server Management Studio 更新数据

步骤方法同 8.1.2，此处不再赘述。

8.3　删　除　数　据

DELETE 语句是用来删除数据表中的一条或多条记录。可用 WHERE 子句指定删除条件，也可用FROM子句引出其他的数据表，为DELETE命令删除数据提供条件。此外，TRUNCATE语句用于删除数据表中的所有数据。

8.3.1 使用 DELETE 语句删除数据

1. DELETE 语句的基本语法格式

```
DELETE FROM table_name
[WHERE condition]
```

参数说明如下：

（1）table_name：指定执行删除操作的数据表。

（2）WHERE 子句：指定删除的条件。

2. 按指定的条件删除记录

【例 8-7】 删除符合指定条件的记录。

```
/*删除用户编号为“104”的用户*/
USE sst
GO
DELETE FROM users1
WHERE user_id='104'
GO
/*显示查询结果*/
SELECT *
FROM users1
GO
```

命令执行结果如图 8-7 所示。通过对比图 8-7 的上下图，可以看到编号为“104”的用户信息已被删除。

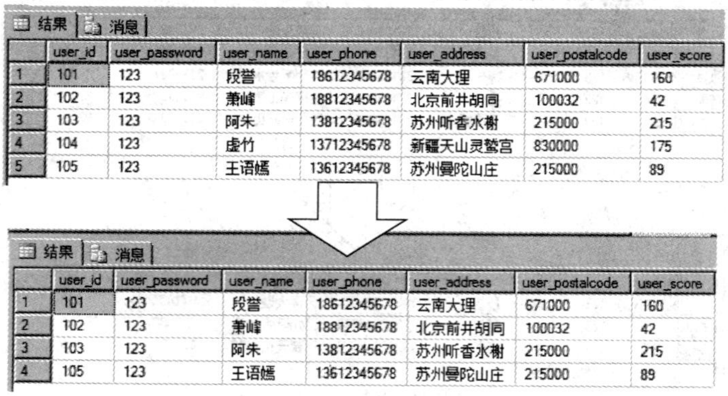

	user_id	user_password	user_name	user_phone	user_address	user_postalcode	user_score
1	101	123	段誉	18612345678	云南大理	671000	160
2	102	123	萧峰	18812345678	北京前井胡同	100032	42
3	103	123	阿朱	13812345678	苏州听香水榭	215000	215
4	104	123	虚竹	13712345678	新疆天山灵鹫宫	830000	175
5	105	123	王语嫣	13612345678	苏州曼陀山庄	215000	89

	user_id	user_password	user_name	user_phone	user_address	user_postalcode	user_score
1	101	123	段誉	18612345678	云南大理	671000	160
2	102	123	萧峰	18812345678	北京前井胡同	100032	42
3	103	123	阿朱	13812345678	苏州听香水榭	215000	215
4	105	123	王语嫣	13612345678	苏州曼陀山庄	215000	89

图 8-7 删除数据的查询结果（一）

3. 删除数据表中所有记录

使用不带 WHERE 子句的 DELETE 语句可以删除数据表中的所有数据。

【例 8-8】 删除数据表的所有数据。

```
USE sst
GO
DELETE FROM author
```

```
GO
/*显示查询结果*/
SELECT *
FROM author
GO
```

命令执行结果如图 8-8 所示。通过对比图 8-8 的上下图，可以看到数据表 author 的所有
数据都被删除。

8.3.2　使用 TRUNCATE 语句删除数据

TRUNCATE 语句用于删除数据表中的所有数据，并且执行速度比 DELETE 语句更快。
事务日志文件将记录 DELETE 语句每一个操作，但是，事务日志文件不记录 TRUNCATE 语
句的任何操作，也就是说，用 TRUNCATE 语句删除的数据将无法恢复。

TRUNCATE 语句的基本语法格式

```
TRUNCATE TABLE table_name
```

【例 8-9】　TRUNCATE 语句。

```
/*删除数据表 users2 中的所有数据*/
USE sst
GO
TRUNCATE TABLE users2
GO
```

命令执行结果如图 8-9 所示，显示数据表 ai 中已经没有数据。

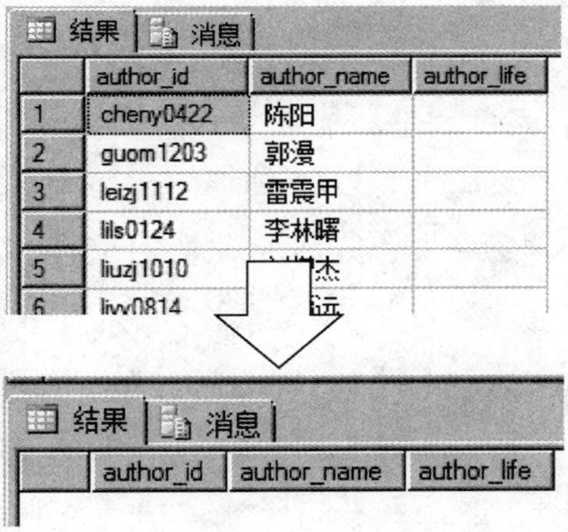

图 8-8　删除数据的查询结果（二）

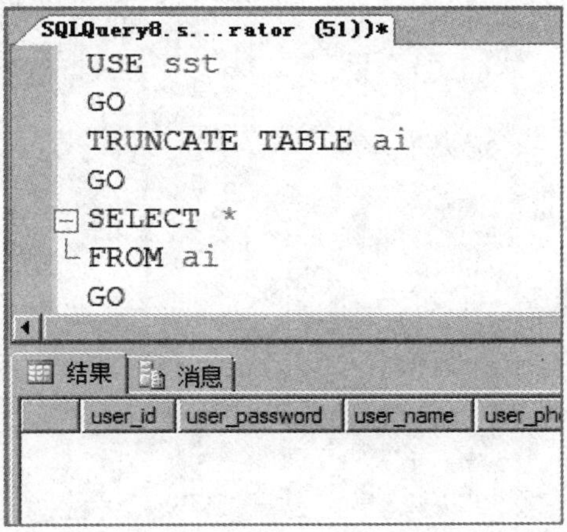

图 8-9　删除数据的查询结果（三）

实 训 任 务

在学生选课系统的实训中，完成：

（1）完善课程表、班级表、学生表、系部表和选修表的内容。

（2）将课程表中前 5 项记录复制到课程表 1 中。

（3）将选修表中所有选课人数大于 30 的课程上课时间改为周三晚上。

（4）删除课程表 1 中的所有数据。

本　章　小　结

（1）使用 INSERT、UPDATE、DELETE 语句向数据表插入、更新、删除数据的语法格式和各参数的含义。

（2）使用 SQL Server Management Studio 向数据表插入、更新、删除数据。

（3）使用 TRUNCATE 语句删除数据表的所有数据。

思　考　与　练　习

8-1　写出向数据表中插入数据的 T-SQL 语句结构。

8-2　写出更新数据表数据的 T-SQL 语句结构。

8-3　写出删除数据表数据的 T-SQL 语句结构。

8-4　DELETE 语句和 TRUNCATE 语句的异同点是什么？

第 9 章 索 引

▲ 教学导航

一、教师的教学

1. 知识重点

（1）索引的含义及特点。

（2）索引的分类。

（3）创建索引的方法。

（4）重命名索引、删除索引的方法。

（5）分析和维护索引的方法。

2. 知识难点

索引可以提高查询速度，但会占据磁盘空间，所以，在创建索引时必须根据实际情况权衡利弊。

二、学生的学习

1. 知识目标

（1）了解索引的含义及特点。

（2）了解索引的分类。

（3）掌握创建索引的方法。

（4）掌握重命名索引、删除索引的方法。

（5）掌握分析和维护索引的方法。

2. 技能目标

根据实际情况创建和管理索引。

▲ 课程学习

9.1 索 引 概 述

9.1.1 索引的含义

索引是一个单独的、存储在磁盘上的数据库结构。索引包含对数据表中所有记录的引用指针，可以加快从表或视图中检索行的速度。

　　数据库中索引的功能与书籍中的目录类似，要快速查找而不是逐页查找指定图书的内容，可以通过目录中给出的章节页码快速找到。索引就是通过数据行表中的索引关键值来指向表中的数据行。没有索引，SQL Server 则会是搜索表中的所有数据行（这种遍历每一行记录并完成查询的过程叫做表扫描）以找到匹配结果。那么，是不是使用索引进行查询总是比用表扫描的方式进行查询快呢？如果用户要查找一个较少数据行的表中的某些数据，或者要查找一个很多数据行的表中的绝大多数数据，那么，使用表扫描是更为实用的方法。如果要在一个很多数据行的表中查找有限的数据，使用索引则是一个最好的选择。

9.1.2　索引的特点

　　一方面索引可以提高查询速度；另一方面，过多地创建索引会占据大量的磁盘空间。所以，数据库管理员在创建索引时必须权衡利弊。

一、索引的优点

　　索引的优点主要表现在以下几个方面：

（1）通过创建唯一索引，可以保证数据表中每一行数据的唯一性。

（2）可以加快数据的查询速度。

（3）实现数据的参照完整性，加快表与表之间的连接。

（4）使用分组和排序子句进行数据查询时，可以显著减少分组和排序的时间。

二、索引的缺点

　　索引的缺点主要表现在以下几方面：

（1）创建索引和维护索引要消耗时间，并且随着数据量的增加所消耗的时间也会增加。

（2）索引需要占用磁盘空间。如果包含大量的索引，索引文件可能比数据库文件更快达到最大文件的限制。

（3）当对数据表中的数据进行插入、删除和修改操作时，索引也要动态地维护，降低了数据的维护速度。

三、适合建立索引的情况

　　适合建立索引的情况：

（1）经常被查询搜索的列。

（2）在 ORDER BY 子句中使用的列。

（3）是外键或主键的列。

（4）列值唯一的列。

四、不适合创建索引的情况

　　不适合创建索引的情况：

（1）在查询中很少被引用的列。

（2）表中含有太多重复值的列。

（3）数据类型为 bit、text、image 等的列不能创建索引。

9.1.3　索引的分类

　　表或视图可以包含以下类型的索引。

一、聚集索引

聚集索引指表中数据行的物理存储顺序与索引顺序完全相同。每个数据表只能有一个聚集索引。在默认情况下，SQL Server 为主关键字约束自动创建聚集索引。

二、非聚集索引

非聚集索引具有完全独立于数据行的结构。如果数据表中没有建立聚集索引，则数据表中的数据行实际上是按照输入数据时的顺序排序的。非聚集索引对索引列进行逻辑排序，并保存索引列的逻辑排序位置。

通常，设计非聚集索引是为了改善经常使用而又没有建立聚集索引的查询性能。查询优化器在搜索数据值时，先搜索非聚集索引以找到数据值在数据表中的位置，然后直接从该位置检索数据。这使得非聚集索引成为完全匹配查询的最佳选择。

9.2　创　建　索　引

索引可以在创建数据表时创建，也可以在创建数据表之后的任何时候创建，而且可以在数据表上同时建立多个索引。

9.2.1　使用 SQL Server Management Studio 创建索引

要提高按照用户姓名查询信息的速度，就需要在用户数据表 book 的用户姓名 book_name 列上建立非聚集索引 ix_bookname。具体操作步骤如下：

（1）打开 SQL Server Management Studio 窗口，在"对象资源管理器"窗口中依次展开"数据库"→sst→"表"节点，然后再展开需要创建索引的数据表，右键单击"索引"节点，在弹出的快捷菜单中选择"新建索引"菜单命令。

（2）打开"新建索引"窗口，选择"常规"选项卡，如图 9-1 所示，设置索引的名称和是否是唯一索引等内容。

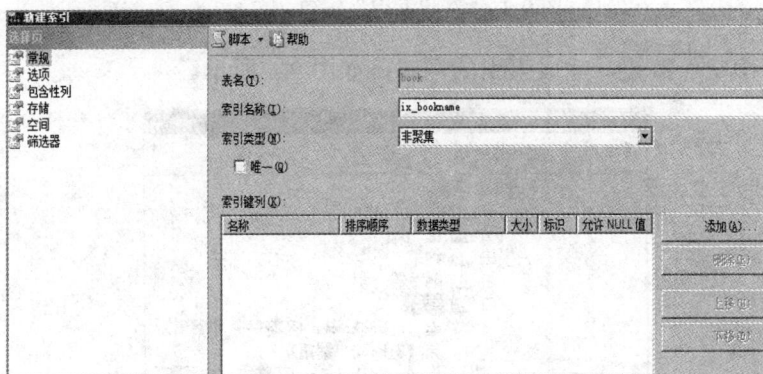

图 9-1　"新建索引"窗口（一）

（3）单击"添加"按钮，打开选择添加索引的列窗口，选择需要添加索引的数据表中的列，如图 9-2 所示，单击"确定"按钮。

（4）返回"新建索引"窗口，如图 9-3 所示。

图 9-2　选择索引列

图 9-3　"新建索引"窗口（二）

（5）单击"确定"按钮，完成索引的创建，如图 9-4 所示。

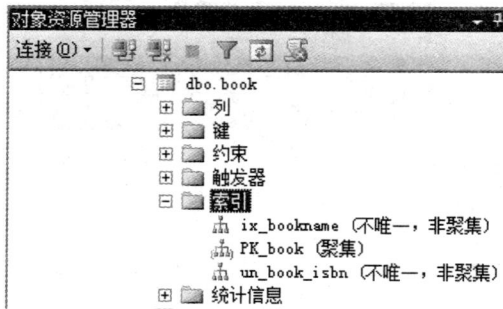

图 9-4　创建非聚集索引

9.2.2　使用 Transact-SQL 语句创建索引

创建索引的 Transact-SQL 语句的基本语法格式：

```
CREATE [ UNIQUE ][ CLUSTERED |NONCLUSTERED ]INDEX index_name
```

```
ON { table|view }( column_name [ , … ] )
    [ WITH [ index_property [ , … ] ] ]
```

参数说明如下：

（1）UNIQUE：表示创建唯一索引。

（2）CLUSTERED：表示创建聚集索引。

（3）NONCLUSTERED：表示创建非聚集索引。

（4）index_name：指定索引名称。

（5）ON { table|view }：指定索引所属的数据表或视图。

（6）column_name：指定索引基于的一列或多列的列名。

（7）index_property：索引属性。

【例 9-1】　创建索引。

```
/* 在数据表 users 的 user_name 列上创建一个名为 ix_username 的非聚集索引 */
USE sst
GO
CREATE NONCLUSTERED INDEX  ix_username
ON users(user_name)
GO
```

9.2.3　创建索引的注意事项

读者在创建和使用索引时应注意以下事项：

（1）必须是使用 SCHEMABINDING 定义的视图才能在视图上创建索引，而且必须在视图上创建了唯一聚集索引后，才能在视图上创建非聚集索引。

（2）必须是数据表的所有者才能执行 CREATE INDEX 语句创建索引。

（3）唯一索引既可以采用聚集索引的结构，也可以采用非聚集索引的结构。如果在定义时不指明 CLUSTERED 选项，SQL Server 将默认为唯一索引采用非聚集索引的结构。

（4）如果表中已存在数据，那么在创建唯一索引时，SQL Server 将自动检验是否存在重复的列值。若存在重复的列值，则创建唯一索引失败。

（5）具有相同组合列但组合顺序不同的复合索引也是不同的。

（6）在创建了唯一索引的表中进行插入、更新数据时，SQL Server 将自动检验更新的数据是否存在重复列值。如果存在，则 SQL Server 在第一个重复列值处取消语句并返回错误信息。

9.3　删　除　索　引

索引一经建立，将由数据库管理系统自动使用和维护。建立索引是为了提高查询数据的速度。如果在某一时期数据的插入、删除、更新操作非常频繁，使系统维护索引的代价大大增加，就可以删除某个索引。具体操作步骤如下：

（1）打开 SQL Server Management Studio 窗口，在"对象资源管理器"窗口中依次展开"数据库"→sst→"表"→"索引"节点，右键单击需要删除的索引，在弹出的快捷菜单中选择"删除"菜单命令，单击"确定"按钮删除索引。

（2）可以使用 DROP INDEX 命令删除索引。

```
DROP INDEX index_name ON [ table|view ]
```

【例 9-2】 删除索引。

```
/* 删除数据表 book 中的索引 ix_booknmae */
USE sst
GO
exec sp_helpindex 'book'
DROP INDEX ix_bookname ON book
exec sp_helpindex 'book'
GO
```

使用 DROP INDEX 命令删除索引时，需要注意如下事项：

（1）不能用 DROP INDEX 命令删除由主键约束或唯一性约束创建的索引。要删除这些索引，必须先删除主键约束或唯一性约束。

（2）在删除聚集索引时，表中的所有非聚集索引都将被重建。

9.4　分　析　索　引

在建立索引后，应该根据应用系统的需要对查询进行分析，以判断其是否能提高数据查询速度。SQL Server 提供多种分析和查询性能的方法分析索引。

9.4.1　显示查询计划

显示查询计划就是使用 SQL Server 显示执行查询时选择了哪个索引，从而帮助用户分析哪些索引被系统采用。

设置查询计划的命令格式：

```
SET SHOWPLAN_ALL ON|OFF
```

【例 9-3】 分析索引。

```
/* 在数据表 users 中查询"王"姓用户，并分析哪些索引被系统采用 */
USE sst
GO
SET SHOWPLAN_ALL ON
GO
SELECT * FROM users WHERE user_name LIKE '王%'
GO
SET SHOWPLAN_ALL OFF
GO
```

执行结果如图 9-5 所示，从显示结果中可以看到，该查询使用了 ix_username 索引。

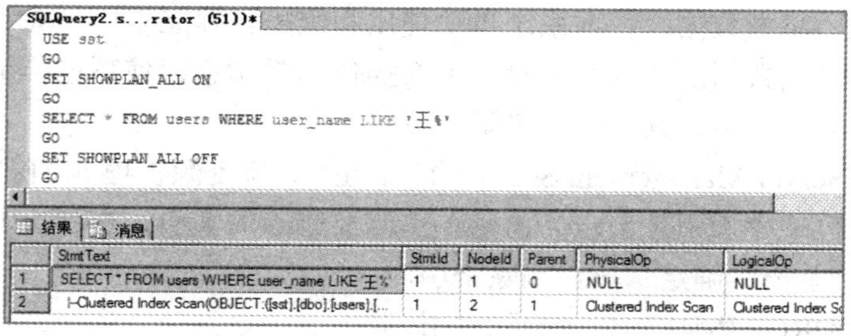

图 9-5　显示查询计划并分析索引

9.4.2　显示磁盘活动量

数据查询语句所花费的磁盘活动量也是用户关心的系统性能之一。通过设置 STATISTICS IO 选项，可以显示磁盘读取信息。

设置显示磁盘活动量的命令格式

```
SET STATISTICS IO ON|OFF
```

【例 9-4】 分析磁盘活动量。

```
/* 在数据表users中查询"王语嫣"用户，并分析执行该查询所花费的磁盘活动量信息 */
USE sst
GO
SET STATISTICS IO ON
GO
SELECT * FROM users WHERE user_name='王语嫣'
GO
SET STATISTICS IO OFF
GO
```

执行结果如图 9-6 所示。

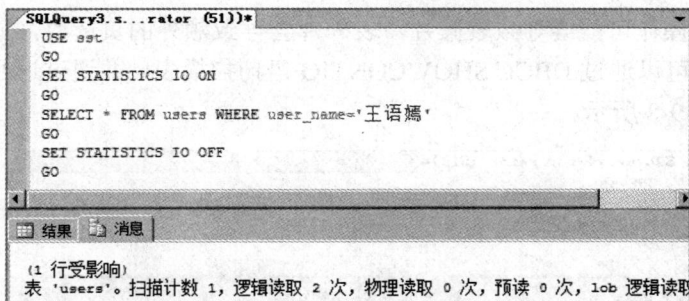

图 9-6　分析花费的磁盘活动量信息

9.4.3　维护索引

创建索引后，用户插入、修改或删除数据等一系列的操作会使数据变得破碎，从而造成索引性能下降。为了得到最佳的性能，必须对索引进行维护。

一、更新统计信息

创建索引时，SQL Server 会自动存储有关索引的统计信息。索引统计信息是查询优化器分析和评估查询，制定最优查询方式的基础数据。随着数据的不断变化，索引和列的统计信息可能已经过时，就会导致查询优化器选择的查询处理方法并非最佳，因此，有必要对数据库中的这些统计信息进行更新。

1. 使用 SQL Server Management Studio 更新统计信息

（1）在"对象资源管理器"窗口中展开"数据库"，右键单击 sst，在弹出的快捷菜单中选择"属性"菜单命令，打开"数据库属性-sst"窗口。

（2）在如图 9-7 所示的"数据库属性-sst"窗口中，选择"选项"选项卡，查看"自动创建统计信息"行和"自动更新统计信息"行的默认值是否为 True（意味着自动更新）。单击"确定"按钮，完成设置。

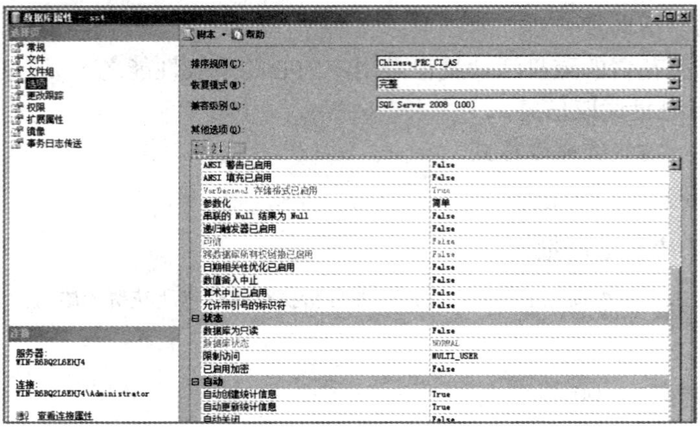

图 9-7 "选项"选项卡

2. 使用 UPDATE STATISTICS 命令更新统计信息

```
UPDATE STATISTICS book ix_bookname
```

二、扫描表

对表进行数据操作可能会导致表碎片，表碎片会导致额外的页读取，就会造成数据查询性能的降低。用户可以通过 DBCC SHOWCONTIG 语句扫描表，并通过返回值确定该表的索引碎片信息，如图 9-8 所示。

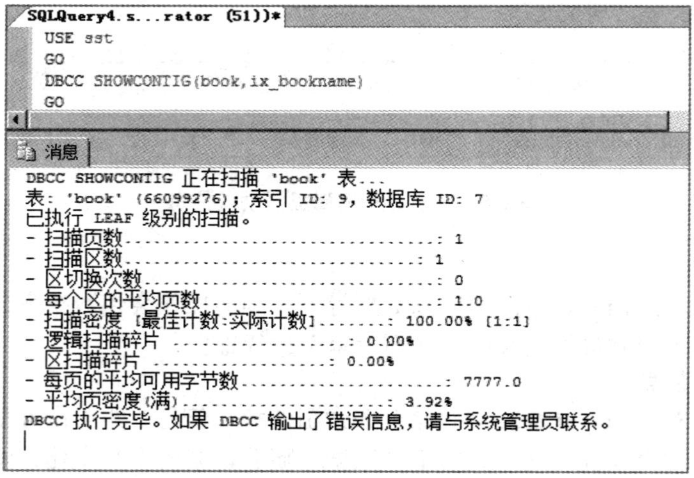

图 9-8 扫描表结果

提 示

需要注意扫描密度，其理想数是100%，如果百分比低，就需要清理数据表上的碎片了。

三、碎片整理

当数据表或视图上的聚集索引和非聚集索引存在碎片时，可以通过 DBCC INDEXDEFRAG 进行碎片整理。

```
DBCC INDEXDEFRAG(sst,book,ix_bookname)
```

9.5 重命名索引

创建索引后，索引的名称也可以更改。

9.5.1 使用 SQL Server Management Studio 重命名索引

在"对象资源管理器"窗口中，展开"数据库"→sst→"索引"，右键单击需要重命名的索引，在弹出的快捷菜单中选择"重命名"菜单命令，在出现的文本框中输入新的索引名，按 Enter 键确认即可。

9.5.2 使用系统存储过程重命名索引

系统存储过程 sp_rename 可以重命名索引，基本语法格式为

```
sp_rename 'object_name','new_name','object_type'
```

参数说明如下：

（1）object_name：用户对象或数据类型的当前名称。

（2）new_name：指定对象的新名称。

（3）object_type：指定修改的对象类型。对象类型的取值见表 9-1。

表 9-1　　　　　　　　　　　　　对象类型的取值

值	说　明
COLUMN	用户定义列
DATABASE	用户定义数据库
INDEX	用户定义索引
OBJECT	用户定义约束（CHECK、FOREIGN KEY、PRIMARY KEY、UNIQUE KEY）、用户表、规则等
USERDATATYPE	通过执行 CREATE TYPE 或 sp_addtype，添加别名数据类型或 CLR 用户定义类型

实 训 任 务

在学生选课系统的实训中，完成：

（1）按照学生姓名查询信息时，希望提高查询速度。要求使用 Transact-SQL 语句实现。

（2）按照课程名称查询信息时，希望提高查询速度。要求用 SQL Server Management Studio 实现。

（3）显示查询计划，分析哪些索引被系统采用。

（4）设置 XSXK 数据库的属性，实现自动更新统计信息。

本 章 小 结

（1）索引是一个单独的、存储在磁盘上的数据库结构，可以加快从表或视图中检索行的速度。

（2）聚集索引指表中数据行的物理存储顺序与索引顺序完全相同。每个数据表只能有一个聚集索引。在默认情况下，SQL Server 为主关键字约束自动创建聚集索引。

（3）使用 SQL Server Management Studio 和 Transact-SQL 语句创建索引。

（4）索引一经建立，将由数据库管理系统自动使用和维护。通过 SET SHOWPLAN_ALL ON|OFF、SET STATISTICS IO ON|OFF、UPDATE STATISTICS、DBCC SHOWCONTIG 命令对索引进行分析和维护。

思 考 与 练 习

9-1   简述在什么情况下使用索引。

9-2   索引是不是越多越好？索引的缺点是什么？

9-3   什么是复合索引？什么是聚集索引？什么是非聚集索引？

9-4   什么情况下需要对索引进行维护？

第 10 章　视　　　图

▲ 教学导航

一、教师的教学

1. 知识重点

（1）视图的概念及作用。

（2）视图的创建。

1）基于基本表、基于视图。

2）分组视图。

3）带 WITH ENCRYPTION 选项、WITH CHECK OPTION 选项的视图。

（3）更新、删除、重命名视图。

（4）查看视图定义信息。

2. 知识难点

在什么情况下创建视图。

二、学生的学习

1. 知识目标

（1）视图的概念及作用。

（2）视图创建、更新、删除、重命名的方法。

（3）WITH ENCRYPTION 选项、WITH CHECK OPTION 选项的含义。

2. 技能目标

（1）使用 SQL Server Management Studio 和 Transact-SQL 语句创建、更新、重命名和删除视图。

（2）查看视图定义信息。

▲ 课程学习

视图是数据库系统中的一个数据库对象，它是数据库系统提供给用户从不同角度使用数据库中数据的一种重要机制。

视图的作用：

（1）可以让用户只着重于感兴趣的数据而不是所有数据，不必要的数据不会出现在视图中。

（2）可以增强数据的安全性，基本表中的数据不直接面对用户，用户只能看到视图中定义的数据。

（3）可以简化数据操作，将经常使用的查询定义为视图，用户只需浏览视图即可。

10.1 视 图 概 述

视图是一个虚拟表，是从一个或几个基本表（或视图）导出的表。数据库只保存视图的定义，而不保存视图对应的数据。

图 10-1 是数据库系统的内部体系结构。在关系数据库中，内模式对应于存储文件，模式对应于数据表，外模式对应于视图。其中，外模式可以有多个，模式与内模式均只能有一个。内模式是整个数据库实际存储的表示，模式是整个数据库实际存储的抽象表示，外模式是概念模式的某一部分的抽象表示。由图 10-1 的分析可以知道，视图的内容包括基本表或视图的行或列的子集、两个或多个基本表或视图的连接、基本表的统计汇总等。视图可以在不同数据库的不同基本表中建立，一个视图最多可以引用 1024 个列。由此可见，视图隐藏了数据库设计的复杂性，开发者可以在不影响用户使用数据库的情况下改变数据库内容，即使基本表发生更改或重新组合，用户仍能够通过视图获得一致的数据。

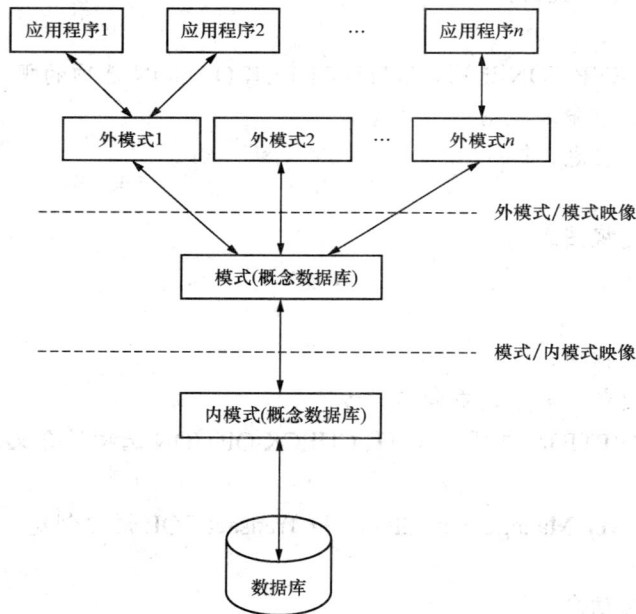

图 10-1　数据库系统的三级模式两级映像

从另一方面看，视图也是一种安全机制。以视图的方式为用户定制个人使用的表，可以将不需要的、敏感的或是不适当的数据控制在视图之外。基本表的其余部分是不可见的，也不能进行访问，这在一定程度上简化了数据库用户管理，提高了数据库的安全性能。

在 SQL Server 中，视图分为标准视图、索引视图和分区视图三种：

（1）标准视图即普通视图，存储 SELECT 查询语句。这类视图主要是组合一个或多个基本表中的数据，重点是简化数据操作。

（2）索引视图是一种特殊的视图。在第一次使用索引视图时，SQL Server 将把索引视图的结果存储在数据库中。索引视图更适合于聚合许多行的查询，可以显著提高某些类型查询的性能，但不太适合经常更新的基本表。

（3）分区视图也是一种特殊的视图，是将分布在服务器间的分区数据进行连接而组成的视图，这样，数据看起来好像来自同一个表。连接同一个 SQL Server 实例中的成员表的视图是一个本地分区视图。

10.2　创　建　视　图

必须拥有创建视图的权限才能创建视图，同时，也必须对定义视图所引用的基本表具有相应的权限。

10.2.1　使用 CREATE VIEW 语句创建视图

一、CREATE VIEW 语句的基本语法格式

```
CREATE VIEW view_name [column_list]
[WITH ENCRYPTION]
AS select_statement
[WITH CHECK OPTION]
```

参数说明如下：

（1）view_name：视图的名称。

（2）column_list：视图中使用的列名表。组成视图的列名或者全部省略或者全部指定，不能指定一部分列名。如果省略了视图的列名，则该视图的列名表与 SELECT 子句中的列名表一致。下列情况下必须明确指定视图的列名表，或者在 SELECT 子句中为列指定别名。

1）某个目标列不是基本表中的列，而是通过基本表中的列计算得来的，包括聚合函数和算术表达式。

2）多表连接时选择了几个同名列作为视图的列。

3）需要在视图中为某个列指定别名。

（3）WITH ENCRYPTION：对视图的定义进行加密。

（4）AS 子句：指定视图要进行的操作。

（5）select_statement：定义视图的 SELECT 语句。AS 后面只能有一条 SELECT 语句，而且该语句不能进行以下操作：

1）将规则或 DEFAULT 定义关联在视图上。

2）包含 ORDER BY 子句。只有当在 SELECT 子句中有 TOP 关键字时除外。

3）包含 DISTINCT 关键字。

4）包含 INTO 关键字。

5）引用临时表或表变量。

（6）WITH CHECK OPTION：强制要求视图执行的操作。当对视图中的数据进行修改时，必须符合在子查询中设置的条件，以确保修改的数据提交后，仍可通过视图看到该数据。

二、创建基于一个基本表的视图

【例 10-1】　创建基于一个基本表的视图。

```
/*查询访问次数大于 3000 的图书信息*/
USE sst
GO
CREATE VIEW v_book
AS
  SELECT *
  FROM book
  WHERE interview_times>3000
GO
```

执行结果如图 10-2 所示，在"对象资源管理器"的"视图"节点中增加了 dbo.v_book 子节点，以及通过查询视图 v_book 的显示结果，均表明成功创建了视图 v_book。

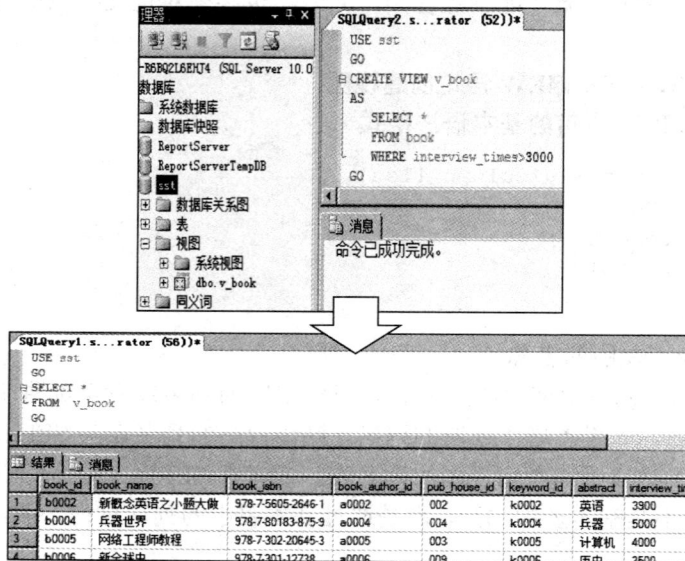

图 10-2　创建视图 v_book

由结果显示，从视图中查询到的内容和基本表中的是一样的。

三、创建基于多个基本表的视图

【例 10-2】 创建基于多个基本表的视图。

```
/*方法一：查询阅读了图书的用户编号和用户姓名，以及他们阅读的图书编号和图书名称*/
USE sst
GO
CREATE VIEW v_query(user_id,user_name,book_id,book_name)
AS
  SELECT users.user_id,users.user_name,book.book_id,book.book_name
  FROM users,book,query
  WHERE users.user_id=query.user_id AND book.book_id=query.book_id
GO
/*方法二：查询阅读了图书的用户编号和用户姓名，以及他们阅读的图书编号和图书名称*/
USE sst
GO
CREATE VIEW v_query123
```

```
AS
    SELECT users.user_id,users.user_name,book.book_id,book.book_name
    FROM users JOIN query
    ON users.user_id=query.user_id
    JOIN book
    ON book.book_id=query.book_id
GO
```

提 示

（1）为了使查询语句更加结构化，新版的 SQL 已经把查询链接条件从 WHERE 子句转移到 FROM 子句中，并且丰富了链接的功能（详见第 7 章）。

（2）视图列名表中的列数一定要和 SELECT 子句中的列数相等。

执行结果如图 10-3 所示，在"对象资源管理器"的"视图"节点增加了 dbo.v_query 子节点，已成功创建了视图 v_query。

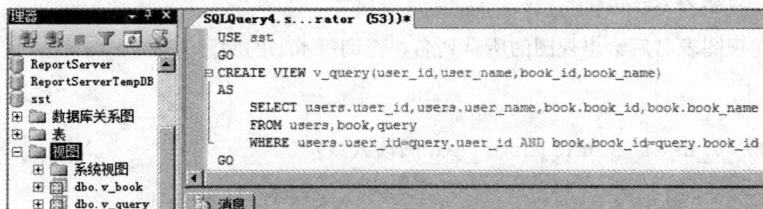

图 10-3　创建视图 v_query

v_query 视图中的信息很简单，可以说，这类视图很好地保护了基本表中的数据。

四、创建基于视图的视图

【例 10-3】 创建基于视图的视图。

```
/*查询访问次数大于 3000 的图书名称和访问次数，并在视图中为列指定别名*/
USE sst
GO
CREATE VIEW v_book_name （图书名称,访问次数）
AS
  SELECT book_name, interview_times
  FROM v_book
GO
/*或者在 SELECT 子句中为视图的列指定别名*/
USE sst
GO
CREATE VIEW v_book_name
AS
  SELECT book_name AS '图书名称', interview_times AS '访问次数'
  FROM v_book
GO
```

执行结果如图 10-4 所示，通过查询视图 v_book_name 的显示结果，表明成功地创建了视图。

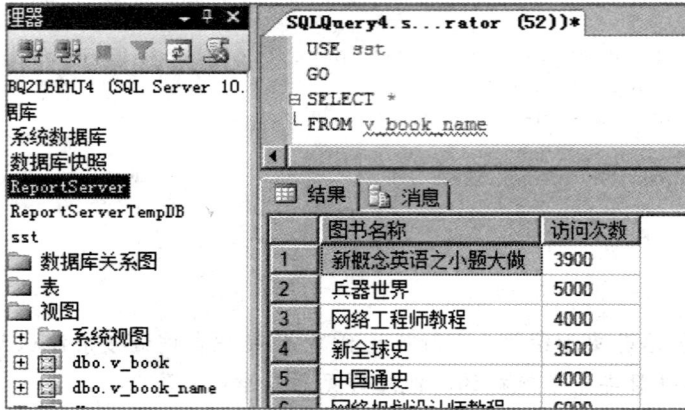

图 10-4　查询访问次数大于 3000 的图书名称和访问次数，并在视图中为列指定了别名

五、创建分组视图

【例 10-4】　创建分组视图。

```
/*方法一：在视图表名后给出视图的所有列名。查询每本书的阅读人数*/
USE sst
GO
CREATE VIEW v_user_count(book_id,阅读人数)
AS
    SELECT book_id, count(book_id)
    FROM query
    GROUP BY book_id
GO
/*方法二：在 SELECT 子句中给出聚合函数对应列的列别名。查询每本书的阅读人数*/
USE sst
GO
CREATE VIEW v_user_count
AS
    SELECT book_id, count(book_id)'阅读人数'
    FROM query
    GROUP BY book_id
GO
```

提　示

SELECT 语句中含有聚合函数，因此，可以在视图表名后给出该视图的所有列名，也可以在 SELECT 子句中给出聚合函数对应列的列别名。

执行结果如图 10-5 所示，通过查询视图 v_user_count 的显示结果，表明成功地创建了视图。

六、创建带 WITH ENCRYPTION 选项的视图

创建 v_book_en 视图在定义时通过使用 WITH ENCRYPTION 来加密定义语句，如图 10-6 所示。

图 10-5 查询每本书的阅读人数

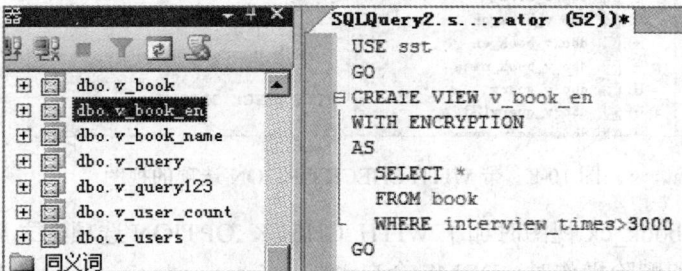

图 10-6 创建带 WITH ENCRYPTION 选项的视图

带 WITH ENCRYPTION 选项的特殊表现在：

（1）在"对象资源管理器"中依次展开 sst、"视图"节点，显示视图 v_book_en 的图标加了把锁。

（2）右键单击 v_book_en，在弹出的快捷菜单中"设计"菜单命令显示为不可用。

（3）在弹出的快捷菜单中选择"编写视图脚本为""CREATE 到"或"ALTER 到"或"DROP 和 CREATE 到"，系统都将提示无访问权限，如图 10-7 所示。即经过加密后的视图，用户将无法查看和修改其原始定义。

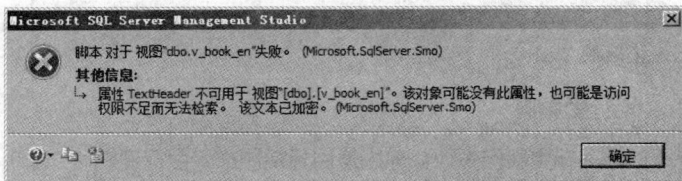

图 10-7 系统提示信息

七、创建带 WITH CHECK OPTION 选项的视图

【例 10-5】 创建带 WITH CHECK OPTION 选项的视图。

```
/*查询访问次数大于 3000 的图书信息，该视图带 WITH CHECK OPTION 选项*/
USE sst
GO
CREATE VIEW v_book_ck
AS
  SELECT *
  FROM book
  WHERE interview_times>3000
WITH CHECK OPTION
GO
```

执行结果如图 10-8 所示。

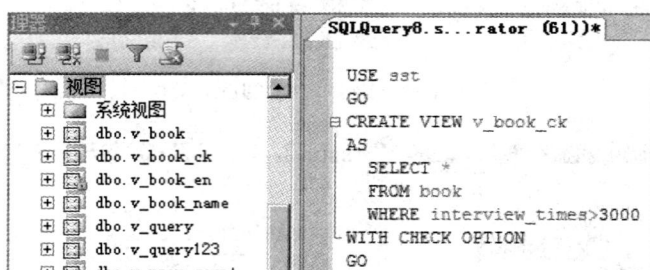

图 10-8　带 WITH CHECK OPTION 选项的视图

由于在定义 v_book_ck 视图时加了 WITH CHECK OPTION 选项，之后再对该视图的数据进行插入、更新和删除操作时，DBMS 会自动加上 interview_times>3000 的条件。例如，如果通过此视图将某图书的访问次数更新为 2800 时，不符合定义视图时的 SELECT 子句中的条件，将导致更新失败，如图 10-9 所示。

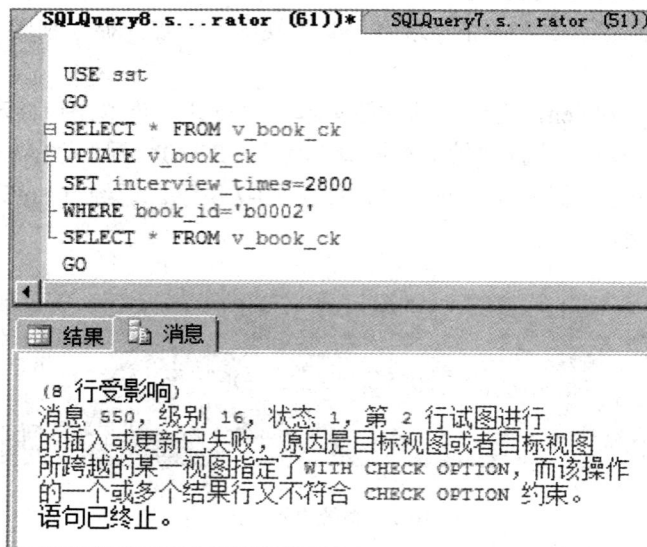

图 10-9　数据更新失败的系统提示

10.2.2 使用 SQL Server Management Studio 创建视图

（1）在"对象资源管理器"中依次展开"数据库"节点、sst 节点，右键单击"视图"节点，在弹出的快捷菜单中选择"新建视图"菜单命令，打开"添加表"窗口，如图 10-10 所示。

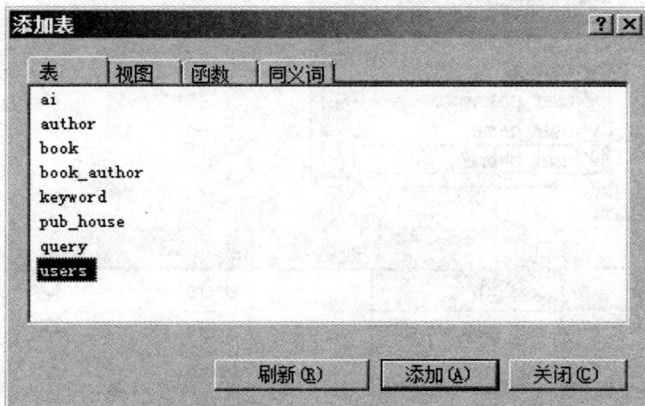

图 10-10 "添加表"窗口

（2）在"添加表"窗口中选择定义视图的基本表 users，单击"添加"按钮，打开"视图设计器"窗口，其"关系图"窗格中就显示了所选的基本表，如图 10-11 所示。单击"添加表"窗口的"关闭"按钮。

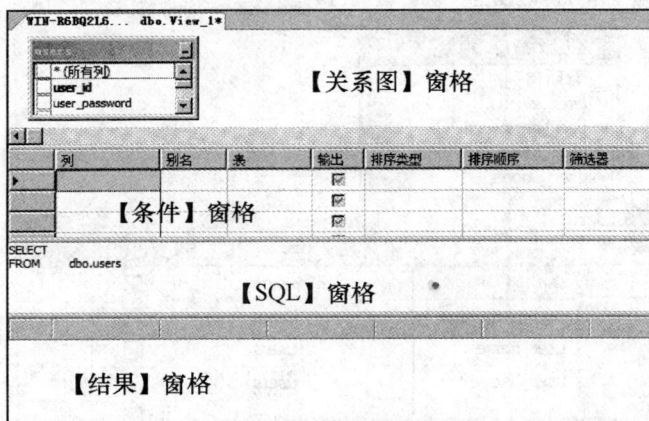

图 10-11 "视图设计器"窗口

（3）在"视图设计器"的"关系图"窗格中选择定义视图所需的列，根据实际需要在"条件"窗格中设置筛选条件，此时，SQL 窗格中已经自动生成了定义视图的语句，如图 10-12 所示。

（4）单击工具栏上的"执行"按钮，在"视图设计器"的"结果"窗格中将显示视图的执行情况。如图 10-13 所示。

（5）单击工具栏上的"保存"按钮，弹出"选择名称"窗口，如图 10-14 所示，输入视图的名称，单击"确定"按钮，完成视图的创建。

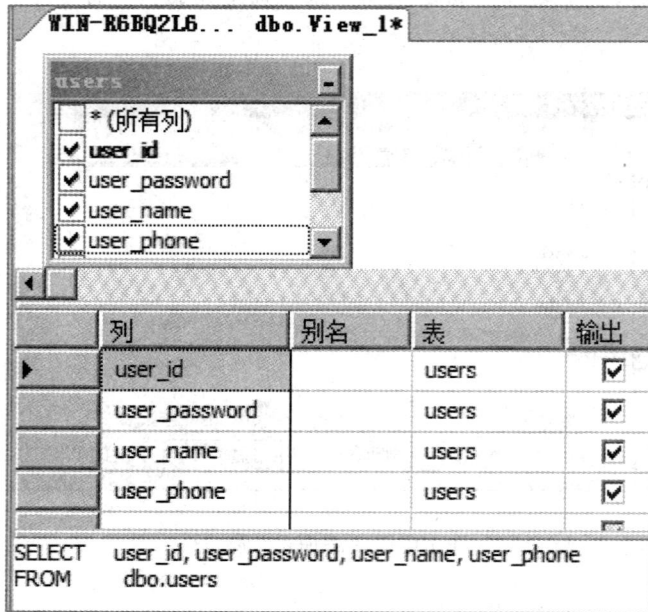

图 10-12 "视图设计器"窗口

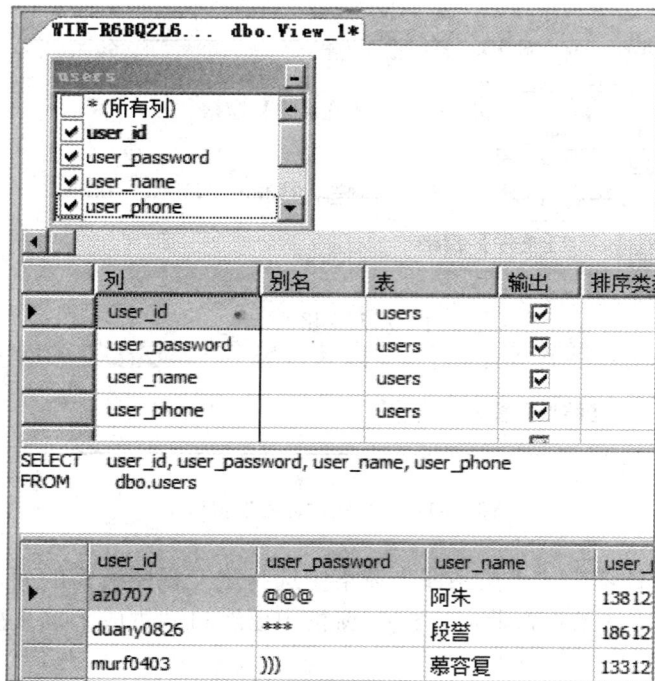

图 10-13 "视图设计器"的"结果"窗格

图 10-14　"选择名称"窗口

10.3 管 理 视 图

管理视图的操作包括修改视图、删除视图和重命名视图等。

10.3.1　使用 ALTER VIEW 语句修改视图

一、ALTER VIEW 语句的基本语法格式

```
ALTER VIEW view_name [column_list]
[WITH ENCRYPTION]
AS select_statment
```

从命令格式中可以看出，该语句只是将创建视图的命令动词 CREATE 换成了 ALTER，其他语法格式完全一样。实际上相当于先删除旧视图，然后创建一个新视图。

二、修改图 10-3 定义的视图 v_query123

【例 10-6】　修改视图。

```
/*修改后的视图为查询阅读了图书的用户姓名，以及图书名称*/
USE sst
GO
ALTER VIEW v_query123
AS
    SELECT users.user_name AS '用户姓名',book.book_name AS '图书名'
    FROM users JOIN query
    ON users.user_id=query.user_id
    JOIN book
    ON book.book_id=query.book_id
GO
```

执行结果如图 10-15 所示，在"对象资源管理器"中 dbo.v_query123 节点显示已经修改了列名。

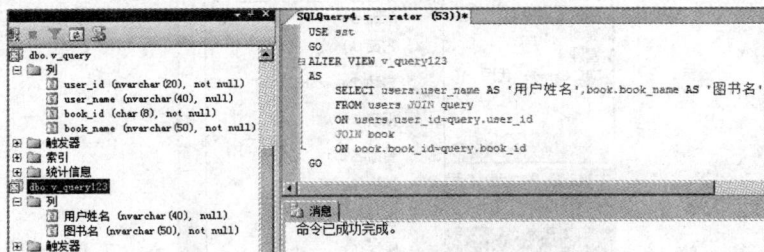

图 10-15　修改 v_query123 视图

10.3.2 使用 SQL Server Management Studio 修改视图

在"对象资源管理器"中依次展开"数据库"节点、sst 节点，右键单击"视图"节点，在弹出的快捷菜单中选择"设计"菜单命令，打开"视图设计器"窗口，直接进行修改，然后单击工具栏上的"执行"按钮，完成修改操作。修改视图 v_query 如图 10-16 所示。

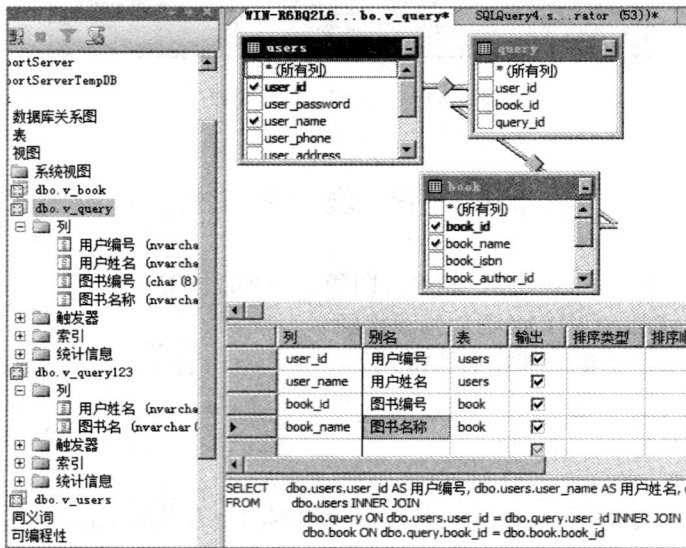

图 10-16　修改视图 v_query

10.3.3 删除视图或重命名视图

在"对象资源管理器"中依次展开"数据库"节点、sst 节点，右键单击"视图"节点，在弹出的快捷菜单中选择"删除"菜单命令，或者选择"重命名"命令即可删除或者重命名视图，如图 10-17 所示。

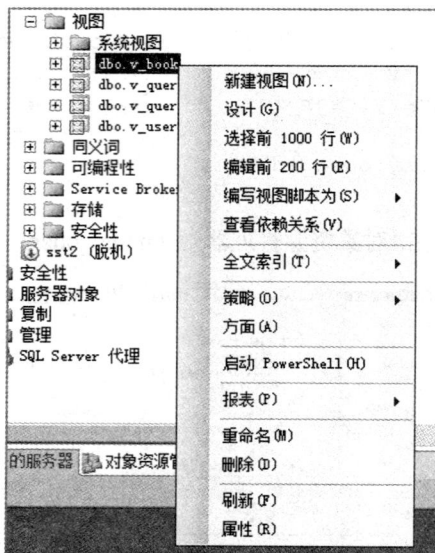

图 10-17　操作 dbo.v_book 视图的快捷菜单

📚 **提 示**

也可以用 DROP VIEW 语句删除视图或 RENAME VIEW 语句重命名视图。

10.4 更 新 视 图

更新视图是指通过视图来更新基本表中的数据，包括插入、更新和删除基本表中的数据。由于视图是一个虚拟表，通过视图来更新数据都是通过把数据转到基本表进行的。更新视图需要注意以下几点。

（1）不能同时更新两个或多个基本表，如图10-18 所示。

（2）不能更新视图中通过计算得到的列。

本章节以通过视图向基本表插入数据为例说明了更新视图。通过视图修改或删除基本表中的数据，由读者自行实践。

图 10-18　"不能同时更新两个或多个基本表"的例子

【**例 10-7**】　通过视图向基本表插入数据。

```
/*通过视图 v_users 插入新用户"钟灵"*/
USE sst
GO
SELECT * FROM users
INSERT INTO v_users
  VALUES('zhongl0823',';;;','钟灵','13212345678')
SELECT * FROM users
GO
```

执行结果如图 10-19 所示。对比插入前后基本表 users 的变化，可以看到在视图 v_users 中执行 INSERT 命令，实际上就是向基本表插入一条记录。

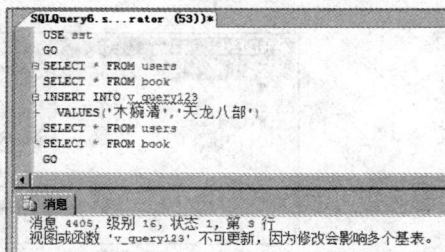

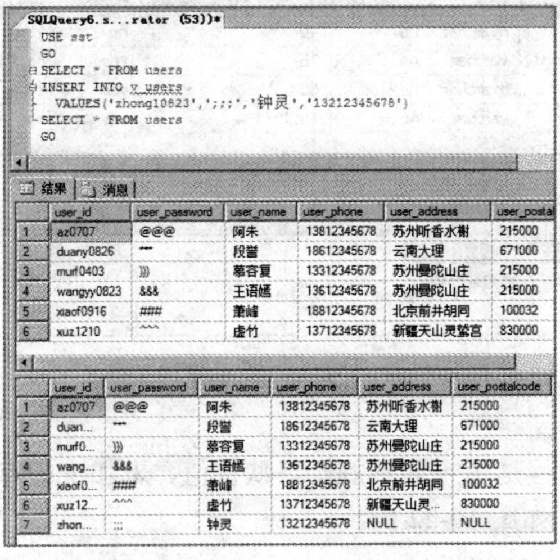

图 10-19　通过视图 v_users 插入新用户"钟灵"

10.5　查看视图定义信息

视图定义好之后，可以通过 SQL Server 查询编辑器或者系统存储过程查看视图定义信息。

10.5.1　使用 SQL Server 查询编辑器查看视图信息

在"对象资源管理器"中右键单击需要查看信息的视图，在弹出的快捷菜单中选择"属性"菜单命令，打开"视图属性"窗口，即可查看该视图的定义信息，如图 10-20 所示。

图 10-20　"视图属性"窗口

10.5.2　使用系统存储过程查看视图定义信息

sp_help 系统存储过程是显示有关数据库对象、用户定义数据类型或 SQL Server 所提供数据类型的定义信息，如图 10-21 所示。

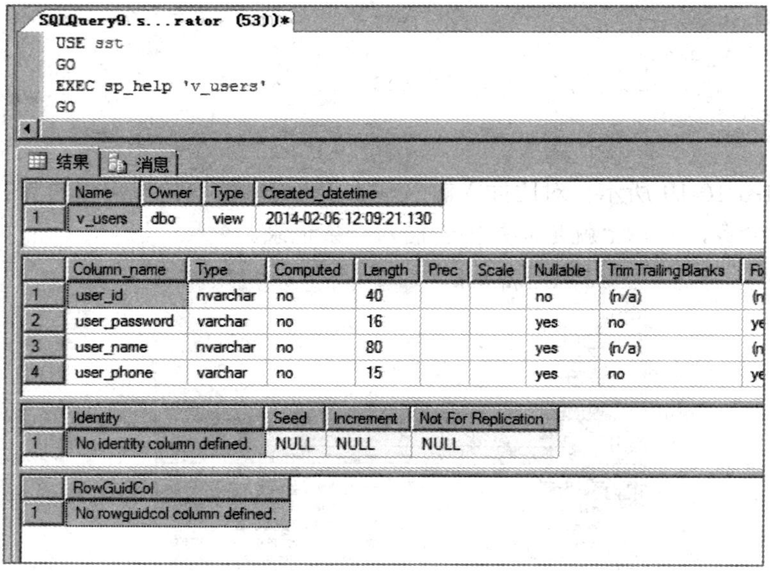

图 10-21　sp_help 系统存储过程查询结果显示

sp_helptext 系统存储过程是用来显示规则、默认值、未加密的存储过程、用户定义函数、触发器或视图的定义信息，如图 10-22 所示。

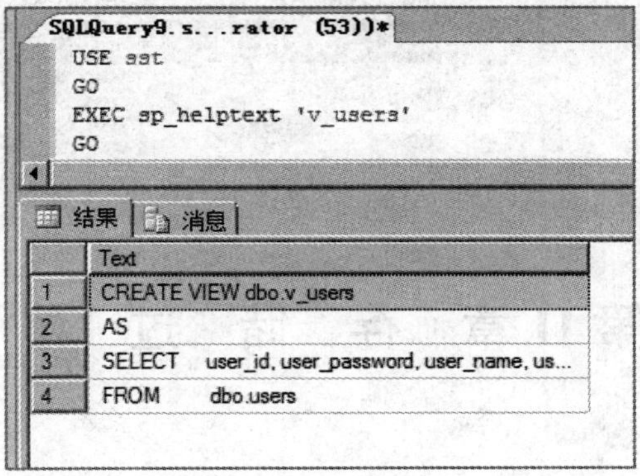

图 10-22 sp_helptext 系统存储过程查询结果显示

实 训 任 务

在学生选课系统的实训中，完成：

（1）使用 SQL Server Management Studio 创建"课程"视图，显示课程名称、教师、上课时间和学生人数。

（2）使用 Transact-SQL 创建"选课"视图，显示学生姓名和课程名称。

（3）使用 Transact-SQL 创建视图，统计每个系部开设课程的门数。

本 章 小 结

（1）视图是一个虚拟表，是从一个或几个基本表（或视图）导出的表。它是数据库系统提供给用户从不同角度使用数据库中数据的一种重要机制。

（2）使用 SQL Server Management Studio 和 Transact-SQL 语句创建、更新、删除、重命名基于基本表、基于视图的视图。

（3）使用 SQL Server Management Studio 和系统存储过程查看视图定义信息。

思 考 与 练 习

10-1 视图和基本表的区别是什么？

10-2 视图和基本表的联系是什么？

10-3 加密视图是对什么进行加密？系统管理员能看到加密视图的脚本吗？如何保存加密视图的脚本？

第 11 章　存　储　过　程

▲ **教学导航**

一、教师的教学

1．知识重点

（1）存储过程的作用。

（2）在存储过程中定义并使用输入参数、输出参数。

（3）修改、重命名、删除存储过程。

2．知识难点

避免创建"词不达意"的存储过程。

二、学生的学习

1．知识目标

（1）存储过程的作用。

（2）在存储过程中定义并使用输入参数，输出参数。

（3）查看存储过程的相关信息。

2．技能目标

（1）创建和执行不带参数存储过程。

（2）创建和执行带输入参数、输出参数存储过程。

（3）修改、重命名、删除存储过程。

▲ **课程学习**

11.1　存 储 过 程 概 述

存储过程是 SQL 语句和流程控制语句的预编译集合，它将多条 Transact-SQL 语句封装在一起，以一个名称存储并作为一个单元处理。应用程序可以通过调用子程序的方法执行存储过程。存储过程是独立于数据表之外的数据库对象，可以接受参数并且返回状态值和参数值。存储过程只需编译一次，并能以后多次执行。因此，执行存储过程可以提高系统的性能，更加容易对数据库进行管理。

存储过程由参数、编程语句和返回值组成。通过输入参数向存储过程传递参数；通过输出参数向存储过程的调用者传递参数。存储过程只能有一个返回值，通常用于表示调用存储过程的结果是否成功。

存储过程的优点：

（1）提高系统运行速度。存储过程只在创建时编译，以后的每次执行不必重新编译。

（2）提高系统的开发速度。存储过程通过封装复杂的数据库操作以简化开发过程。

（3）增强系统的可维护性。存储过程可以实现模块化的程序设计，提供统一的数据库访问接口，改进应用程序的可维护性。

（4）提高系统的安全性。用户不能直接操作存储过程中引用的对象，SQL Server 可以通过设定用户对指定存储过程的执行权限来增强程序代码的安全性。

（5）降低网络流量。存储过程直接存储于数据库中，在客户端与服务器的通信过程中，不会产生大量的 Transact-SQL 代码流量。

但存储过程依赖于数据库管理系统，不方便移植。

11.2   存 储 过 程 分 类

在 SQL Server 2008 中，根据实现存储过程的方式和内容的不同，将存储过程分为用户自定义存储过程、扩展存储过程和系统存储过程三类。

一、用户自定义存储过程

用户自定义存储过程是指用户为实现某一特定业务需求创建的存储过程。创建用户自定义存储过程时，在存储过程名称前面加上"##"表示创建一个全局临时存储过程；在存储过程名称前面加上"#"表示创建一个局部临时存储过程。局部临时存储过程只能在创建它的会话中使用，会话结束时，将被删除。这两种存储过程都存储在 tempdb 数据库中。

二、扩展存储过程

扩展存储过程是以在 SQL Server 2008 环境外执行的动态链接库（DLL 文件）来实现的，它可以加载到 SQL Server 2008 实例运行的地址空间中执行，也即扩展存储过程，提供从 SQL Server 到外部程序的接口，以便进行各种维护活动。扩展存储过程以前缀"xp_"来标识。

三、系统存储过程

系统存储过程由 SQL Server 2008 自身提供，其目的在于能够方便地从系统表中查询信息，完成与更新数据表相关的管理任务或其他的系统管理任务。例如，sp_rename 系统存储过程可以更改当前数据库中用户创建对象的名称；sp_helptext 系统存储过程可以显示规则、默认值或视图的文本信息。系统存储过程位于数据库服务器中，以前缀"sp_"来标识，在调用时不必在存储过程前加数据库限定名。

11.3   创建和执行不带参数的存储过程

在 SQL Server 2008 中，有两种方式创建存储过程：一种是使用 CREATE PROCEURE 语句创建存储过程；另一种是使用 SQL Server Management Studio 创建存储过程。

在 SQL Server 2008 中，有两种方式执行存储过程：一种是使用 EXECUTE 语句执行存储过程；另一种是使用 SQL Server Management Studio 执行存储过程。

11.3.1 使用 Transact-SQL 语句创建和执行存储过程

创建存储过程的 CREATE PROCEURE 语句的基本语法格式：

```
CREATE PROCEDURE procedure_name
[WITH <ENCRYPTION | RECOMPILE>]
AS
    sql_statement
```

参数说明如下：

（1）WITH ENCRYPTION：表示对存储过程进行加密。

（2）WITH RECOMPILE：表示对存储过程重新编译。

提　示

存储过程中不能使用下列语句：

CREATE AGGREGATE、CREATE DEFAULT、CREATE / ALTER FUNCTION、CREATE PROCEDURE、CREATE SCHEMA、CREATE / ALTER TRIGGER、CREATE / ALTER VIEW、SET DATABASE_NAME。

执行存储过程的 EXECUTE 语句的基本语法格式：

```
EXEC | EXECUTE procedure_name
```

提　示

EXECUTE 语句的执行是不需要任何权限的，执行 EXECUTE 时对引用的对象进行相关操作则需要相应的权限。例如，存储过程中使用了 DELETE 语句执行删除操作，则调用 EXECUTE 语句执行存储过程的用户则必须具有 DELETE 权限。

【例 11-1】创建和执行不带参数的存储过程。

```
/* 创建存储过程 p_pub_house。该存储过程返回数据表 pub_house 中"清华大学出版社"的相关
信息*/
USE sst
GO
CREATE PROCEDURE p_pub_house
AS
    SELECT * FROM pub_house WHERE pub_house_name='清华大学出版社'
GO
/* 通过执行存储过程检查存储过程的返回结果 */
EXEC p_pub_house
GO
```

执行结果如图 11-1 所示。

11.3.2 使用 SQL Server Management Studio 创建和执行存储过程

在 SQL Server 2008 中不存在可视化创建存储过程的方法，系统只提供了创建存储过程的模板，以简化创建存储过程的途径。

进入 SQL Server Management Studio，在"对象资源管理器"中依次展开"数据库"→sst→"可编程性"→"存储过程"节点，右键单击 p_pub_house 存储过程，在弹出的快捷菜单中选择"执行存储过程"菜单命令，打开"执行过程"窗口，由于该存储过程不带参数，直接单

击"确定"按钮便可执行该存储过程,如图 11-2 所示。

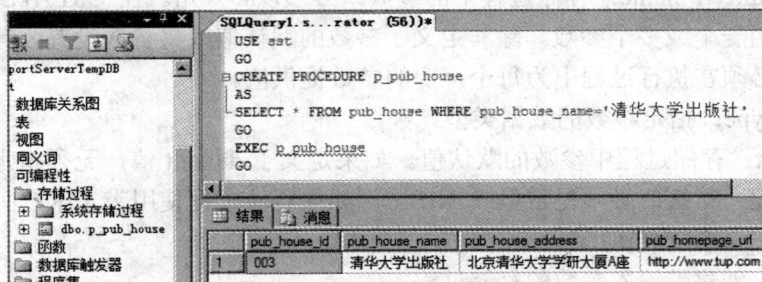

图 11-1　存储过程 p_pub_house 的执行结果

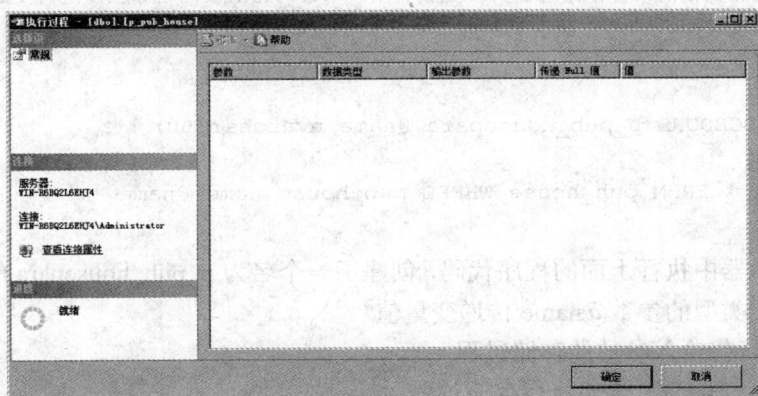

图 11-2　执行存储过程 p_pub_house

11.4　创建和执行带参数的存储过程

一方面,如果用户只希望看到自己需要的信息,则需要根据用户的输入信息产生对应的查询结果。这时,开发者必须创建带输入参数的存储过程,把用户的输入信息作为参数传递给存储过程。另一方面,应用程序执行了一组操作后,如果需要对操作的结果进行判断,并把判断的结果发给用户,这时,开发者需要创建带输出参数的存储过程,通过定义输出参数,从存储过程中返回一个或多个值。基于以上的需求,在存储过程中可定义输入参数、输出参数。

11.4.1　创建带输入参数的存储过程

输入参数是指由调用程序向存储过程传递的参数。

创建带输入参数存储过程的基本语法格式如下:

```
CREATE PROCEDURE procedure_name
@parameter_name  data_type [ =default ]
[WITH <ENCRYPTION | RECOMPILE>]
AS
   sql_statement
```

参数说明如下：

（1）@parameter_name：存储过程中的参数，必须以@开始。在 CREATE PROCEDURE 语句中可以声明一个或多个参数。除非定义了参数的默认值或将参数设置为等于另外一个参数，否则用户必须在执行过程中为每个声明的参数提供值。

（2）data_type：指定参数的数据类型。

（3）default：存储过程中参数的默认值。如果定义了 default 值，无须指定此参数的值即可执行存储过程。默认值必须是常量或 NULL。如果存储过程使用带 LIKE 关键字的参数，则可以包含%、_、[ ]、[^]通配符。

【例 11-2】 创建带输入参数的存储过程。

```
/* 存储过程 p_pub_house 只能查询"清华大学出版社"的相关信息。要是用户能够按照自己的需求
查询指定出版社的相关信息，使存储过程变得更加实用，则查询的出版社名称应该是可变的，因此需要定义
一个输入参数。这里使用@name 表示要查询的出版社名称 */
USE sst
GO
CREATE PROCEDURE p_pub_housepara @name nvarchar(60)
AS
    SELECT * FROM pub_house WHERE pub_house_name=@name
GO
```

在查询编辑器中执行上面的程序代码，创建了一个名为 p_pub_housepara 的存储过程，使用一个 nvarchar 类型的参数@name 传递变量值。

11.4.2　执行带输入参数的存储过程

一、使用 EXECUTE 语句执行存储过程

执行带参数的存储过程时，SQL Server 2008 提供了两种传递参数的方式：

（1）直接给出参数的值。当有多个参数时，给出参数值的顺序与创建存储过程语句中参数的顺序必须一致，即参数传递的顺序就是定义的顺序。

其基本语法格式为

```
EXEC | EXECUTE procedure_name
[ value1 , value2, … ]
```

（2）使用"参数名=参数值"的形式给出参数值。这种传递参数的方式可以不考虑参数的定义顺序。其基本语法格式为

```
EXEC | EXECUTE procedure_name
[ @ parameter_name=value ][ , … ]
```

【例 11-3】 执行带输入参数的存储过程。

```
/* 分别使用这两种方式执行存储过程 p_pub_housepara */
USE sst
GO
EXEC p_pub_housepara '清华大学出版社'
EXEC p_pub_housepara @name='高等教育出版社'
GO
```

执行结果如图 11-3 所示。

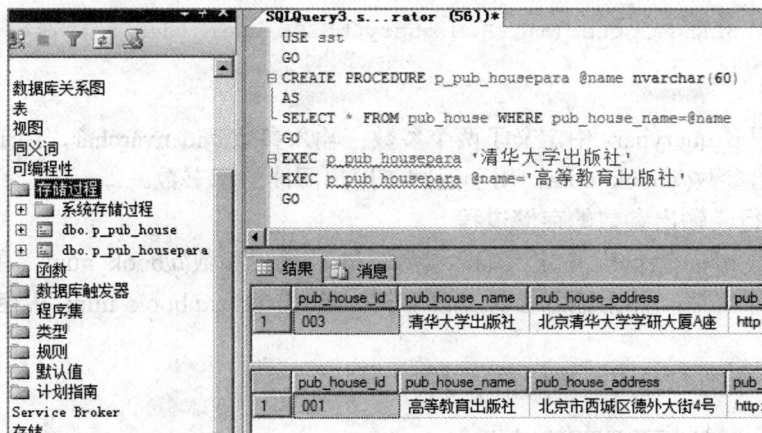

图 11-3　执行带输入参数的存储过程的返回结果

二、使用 SQL Server Management Studio 执行存储过程

在"对象资源管理器"中依次展开"数据库"→sst→"可编程性"→"存储过程"节点，右键单击 p_pub_housepara 存储过程，在弹出的快捷菜单中选择"执行存储过程"菜单命令，打开"执行过程"窗口，在"值"文本框输入参数值，单击"确定"按钮便可执行该存储过程，如图 11-4 所示。

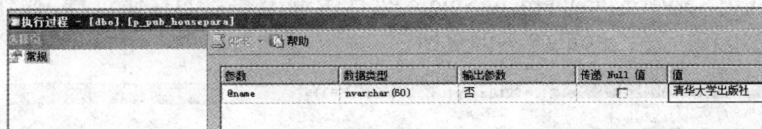

图 11-4　执行带输入参数的存储过程

11.4.3　创建带输出参数的存储过程

使用输出参数，必须要在 CREATE PROCEDURE 和 EXECUTE 语句中指定 OUTPUT 关键字。如果忽略 OUTPUT 关键字，存储过程虽然能执行，但没有返回值。

创建带输出参数存储过程的基本语法格式：

```
CREATE PROCEDURE procedure_name
@parameter_name  data_type [ =default ] OUTPUT
[WITH <ENCRYPTION | RECOMPILE>]
AS
    sql_statement
```

【例 11-4】　创建带输出参数的存储过程。

/* 创建存储过程 p_querypara，该过程能够根据给定的用户编号统计该用户阅读的图书数，并将结果返回给用户*/

```
USE sst
GO
CREATE PROCEDURE p_querypara
@id nvarchar(20),@book_num smallint OUTPUT
AS
    SET @book_num=
```

```
      ( SELECT count(*) FROM query WHERE user_id=@id )
PRINT @book_num
GO
```

在存储过程 p_querypara 中定义了两个参数：输入参数@id nvarchar，用于指定要查询的用户编号；输出参数@book_num，用于返回该用户阅读的图书数。

11.4.4　执行带输出参数的存储过程

在存储过程 p_querypara 中定义输入参数@id 和输出参数@book_num，在执行时需要先定义这两个局部变量，并为输入参数@id 赋值。输出参数@book_num 从存储过程中获得返回值。

【例 11-5】 执行带输出参数的存储过程。

```
/* 执行存储过程 p_querypara */
USE sst
GO
DECLARE @id nvarchar(20),@book_num smallint
SET @id='wangyy0823'
EXEC p_querpara @id, @book_num OUTPUT
SELECT @book_num
GO
```

执行结果如图 11-5 所示。

可以使用 SQL Server Management Studio 执行带输出参数的存储过程，操作步骤和执行带输入参数的存储过程一样，这里就不再赘述。

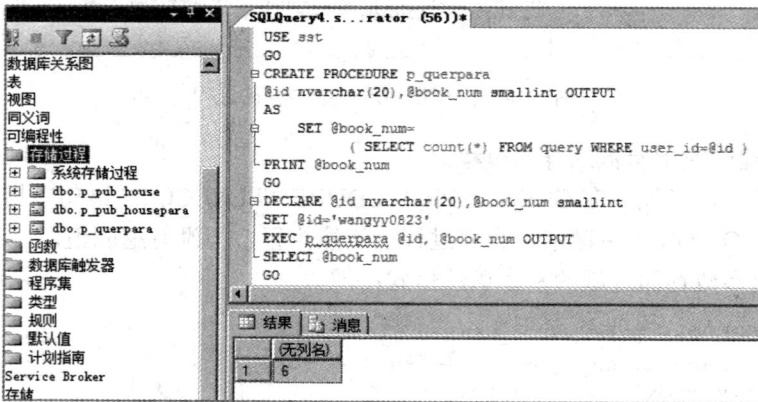

图 11-5　执行带输出参数的存储过程的返回结果

11.5　修 改 存 储 过 程

使用 ALTER PROCEDURE 语句可以修改存储过程，此时，SQL Server 会覆盖以前定义的存储过程。

ALTER PROCEDURE 语句的基本语法结构如下：

```
ALTER PROCEDURE procedure_name
```

```
[WITH <ENCRYPTION | RECOMPILE>]
AS
    sql_statement
```

【例 11-6】 修改存储过程。

```
/* 修改存储过程p_pub_house。该存储过程根据用户提供的出版社名称进行模糊查询 */
USE sst
GO
ALTER PROCEDURE p_pub_house
AS
    SELECT * FROM pub_house WHERE pub_house_name LIKE '%大学出版社'
GO
```

执行结果如图 11-6 所示。

图 11-6　修改存储过程 p_pub_house 的执行结果

提 示

ALTER PROCEDURE 语句只能修改一个单一的存储过程。如果过程调用了其他存储过程，嵌套的存储过程也不受影响。

11.6　查看存储过程信息

创建完存储过程后，SQL Server 提供了两种查看存储过程内容的方式：一种是使用 SQL Server Management Studio 查看；一种是使用系统存储过程查看。

11.6.1　使用 SQL Server Management Studio 查看存储过程信息

进入 SQL Server Management Studio，在"对象资源管理器"中依次展开"数据库"→sst →"可编程性"→"存储过程"节点，右键单击 p_pub_house 存储过程，在弹出的快捷菜单中选择"属性"菜单命令，弹出"存储过程属性"窗口，如图 11-7 所示，可以查看存储过程的相关信息。

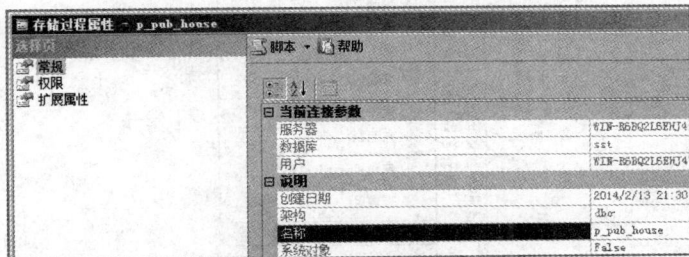

图 11-7　"存储过程属性"窗口

11.6.2 使用系统存储过程查看存储过程信息

可以使用系统存储过程 OBJECT_DEFINITION、sp_help 或 sp_helptext 查看存储过程的信息。这三个系统存储过程的使用方法相同，即直接指定要查看信息的对象名称。

【例 11-7】查看存储过程。

```
USE sst
GO
SELECT OBJECT_DEFINITION(OBJECT_ID('p_pub_house'))
EXEC sp_help p_pub_house
EXEC sp_helptext p_pub_house
GO
```

执行结果如图 11-8 所示。

图 11-8　使用系统存储过程查看存储过程信息

11.7　重命名存储过程

重命名存储过程可以在对象资源管理器中轻松完成，也可以使用系统存储过程 sp_rename 来重命名存储过程，具体用法在此不再赘述。

进入 SQL Server Management Studio，在"对象资源管理器"中依次展开"数据库"→sst→"可编程性"→"存储过程"节点，右键单击 p_pub_house 存储过程，在弹出的快捷菜单中选择"重命名"菜单命令，在文本框中输入要修改的存储过程的名称，按 Enter 键确认即可，如图 11-9 所示。

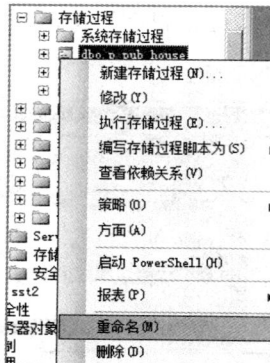

图 11-9　重命名存储过程

11.8 删 除 存 储 过 程

进入 SQL Server Management Studio, 在 "对象资源管理器" 中依次展开 "数据库"→sst →"可编程性"→"存储过程" 节点, 右键单击 p_pub_house 存储过程, 在弹出的快捷菜单中选择 "删除" 菜单命令, 如图 11-9 所示。

【例 11-8】 删除存储过程。

```
/* 使用 DROP PROCEDURE 语句删除存储过程 */
USE sst
GO
DROP PROCEDURE p_pub_house
GO
```

▌ 实 训 任 务

在学生选课系统的实训中, 完成:

(1) 创建一个存储过程, 用于实现 "根据用户输入的班级编号查询该班的学生信息, 然后将查询结果反馈给用户" 的功能。

(2) 创建一个存储过程, 用于实现 "根据用户给定的班级编号统计该班的学生人数, 然后将查询结果反馈给用户" 的功能。同时对该存储过程加密, 并查看该存储过程的信息。

(3) 创建一个输出 Hello SQL Server 2008 字符串的存储过程。

本 章 小 结

(1) 存储过程是 SQL 语句和流程控制语句的预编译集合, 应用程序通过调用子程序的方法执行存储过程。存储过程只需编译一次, 以后就能多次执行。

(2) 根据实现存储过程的方式和内容的不同, 存储过程分为用户自定义存储过程、扩展存储过程和系统存储过程三类。

(3) 通过 Transact-SQL 语句或 SQL Server Management Studio 可以创建、执行并管理存储过程, 也能根据实际需要在存储过程中定义并使用输入参数、输出参数。

思 考 与 练 习

11-1 存储过程的作用是什么? 和视图相比, 有何优势?

11-2 如何更改存储过程中的代码?

11-3 存储过程中可以调用其他的存储过程吗?

11-4 什么是输入参数? 什么是输出参数?

第 12 章 触 发 器

教学导航

一、教师的教学

1. 知识重点

（1）触发器的作用和类型。

（2）使用触发器应注意的问题。

（3）创建、修改、删除触发器。

（4）触发器的禁用和启用。

2. 知识难点

使用触发器应注意的问题以及触发器的使用时机。

二、学生的学习

1. 知识目标

（1）触发器的作用和类型。

（2）使用触发器应该注意的问题以及触发器的使用时机。

（3）SQL Server 事务的执行流程。

（4）创建、修改、删除触发器的方法。

（5）触发器的禁用和启用的方法。

2. 技能目标

（1）准确把握触发器的使用时机，使用 SQL Server Mangement Studio 和 Transact-SQL 语句创建、修改、删除触发器。

（2）禁用和启用触发器。

▲ **课程学习**

12.1 触 发 器 概 述

SQL Server 主要提供两种机制来强化业务规则和数据完整性：约束和触发器。触发器是一种特殊类型的存储过程，当往某一个表格中插入、删除或修改记录时，SQL Server 就会自动执行触发器所定义的 SQL 语句，从而保证对数据的处理符合由这些语句所定义的规则。触发器和引起触发器执行的 SQL 语句被当作一次事务处理，如果该次事务没有成功，SQL Server

会自动返回该次事务执行前的状态。

触发器能够实现由主键和外键所不能保证的复杂的参照完整性和数据一致性，能够对数据库中的相关表进行级联修改，也能够提供比 CHECK 约束更复杂的数据完整性，并自定义错误信息。触发器与存储过程不同，存储过程的执行需要用户、应用程序用 EXEC 语句显性地调用，而触发器是当特定事件（INSERT、UPDATE、DELETE）出现时自动执行。

触发器的主要功能如下：

（1）强制执行数据库中相关表的引用完整性。跟踪数据的变化，撤销或回滚违反了引用完整性的操作，防止非法修改数据。

（2）级联修改数据库中所有相关的表，自动触发其他与之相关的操作。

（3）返回自定义的错误信息。触发器可以返回信息，而约束无法返回信息。

（4）触发器可以调用更多的存储过程。

使用触发器应该注意的问题：

（1）只有表的拥有者才可以在表上创建或删除触发器，而且这种权限不允许转授。

（2）CREATE TRIGGER 必须是批处理中的第一条语句，并且只能应用到一个表中。

（3）触发器只能在当前数据库中创建，但可以引用当前数据库的外部对象。

（4）在同一条 CREATE TRIGGER 语句中，可以为多个事件（INSERT、UPDATE、DELETE）定义相同的触发器操作。

（5）如果一个表的外键在 DELETE/UPDATE 操作上定义了级联，则不能在该表上定义 INSTEAD OF DELETE/UPDATE 触发器。

（6）与存储过程一样，当触发器触发时，将向调用应用程序返回结果。若不需要返回结果，则不应包含返回结果的 SELECT 语句，也不应在触发器中包含对变量赋值的语句。

（7）使用 UPDATE 语句可以一次对多行数据进行修改，但是不管修改了多少数据，触发器都只能触发一次。

（8）在执行修改语句的过程中，触发器的执行只是修改语句事务的一部分。如果触发器执行不成功，则整个修改事务将会回滚。

（9）当约束可以实现预定的数据完整性时，应优先考虑使用约束。

（10）TRUNCATE TABLE 语句在功能上与 DELETE 语句相似，但是 TRUNCATE TABLE 语句不会触发 DELETE 触发器运行。

（11）WRITETEXT 命令不会触发 INSERT 触发器或 UPDATE 触发器运行。

（12）触发器中不允许使用以下 Transact-SQL 语句：ALTER DATABASE、CREATE DATABASE、DROP DATABASE。

12.2 触 发 器 的 分 类

触发器分为数据操作语言触发器和数据定义语言触发器两种类型。

一、数据操作语言（Data Manipulation Language，DML）触发器

DML 触发器是附加在特定表或视图上的操作代码，当发生操作语言事件时执行这些操作。DML 触发器包括 INSERT 触发器、UPDATE 触发器和 DELETE 触发器三种。当出现下列情况时，应当考虑使用触发器：

（1）通过相关表实现级联更改。

（2）防止恶意或错误地进行 INSERT、UPDATE 和 DELETE 操作，并强制执行比 CHECK 约束定义的限制更复杂的其他限制。

（3）评估数据修改前后的状态，并根据该差异采取措施。

SQL Server 为每个 DML 触发器创建了两个专用表：INSERTED 表和 DELETED 表。这两个表的结构与被触发器作用的数据表的结构相同。用户可以使用这两张表来检测某些修改操作所产生的效果，例如，可以使用 SELECT 语句来检查 INSERT 语句和 UPDATE 语句执行操作是否成功、触发器是否被这些语句触发等，但是不允许用户对这两个表进行修改。触发器执行完毕，与该触发器相关的这两个表也会被删除。

（1）执行 INSERT 语句时，INSERTED 表中保存要向表中插入的所有行。

（2）执行 DELETE 语句时，INSERTED 表中保存要从表中删除的所有行。

（3）执行 UPDATE 语句时，相当于先执行 DELETE 操作，再执行 INSERT 操作。修改前的数据行首先被移到 DELETED 表中，然后将修改后的数据行插入触发触发器的表和 INSERTED 表中。

提 示

INSERTED 表和 DELETED 表都是针对当前触发器的局部临时表，这些表只对应当前触发器的基本表。如果在触发器中使用了存储过程，或者是产生了嵌套触发器的情况，则不同的触发器将会使用属于自己基本表的 INSERTED 表和 DELETED 表。

二、数据定义语言（Data Definition Language，DDL）触发器

DDL 触发器当发生数据定义语言事件时则被激活调用。使用 DDL 触发器可以防止对数据库架构进行的某些更改或记录数据库架构中的更改事件。

12.3 创 建 触 发 器

要创建触发器，必须了解事务的执行流程，否则约束和触发器之间的冲突会给系统设计开发带来难度。SQL Server 事务的执行流程如下：

（1）执行 IDENTITY INSERT 检查。

（2）检查是否为空约束。

（3）检查数据类型。

（4）执行替代触发器。如果存在替代触发器，将停止执行触发它的 DML 语句。

（5）检查主键约束。

（6）检查 CHECK 约束。

（7）检查外键约束。

（8）执行 DML 语句，并更新事务日志文件。

（9）执行后触发器。

（10）提交事务。

（11）写入数据库文件。

基于 SQL Server 的事务执行流程，创建触发器时需要注意：

（1）后触发器是在完成所有的约束检查之后执行的。

（2）替代触发器可以解决外键约束问题，但不能解决是否为空、数据类型或标识列的问题。

（3）创建后触发器时，可以假定数据已经通过了所有其他的数据完整性检查。

（4）后触发器是在 DML 事务提交之前执行的，可以使用它来回滚该事务。

创建触发器的 Transact-SQL 语句的基本语法格式如下：

```
CREATE TRIGGER trigger_name
ON { table | view }
[ WITH <ENCRYPTION>]
{
{ FOR | AFTER | INSTEAD OF } { [ DELETE ] [ , ] [ INSERT ] [ ,] [ UPDATE ] }
AS
    sql_statement [ , .. ]
}
```

参数说明如下：

（1）trigger_name：指定触发器的名称。

（2）table | view：指定触发触发器的表或视图。

（3）WITH <ENCRYPTION：用于加密触发器的 CREATE TRIGGER 语句文本。

（4）FOR | AFTER：FOR 与 AFTER 同义，后触发器。触发器只有在 SQL 语句中指定的所有操作都已成功执行后才被激发。所有的引用级联操作和约束检查也必须成功完成后，才能执行该触发器。该类型触发器只能在表上创建，不能在视图上定义。

（5）INSTEAD OF：替代触发器。用于规定执行触发器而不是执行触发的 SQL 语句，从而用触发器替代触发语句的操作。在表或视图上，每个 INSERT、UPDATE 或 DELETE 最多可以定义一个 INSTEAD OF 触发器。

（6）[DELETE] [,] [INSERT] [,] [UPDATE]：指定在表或视图上执行哪种数据修改语句时将激活触发器的关键字，必须至少指定一个选项。在触发器定义中允许以任何顺序组合这些关键字。

（7）AS：用于指定触发器要执行的操作。

（8）sql_statement：触发器的条件和操作。

12.3.1　UPDATE 触发器

UPDATE 触发器是当用户在指定表上执行 UPDATE 语句时被调用。执行 UPDATE 触发器时，将更新前的记录存储到 DELETED 表，更新后的记录存储到 INSERTED 表。

【例 12-1】创建 UPDATE 触发器。

```
/* 创建 UPDATE 触发器，用于实现每当修改 users 数据表中的数据时，显示"已修改 users 数据表
的数据"的消息 */
USE sst
GO
CREATE TRIGGER tr_update_users
ON users
```

```
AFTER UPDATE
AS
    BEGIN
        PRINT '已修改 users 数据表的数据'
        SELECT user_id AS 更新前用户编号,user_score AS 更新前用户积分 FROM DELETED
        SELECT user_id AS 更新后用户编号,user_score AS 更新后用户积分 FROM INSERTED
    END
GO
/* 在查询窗口执行如下 SQL 语句,用于测试修改 users 数据表时,该触发器是否被触发 */
UPDATE users SET user_scoe=450 WHERE user_id='wangyy0823'
/*在查询窗口执行如下 SQL 语句,用于测试修改 users 数据表时,该触发器存在的 BUG */
UPDATE users SET user_scoe=450 WHERE user_id='wangyy0908'
```

执行结果如图 12-1 所示。

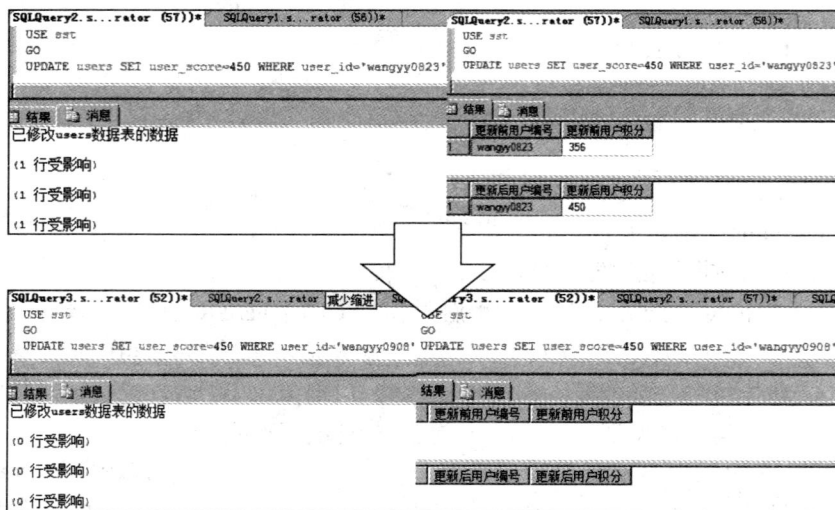

图 12-1　创建 UPDATE 触发器执行结果

（1）在执行 UPDATE users SET user_score=450 WHERE user_id='wangyy0823'语句后，返回的信息说明修改 users 数据表的数据时触发了 tr_update_users 触发器。查看 users 数据表中用户编号为 wangyy0823 的数据行发现，该用户的积分确实已经修改为 450。

（2）在执行 UPDATE users SET user_score=450 WHERE user_id='wangyy0908'语句后，返回信息"已修改 users 数据表的数据"，而数据表 users 中并不存在 user_id='wangyy0908'的用户，此时需要排除触发器 tr_update_users 的 BUG。

12.3.2　INSERT 触发器

当用户向数据表中插入新的记录时，被标记为 AFTER INSERT 触发器的代码会被执行。

【例 12-2】创建 INSERT 触发器。

```
/* 创建 INSERT 触发器,用于实现每当向 users 数据表插入数据时的禁止操作 */
USE sst
GO
CREATE TRIGGER tr_insert_users
ON users
```

```
AFTER INSERT
AS
    BEGIN
        RAISERROR('不允许直接向该表插入记录，操作被禁止',1,1)
        ROLLBACK TRANSACTION
    END
GO
```
/*在查询窗口执行如下 SQL 语句，用于测试向 users 数据表插入数据时，该触发器是否被触发 */
```
INSERT INTO users （user_id）VALUES （'az0909')
```

执行结果如图 12-2 所示。

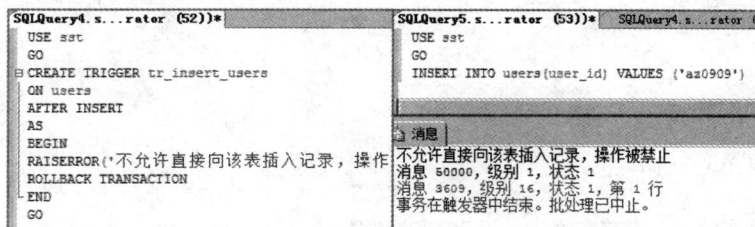

图 12-2　创建 INSERT 触发器执行结果

12.3.3　DELETE 触发器

当用户执行 DELETE 操作时，就会激活 DELETE 触发器，从而控制用户从数据表中删除记录。触发 DELETE 触发器后，用户删除的记录会被添加到 DELETED 表中，可以在 DELETED 表中查看删除的记录。

【例 12-3】创建 DELETE 触发器。

/* 创建 DELETE 触发器，用于实现每当向 users 数据表删除数据时，返回删除的信息 */
```
USE sst
GO
CREATE TRIGGER tr_delete _users
ON users
AFTER DELETE
AS
    SELECT user_id AS 已删除用户编号,user_name FROM DELETED
GO
```
/*在查询窗口执行如下 SQL 语句，用于测试从 users 数据表删除数据时，该触发器是否被触发 */
```
DELETE FROM users WHERE user_id='wangyy0823'
```

执行结果如图 12-3 所示。

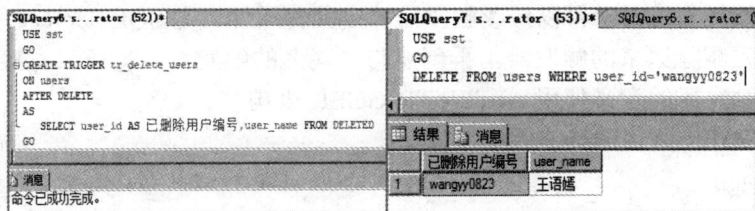

图 12-3　创建 DELETE 触发器执行结果

12.3.4　替代触发器

对于后触发器，SQL Server 服务器在执行触发后触发器的 SQL 代码后，会先建立临时的 INSERTED 和 DELETED 表，然后执行 SQL 代码中对数据的操作，最后才激活触发器中的代码。对于替代触发器，SQL Server 服务器在执行触发替代触发器的代码时，会先建立临时的 INSERTED 和 DELETED 表，然后直接触发替代触发器，而拒绝执行用户输入的数据操作语句。

【例 12-4】 创建替代触发器。

```
/* 创建替代触发器，用于实现每当修改 users 数据表中的数据时触发触发器，用执行触发器中的语
句替代触发的 SQL 语句 */
USE sst
GO
CREATE TRIGGER in_tr_update_users
ON users
INSTEAD OF UPDATE
AS
    PRINT '实际上并没有修改 users 表中的数据'
GO
/* 在查询窗口执行如下 SQL 语句，用于测试修改 users 数据表时，该触发器是否被触发 */
UPDATE users SET user_score=450 WHERE user_id='duany0826'
```

执行结果如图 12-4 所示，触发器被触发并返回"实际上并没有修改 users 表中的数据"信息。查看 users 表中 user_id='duany0826 的记录，发现 users 确实没有修改。替代触发器执行触发器的语句（PRINT '实际上并没有修改 users 表中的数据'）替代执行触发 SQL 语句（UPDATE users SET user_scoe=450 WHERE user_id='duany0826'）。

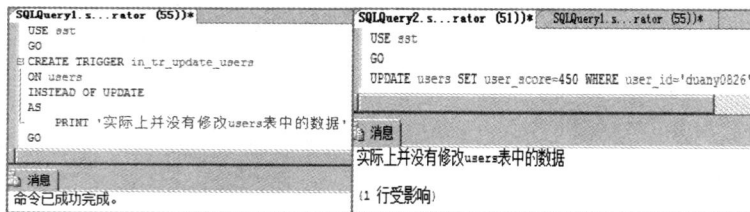

图 12-4　创建替代触发器的执行结果

12.4　修 改 触 发 器

当触发器不满足需求时，可以修改触发器的定义和属性。在 SQL Server 中可以通过两种方式进行修改：先删除原来的触发器，再创建与之同名的触发器；也可以直接修改现有触发器的定义。修改触发器的定义使用 ALTER TRIGGER 语句。

ALTER TRIGGER 语句的基本语法格式如下：

```
ALTER TRIGGER trigger_name
ON { table | view }
[ WITH <ENCRYPTION>]
{
```

```
{ FOR | AFTER | INSTEAD OF } { [ DELETE ] [ , ] [ INSERT ] [ ,] [ UPDATE ] }
AS
sql_statement [ , .. ]
}
```

例 12-1 中测试了在执行 UPDATE users SET user_scoe=450 WHERE user_id='wangyy0908' 语句后，返回信息"已修改 users 数据表的数据"，数据表 users 中并不存在 user_id='wangyy0908' 的用户，此时就需要排除触发器 tr_update_users 的 BUG。为此，将例 12-1 修改为如果确实修改了 users 数据表中的数据时，显示"已修改 users 数据表的数据"的消息，否则返回"不存在要修改的数据"

【例 12-5】 修改触发器。

```
/* 修改例 12-1—UPDATE 触发器，用于实现每当修改 users 数据表中的数据时，显示"已修改 users
数据表的数据"的消息，否则返回"不存在要修改的数据" */
USE sst
GO
ALTER TRIGGER tr_update_users
ON users
AFTER UPDATE
AS
    IF ((SELECT count(*) FROM inserted)<>0)
        PRINT '已修改 users 表的数据'
    ELSE
        PRINT '不存在要修改的数据'
GO
/*在查询窗口执行如下 SQL 语句，用于测试修改 users 数据表时，该触发器是否还存在 BUG */
UPDATE users SET user_score=450 WHERE user_id='wangyy0908'
```

执行结果如图 12-5 所示。

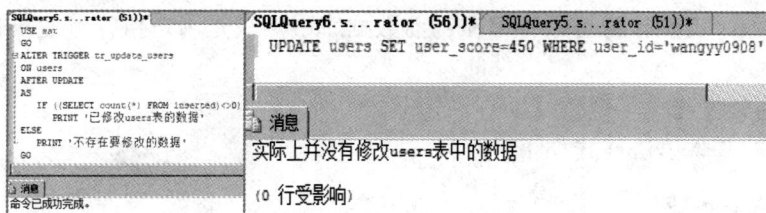

图 12-5　修改触发器执行结果

12.5　删 除 触 发 器

当触发器不再使用时，可以将其删除，删除触发器不会影响其操作的数据表。当某个表被删除时，该表上的触发器也同时被删除。

有两种方式删除触发器：在对象资源管理器中删除；使用 DROP TRIGGER 语句删除。

12.5.1　在对象资源管理器中删除触发器

在对象资源管理器中删除触发器，与删除数据库、数据表和存储过程类似，如图 12-6 所示。具体过程本章节不再赘述。

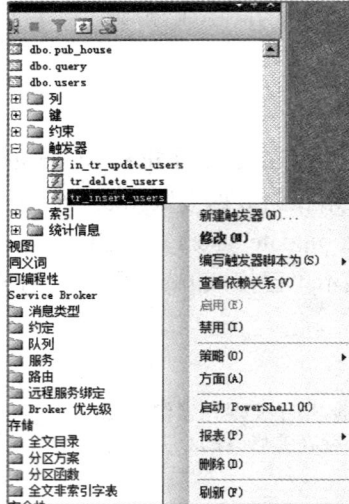

图 12-6   删除触发器命令菜单

12.5.2   使用 DROP TRIGGER 语句删除触发器

DROP TRIGGER 语句可以删除一个或多个触发器。

DROP TRIGGER 语句的基本语法格式如下：

```
DROP TRIGGER trigger_name[ , … ]
```

12.6   启用和禁用触发器

触发器创建之后即启用了。如果暂时不需要使用某个触发器，可以将其禁用。触发器被禁用后并没有删除，仍然作为对象存储在当前数据库中，只是用户执行触发操作时，触发器不会被调用。

12.6.1   禁用触发器

禁用触发器的基本语法格式如下：

```
ALTER TABLE users
DISABLE TRIGGER in_tr_update_users
或
DISABLE TRIGGER in_tr_update_users ON users
```

在 ON 关键字后面指定触发器的作用域。

12.6.2   启用触发器

被禁用的触发器可以通过 ALTER TABLE 语句或 ENABLE TRIGGER 语句重新启用。

```
ALTER TABLE users
ENABLE TRIGGER in_tr_update_users
```
或
```
ENABLE TRIGGER in_tr_update_users ON users
```

【例 12-6】查看数据库中触发器的信息。

```
/* 查看数据库中有哪些触发器 */
```

```
USE sst
GO
SELECT * FROM sysobjects WHERE TYPE='TR'
```

执行结果如图 12-7 所示。

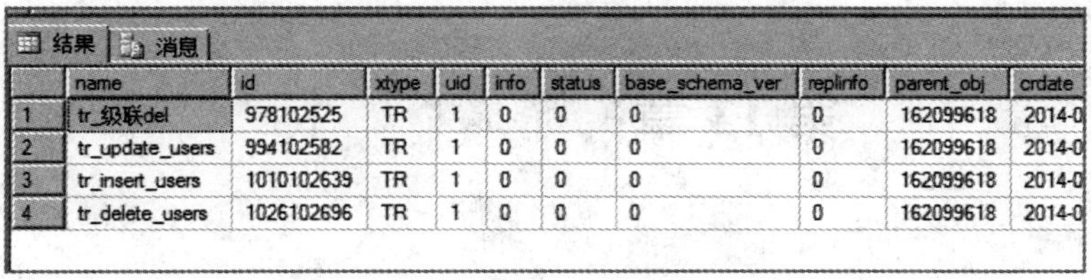

	name	id	xtype	uid	info	status	base_schema_ver	replinfo	parent_obj	crdate
1	tr_级联del	978102525	TR	1	0	0	0	0	162099618	2014-0
2	tr_update_users	994102582	TR	1	0	0	0	0	162099618	2014-0
3	tr_insert_users	1010102639	TR	1	0	0	0	0	162099618	2014-0
4	tr_delete_users	1026102696	TR	1	0	0	0	0	162099618	2014-0

图 12-7　查看触发器信息的查询结果

实 训 任 务

在学生选课系统的实训中，完成：

（1）创建触发器，当修改选修表中的数据时，能即时更新课程表中的报名人数。

（2）创建学分验证触发器，对不符合编码规则的学分信息给予提示。要求：学分列值只能为 1、2、3、4、5。

本 章 小 结

（1）触发器是 SQL Server 提供的强制业务规则和数据完整性机制。触发器分为数据操作语言触发器和数据定义语言触发器两种类型。

（2）使用 SQL Server Management Studio 和 Transact-SQL 语句创建 INSERT 触发器、DELETE 触发器、UPDATE 触发器以及替代触发器。

（3）触发器的禁用和启用。

思 考 与 练 习

12-1　什么是触发器？触发器可以分为哪几类？

12-2　INSERTED 表和 DELETED 表的作用是什么？

12-3　可以对一个表创建多个 DELETE 触发器吗？如果可以，触发器执行的顺序是怎样的？

12-4　什么情况下可禁用触发器？

第13章 游 标

▲ **教学导航**

一、教师的教学

1. 知识重点

（1）游标的概念。

（2）游标的生命周期。

（3）游标的两个全局变量@@cursorrows 和@@fetchstatus。

（4）游标与其他 Transact-SQL 语句的配合使用。

2. 知识难点

游标与其他 Transact-SQL 语句的配合使用。

二、学生的学习

1. 知识目标

（1）游标的概念。

（2）游标的生命周期。

（3）游标的两个全局变量@@cursorrows 和@@fetchstatus 的使用。

2. 技能目标

（1）完成从声明游标到最后释放游标的有关游标的基本操作。

（2）为变量赋值、修改数据、删除数据、按照要求的格式输出数据、对结果集进行排序以及在存储过程中使用游标等综合使用游标的方法。

▲ **课程学习**

13.1 游 标 概 述

13.1.1 认识游标

在通常情况下，由 SELECT 语句返回的结果包括所有满足该语句 WHERE 子句中条件的行。由 SELECT 语句所返回的这一完整的数据行集合称为结果集。SQL Server 中的数据操作结果都是面向集合的，并没有一种描述数据表中单一记录的表达形式。要处理结果集中的某些行的数据，只有将所有的结果全部传递到应用的前台让高级语言进行处理后再传回数据库服务器。游标作为 SQL Server 的一种数据访问机制，它允许用户访问单独的数据行，对每一行数据进行处理，降低了系统开销和潜在的网络堵塞。游标主要用于存储过程、触发器和 Transact-SQL 脚本中，使结果集的内容可用于其他 Transact-SQL 语句。游标的使用应具有以下优点：

（1）允许程序对由 SELECT 查询语句返回的结果集中的每一行执行相同或不同的操作，而不是对整个集合执行同一操作。

（2）提供对基于游标位置的表中的行进行删除和更新的能力。

（3）游标作为数据库管理系统和应用程序设计之间的桥梁，连接着这两种处理方式。

游标支持以下功能：

（1）在 SELECT 结果集中定位特定的数据行。

（2）查询 SELECT 结果集当前位置的数据行。

（3）修改 SELECT 结果集当前位置数据行的数据。

13.1.2　游标的分类

SQL Server 2008 支持三种类型的游标：

（1）Transact-SQL 服务器游标：基于 SQL-92 游标语法制定的 DECLARE CURSOR 语法，主要用于 Transact-SQL 脚本、存储过程和触发器。Transact-SQL 服务器游标在服务器上实现，并由客户端发送到服务器的 Transact-SQL 语句管理。

（2）应用程序编程接口（API）服务器游标：支持 OLE DB 和 ODBC 中的 API 游标函数。API 游标函数在服务器上实现，每次客户端应用程序调用 API 游标函数时，SQL Server Native Client OLE DB 访问接口或 ODBC 驱动程序会把请求传输给服务器，以便对 API 游标函数进行操作。

（3）客户端游标：由 SQL Server Native Client ODBC 驱动程序和实现 ADO API 的 DLL 在内部实现。

本书只介绍 Transact-SQL 服务器游标。

13.2　创　建　游　标

创建游标主要包括声明游标、打开游标、读取游标中的数据、关闭游标和释放游标。

13.2.1　声明游标

游标主要包括游标结果集和游标位置两部分。游标结果集是由定义游标的 SELECT 语句返回的行集合（即多个记录组成的临时表）。游标位置是指向这个结果集中的某一行的指针。使用游标之前，要声明游标。

DECLARE CURSOR 声明游标的基本语法格式：

```
DECLARE cursor_name CURSOR
[ LOCAL | GLOBAL ]
[ INSENSITIVE ][ SCROLL ]
[ READ_ONLY]
FOR select_statement
[ FOR UPDATE [ OF column_name [ , … ] ] ]
```

参数说明如下。

（1）cursor_name：定义的 Transact-SQL 服务器游标名称。

（2）LOCAL | GLOBAL：指定游标的作用域。LOCAL 是局部游标，此时游标只能在创建它的批处理中使用；GLOBAL 是全局游标，可以在同一个连接所调用的所有过程中使用游标。

（3）INSENSITIVE：使用该关键字之后，将所有的结果集临时放在 tempdb 数据库中创建的临时表里。所有对基本表的改动都不会在游标进行的操作中体现。若不用 INSENSITIVE 关键字，则用户对基本表所进行的任何操作都将在游标中得到体现。

（4）SCROLL：指定所有的提取选项（FIRST、LAST、PRIOR、NEXT、RELATIVE、ABSOLUTE）均可用，允许删除和更新（没有指定 INSENSITIVE 关键字）。

（5）READ_ONLY：定义游标为只读，UPDATE 或 DELETE 语句的 WHERE CURRENTOF 子句不能引用只读游标。

（6）select_statement：定义产生游标结果集的 SELECT 语句。在 select_statement 中不允许使用关键字 COMPUTE、COMPUTE BY、FOR BROWSE 和 INTO。

（7）UPDATE [OF column_name [, …]]：定义游标可修改。如果给出 OF column_name [, …]参数，只允许修改所给出的列。如果在 UPDATE 关键字后未给出参数，则可以修改所有的列。

【例 13-1】 声明一个游标。

```
/* 声明一个 crs_users 游标,用于从 users 数据表中查询 user_name 列和 user_phone 列的值
*/
DECLARE crs_users CURSOR
FOR
    SELECT user_name,user_phone FROM users
GO
```

13.2.2　打开游标

在使用游标前，必须打开游标，即执行在 DECLARE CURSOR 语句中定义的 SELECT 查询语句，并使游标指针指向查询结果的第一条记录。

打开游标的基本语法格式为

```
OPEN [ GLOBAL ] cursor_name | cursor_variable_name
```

参数说明如下。

GLOBAL：指定 cursor_name 是全局游标。

cursor_name：已声明的游标的名称。在声明时,全局游标和局部游标都使用了 cursor_name 作为其名称,如果指定了 GLOBAL 参数,则 cursor_name 指的是全局游标;否则 cursor_name 指的是局部游标。

cursor_variable_name：游标变量的名称,该变量引用一个游标。

【例 13-2】 打开一个游标。

```
/* 打开例 13-1 中声明的游标 crs_users */
OPEN crs_users
GO
```

13.2.3　读取游标中的数据

打开游标之后，并不能立即利用查询结果集中的数据，必须用 FETCH 语句来提取数据。FETCH 语句是游标使用的核心。一条 FETCH 命令可以读取游标当前记录中的数据并送入变量，同时使游标指针指向下一条记录(NEXT，或根据选项指向某条记录)。

FETCH 语句的基本语法格式为

```
FETCH [ [ NEXT | PRIOR | FIRST | LAST | ABSOLUTE { n | @nar } | RELATIVE { n
| @nar } ] FROM ] { { [ GLOBAL ] cursor_name } | @cursor_variable_name }
[ INTO @variable_name [ , … ] ]
```

参数说明如下。

（1）NEXT：紧跟当前行返回结果行，并且当前行递增为返回行。如果 FETCH NEXT 为对游标的第一次提取操作，则返回结果集中的第一行。NEXT 为默认的游标提取项。

（2）PRIOR、FIRST、LAST、ABSOLUTE、RELATIVE 等各项只有在定义游标时使用了 SCROLL 选项才可以使用。

1）PRIOR：返回当前行的前一结果行，并且当前行递减为返回行。如果 FETCH PRIOR 为对游标的第一次提取操作，则没有行返回并且游标置于第一行之前。

2）FIRST：返回游标中的第一行并将其作为当前行。

3）LAST：返回游标中的最后一行并将其作为当前行。

4）ABSOLUTE { n | @nar }：*n* 必须是整数常量，@nar 的数据类型必须为 smallin、tinyint 或 int。

a. n | @nar 为正，则返回从游标头开始向后的第 *n* 行，并且将返回行变成新的当前行。

b. n | @nar 为负，则返回从游标末尾开始向前的第 *n* 行，并且将返回行变成新的当前行。

c. n | @nar 为 0，则不返回行。

5）RELATIVE { n | @nar }：*n* 必须是整数常量，@nar 的数据类型必须为 smallin、tinyint 或 int。

a. n | @nar 为正，则返回从当前行开始向后的第 *n* 行，并且将返回行变成新的当前行。

b. n | @nar 为负，则返回从当前行开始向前的第 *n* 行，并且将返回行变成新的当前行。

c. n | @nar 为 0，则返回当前行。

d. 对游标进行第一次提取时，如果将 n | @nar 设置为负数或 0，则不返回行。

6）INTO @variable_name [, …]：允许将提取操作的列数据放到局部变量中。局部变量列表中的各个变量从左到右与游标结果集中的相应列相关联。各变量的数据类型必须与相应的结果集列的数据类型匹配，或是结果集列数据类型所支持的隐式转换。变量的数目必须与游标选择列表中的列数一致。

【例 13-3】读取游标中的数据。

```
/* 读取例 13-2 中打开的游标 crs_users 中的数据   */
FETCH NEXT FROM crs_users
WHILE @@FETCH_STATUS=0
BEGIN
    FETCH NEXT FROM crs_users
END
GO
```

单击工具栏上的"执行"按钮，执行结果如图 13-1 所示。

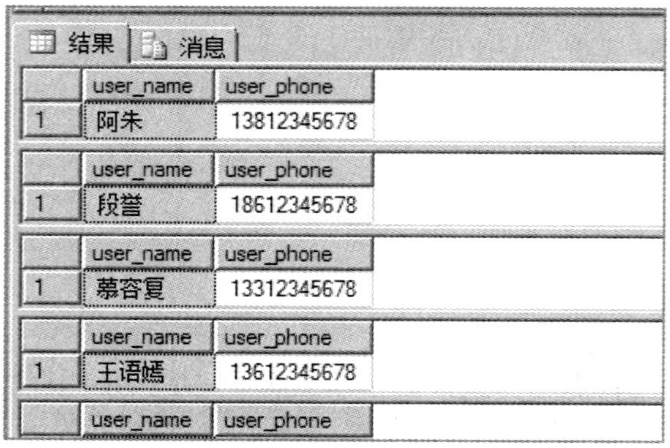

图 13-1　读取游标中的数据

　　游标一次只能从后台数据库中读取一条记录。在多数情况下，是从结果集中的第一条记录开始提取，一直到结果集末尾，所以一般要将使用游标提取数据的语句放在一个循环体(一般是 WHILE 循环)内，直到将结果集中的全部数据提取完后，跳出循环体。通过检测全局变量@@FETCH_STATUS 的值，可以得知 FETCH 语句是否提取到最后一条记录。

📚　提　示

　　对于使用游标来说，有两个全局变量非常重要。其中@@CURSORROWS 将会返回游标中的行数。@@FETCH_STATUS 将会返回在最近一次执行 FETCH 命令之后游标的状态：

　　（1）当@@FETCH_STATUS 的值为 0 时，表示最近一次 FETCH 命令成功地获取到一行数据。

　　（2）当@@FETCH_STATUS 的值为-1 时，表示 FECTH 命令失败，或此数据行不在结果集中。

　　（3）当@@FETCH_STATUS 的值为-2 时，表示被提取的数据行不存在。

　　在未执行任何提取操作之前，@@FETCH_STATUS 的值是未知的。

13.2.4　关闭游标

　　在打开游标后，SQL Server 服务器会专门为游标开辟一定的内存空间存放游标操作的数据结果集，同时也会根据游标使用时的具体情况对某些数据进行封锁。所以，在不使用游标时，可以将其关闭，以释放游标所占用的服务器资源，这时，将释放当前结果集和解除定位游标行上的游标锁定。

　　关闭游标的 CLOSE 语句基本语法格式如下：

```
CLOSE [ GLOBAL ] cursor_name | cursor_variable_name
```

【例 13-4】关闭游标。

```
/* 关闭例 13-2 中打开的游标 crs_users  */
CLOSE crs_users
```

13.2.5　释放游标

　　游标结构本身也会占用一定的计算机资源，所以在使用完游标后，为了回收被游标占有的资源，应该将游标释放。

释放游标的 DEALLOCATE 语句的基本语法格式为

```
DEALLOCATE [ GLOBAL ] cursor_name | cursor_variable_name
```

📖 **提 示**

DEALLOCATE 命令的功能是删除由 DECLARE 说明的游标。该命令不同于 CLOSE 命令，CLOSE 命令只是关闭游标，需要时还可以重新打开。DEALLOCATE 命令则要释放和删除与游标有关的数据结构和定义。释放完游标后，如果要重新使用游标，必须重新执行声明游标的语句。

【例 13-5】释放游标。

```
/* 释放例 13-1 中声明的游标 crs_users  */
DEALLOCATE crs_users
```

13.3 游标综合应用举例

【例 13-6】 游标应用举例 1。

创建一个带 SCROLL 参数的游标，用于演示 LAST、PRIOR、RELATIVE 和 ABSOLUTE 关键字的使用。

```
USE sst
GO
--定义变量
DECLARE @name nvarchar(40)
DECLARE @phone varchar(15)
--定义游标
DECLARE crs_users CURSOR SCROLL
FOR
    SELECT user_name,user_phone FROM users
--打开游标
OPEN crs_users
--提取游标的最后一行数据
FETCH LAST FROM crs_users INTO @name,@phone
PRINT @name+' '+@phone
--提取游标当前行的前一行数据
FETCH PRIOR FROM crs_users INTO @name,@phone
PRINT @name+' '+@phone
--提取游标中的第二行数据
FETCH ABSOLUTE 2 FROM crs_users INTO @name,@phone
PRINT @name+' '+@phone
--提取游标当前行后面的第二行数据
FETCH RELATIVE 2 FROM crs_users INTO @name,@phone
PRINT @name+' '+@phone
--提取游标当前行前面的第二行数据
FETCH RELATIVE -2 FROM crs_users INTO @name,@phone
PRINT @name+' '+@phone
--关闭游标
CLOSE crs_users
--释放游标
```

```
DEALLOCATE crs_users
```

执行结果如图 13-3 所示。本例中游标的移动过程如下（原始记录排序如图 13-2 所示）。

R6BQ2L6... - dbo.users

user_id	user_password	user_name	user_pho
az0707	@@@	阿朱	13812345
duany0826	***	段誉	18612345
murf0403	)))	慕容复	13312345
wangyy0823	&&&	王语嫣	13612345
xiaof0916	###	萧峰	18812345
xuz1210	^^^	虚竹	13712345
zhongl0823	;;;	钟灵	13212345
NULL	NULL	NULL	NULL

图 13-2　原始数据行排序

消息

```
钟灵 13212345678
虚竹 13712345678
段誉 18612345678
王语嫣 13612345678
段誉 18612345678
```

图 13-3　游标应用举例 1 执行结果

（1）当执行打开游标时，游标指针指向 SELECT 结果集的第一条记录，即当前行为指向“阿朱”所在的记录行。

（2）当执行 FETCH LAST 命令时，返回“钟灵”所在的记录行数据，并将此行作为当前行。

（3）当执行 FETCH PRIOR 命令时，返回“虚竹”所在的记录行数据，并将此行作为当前行。

（4）当执行 FETCH ABSOLUTE 2 命令时，返回从游标头开始的第二行，即返回“段誉”所在的记录行数据，并将该行变成新的当前行。

（5）执行 FETCH RELATIVE 2 命令时，返回从当前行开始向后的第二行，即返回“王语嫣”所在的记录行数据，并将该行变成新的当前行。

（6）当执行 FETCH RELATIVE -2 命令时，返回从当前行开始向前的第二行，即返回“段誉”所在的记录行数据，并将该行变成新的记录行。

【例 13-7】 游标应用举例 2。

创建一个用于查询用户姓名和电话的游标，用于演示用游标为变量赋值，并逐行显示查询结果集。

```
USE sst
GO
DECLARE @name nvarchar(40),@phone varchar(15)
DECLARE crs_users CURSOR
FOR
    SELECT user_name,user_phone FROM users
OPEN crs_users
--提取第一行数据
FETCH NEXT FROM crs_users INTO @name,@phone
--通过判断@@FETCH_STATUS的值而决定是否继续循环
WHILE @@FETCH_STATUS=0
```

```
    BEGIN
        PRINT @name+' '+@phone
        --取得下一行数据
        FETCH NEXT FROM crs_users INTO @name,@phone
    END
CLOSE crs_users
DEALLOCATE crs_users
GO
```

执行结果如图 13-4 所示。

【例 13-8】 游标应用举例 3。

利用存储过程和游标实现查询指定用户积分的用户姓名和联系电话。

```
USE sst
GO
--创建带输入参数的存储过程
CREATE PROCEDURE p_userscore @score  smallint
AS
  DECLARE @name nvarchar(40)
  DECLARE @phone varchar(15)
  DECLARE crs_users CURSOR
  FOR
     SELECT user_name,user_phone FROM users WHERE user_score=@score
OPEN crs_users
FETCH NEXT FROM crs_users INTO @name,@phone
--通过循环提取数据
WHILE @@FETCH_STATUS=0
   BEGIN
        PRINT @name+' '+@phone
        FETCH NEXT FROM crs_users INTO @name,@phone
    END
  CLOSE crs_users
  DEALLOCATE crs_users
GO
--调用存储过程 p_userscore，查询用户积分为 350 的用户姓名和电话
EXEC p_userscore  @score=350
GO
```

执行结果如图 13-5 所示。

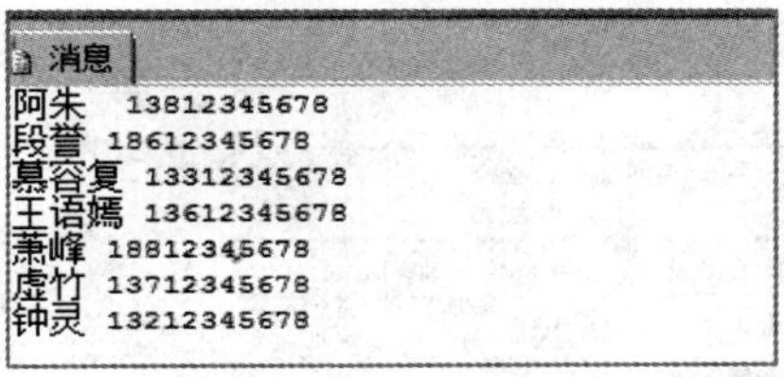

图 13-4　游标应用举例 2 执行结果

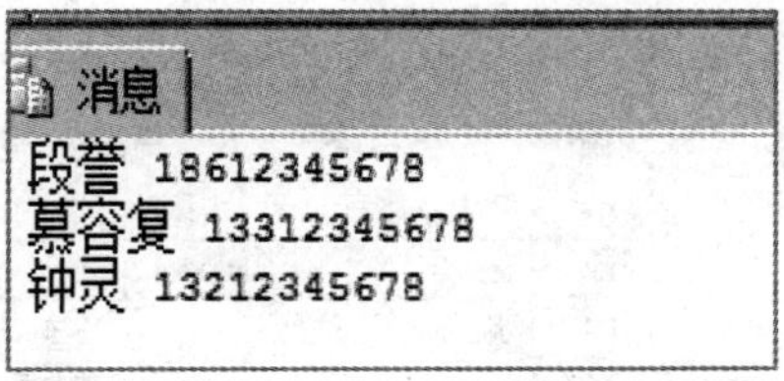

图 13-5　游标应用举例 3 执行结果

【例 13-9】 游标应用举例 4。

利用游标修改数据。声明整型变量@newscore，然后声明一个对 users 数据表进行操作的

游标。打开该游标，使用 FETCH 方法来获取游标中的每一行数据，如果获取到的记录的 user_score 列值与@newscore 值相同，将该记录中的 user_score 列值修改为 600，最后关闭并释放游标。修改前的数据表 users 的数据如图 13-6 所示。

图 13-6　修改前的数据表 users 的数据

```
USE sst
GO
DECLARE @newscore  smallint
SET @newscore=350
DECLARE @score smallint
DECLARE crs_users CURSOR
FOR
    SELECT user_score FROM users
OPEN crs_users
FETCH NEXT FROM crs_users INTO @score
   WHILE @@FETCH_STATUS=0
   BEGIN
     IF @score=@newscore
       BEGIN
            --修改当前数据行
            UPDATE users SET user_score=600 WHERE CURRENT OF crs_users
       END
     FETCH NEXT FROM crs_users INTO @score
    END
CLOSE crs_users
DEALLOCATE crs_users
GO
SELECT * FROM users WHERE user_score=600
GO
```

执行结果如图 13-7 所示。

图 13-7　游标应用举例 4 执行结果

对比图 13-6 和图 13-7，由最后一条 SELECT 查询语句返回的结果可以看到，使用游标修改操作执行成功后，所有积分为 350 的用户的积分均修改为 600。

【例 13-10】 游标应用举例 5。

利用游标删除数据。删除前的数据表 users 的数据如图 13-8 所示。

-R6BQ2L6... - dbo.users　SQLQuery6.s...rator (52))*

user_id	user_password	user_name	user_phone	user_address	user_postalcode	user_score
az0707	@@@	阿朱	13812345678	苏州听香水榭	215000	860
duany0826	***	段誉	18612345678	云南大理	671000	600
murf0403	)))	慕容复	13312345678	苏州曼陀山庄	215000	600
wangyy0823	&&&	王语嫣	13612345678	苏州曼陀山庄	215000	356
xiaof0916	###	萧峰	18812345678	北京前井胡同	100032	168
xuz1210	^^^	虚竹	13712345678	新疆天山灵鹫宫	830000	500
zhongl0823	;;;	钟灵	13212345678	NULL	NULL	600
NULL	NULL	NULL	NULL	NULL	NULL	NULL

图 13-8　删除前的数据表 users 的数据

```
USE sst
GO
DECLARE @newscore  smallint
SET @newscore=860
DECLARE @score smallint
DECLARE crs_users CURSOR
FOR
    SELECT user_score FROM users
OPEN crs_users
FETCH NEXT FROM crs_users INTO @score
   WHILE @@FETCH_STATUS=0
   BEGIN
      IF @score=@newscore
         BEGIN
            --删除当前数据行
            DELETE FROM users WHERE CURRENT OF crs_users
          END
      FETCH NEXT FROM crs_users INTO @score
   END
CLOSE crs_users
DEALLOCATE crs_users
GO
SELECT * FROM users
GO
```

执行结果如图 13-9 所示。

结果　消息

	user_id	user_password	user_name	user_phone	user_address	user_postalcode	user_score
1	duany0826	***	段誉	18612345678	云南大理	671000	600
2	murf0403	)))	慕容复	13312345678	苏州曼陀山庄	215000	600
3	wangyy0823	&&&	王语嫣	13612345678	苏州曼陀山庄	215000	356
4	xiaof0916	###	萧峰	18812345678	北京前井胡同	100032	168
5	xuz1210	^^^	虚竹	13712345678	新疆天山灵鹫宫	830000	500
6	zhongl0823	;;;	钟灵	13212345678	NULL	NULL	600

图 13-9　游标应用举例 5 执行结果

对比图 13-8 和图 13-9，由最后一条 SELECT 查询语句返回的结果可以看到，使用游标删除操作执行成功后，积分为 860 的用户被删除了。

【例 13-11】 游标应用举例 6。

游标是一个查询结果集，通过将 ORDER BY 子句添加到查询中可以对游标查询的结果进行排序。

```
USE sst
GO
DECLARE @name nvarchar(40), @score smallint
DECLARE crs_order_users CURSOR
FOR
    SELECTuser_name, user_score FROM users ORDER BY user_score
OPEN crs_order_users
FETCH NEXT FROM crs_order_users INTO @name, @score
    PRINT '用户姓名'+'  '+'用户积分'
    WHILE @@FETCH_STATUS=0
      BEGIN
        PRINT @name+'  '+STR(@scor)
        FETCH NEXT FROM crs_order_users INTO @name, @score
      END
CLOSE crs_order_users
DEALLOCATE crs_order_users
GO
SELECT * FROM users
GO
```

执行结果如图 13-10 所示。

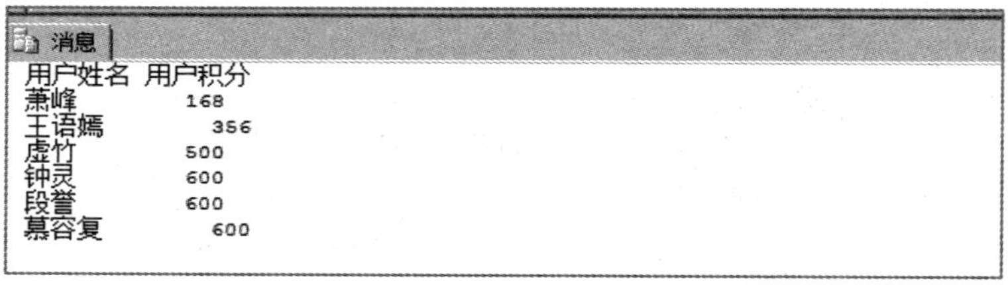

图 13-10　游标应用举例 6 执行结果

实 训 任 务

在学生选课系统的实训中，完成：

（1）创建一个游标，打开课程表，并查看表中的所有记录。

（2）创建一个游标，逐行显示课程信息，内容包括课程编号、课程名称、教师姓名、上课时间。要求显示格式如下：

课程编号	课程名称	教师姓名	上课时间
0001	计算机应用	王语嫣	周四晚上
课程编号	课程名称	教师姓名	上课时间
0002	微积分初步	段誉	周日晚上

本 章 小 结

（1）游标作为 SQL Server 的一种数据访问机制，允许用户访问单独的数据行，对每一行数据进行处理。对于游标的操作主要包括声明游标、打开游标、读取游标中的数据、关闭游标和释放游标。

（2）通过和其他 Transact-SQL 语句的配合，可以使用游标为变量赋值、修改、删除数据、确定输出数据的格式、划输出数据进行排序等。

思 考 与 练 习

13-1　谈谈你对游标的认识。

13-2　简述使用游标的步骤。

13-3　@@FETCH_STATUS 的作用是什么？

13-4　什么情况下需要使用游标？

第14章 事 务 和 锁

▲ **教学导航**

一、教师的教学

1. 知识重点

（1）事务的概念和属性。

（2）事务的分类和事务的隔离级别。

（3）对数据库中的数据进行并发操作时带来的问题。

（4）锁的分类和锁的实现。

2. 知识难点

事务和锁的关系。

二、学生的学习

1. 知识目标

（1）事务的概念和属性。

（2）使用事务的方法。

（3）锁的分类和锁的作用。

2. 技能目标

（1）事务的使用。

（2）通过封锁的方法对数据库中的数据进行并发操作时，避免带来脏读、幻象读、不可重复读和丢失更新等问题。

▲ **课程学习**

14.1 事 务 管 理

14.1.1 事务的基本概念

SQL Server 提供了约束、触发器、事务和锁等多种数据完整性的保证机制。事务管理主要是为了保证一批相关数据的操作能够全部完成；锁机制主要是对多个活动事务执行并发控制，使用锁机制可以解决数据库的并发问题。

事务是 SQL Server 的逻辑工作单元，它是用户定义的一个操作系列，这些操作或者都被执行，或者都不被执行。例如，王语嫣给段誉通过银行转账汇款 1000 元的流程是这样的：银行系统首先从王语嫣的账户上扣减 1000 元，再给段誉的账户上增加 1000 元，一个完整的转账流程顺利完成。如果银行系统在王语嫣的账户上扣减了 1000 元后，银行数据库服务器突然出现故障，没有给段誉的账户上增加 1000 元，这样就造成了数据的丢失。为了避免出现数据操作的错误，SQL Server 利用事务将该转账汇款任务组成一个逻辑工作单元，该单元中的所有任务作为一个整体，要么全部完成，要么全都失败。为保证数据库系统中数据的一致性，数据库系统将会自动生成一个检查点机制，这个检查点周期地检查事务日志。如果在事务日志中的事务全部完成，那么检查点将事务日志中的事务提交到数据库中，并且在事务日志中做一个检查点提交标识；如果在事务日志中的事务没有全部完成，那么检查点不会将事务日志中的事务提交到数据库中，并且在事务日志中做一个检查点未提交的标识。事务的恢复及检查点保证了数据库系统的完整性和可恢复性。

14.1.2　事务的属性

一个数据库系统的性能是通过它所提供的事务处理机制对 ACID 特性的支持程度来衡量的。ACID 是指四个相互独立的特性，即原子性、一致性、隔离性、持续性，SQL Server 的大部分架构是建立在这四个特性之上的。

（1）原子性（Atomicity）：事务必须是原子工作单元。在事务结束时，事务中的操作要么全都完成，要么全都不做。

（2）一致性（Consistency）：事务在完成时，必须使所有的数据都保持一致状态。在相关数据库中，所有规则都应用于事务的修改，以保持所有数据的完整状态。事务结束时，所有的内部数据结构都必须是正确的。

（3）隔离性（Isolation）：每个事务都必须与其他事务产生的结果隔离，不管是否有其他的事务正在执行，事务都必须执行使用它的开始运行的那一刻的数据集合执行。隔离性是两个事务之间的屏障，例如，假设王语嫣正在更新 100 行数据，当王语嫣的事务正在执行时，段誉如果要删除王语嫣所修改的数据中的一行，删除成功了，那么就说明王语嫣的事务和段誉的事务之间的隔离性不够。

（4）持续性（Durability）：不管系统是否发生故障，事务处理的结果是永久的。一旦事务被提交，它就一直处于已提交的状态。必须保证数据库产品，即使系统发生故障，它也能够将数据恢复到系统故障之前最后一个事务提交时的瞬间状态。

14.1.3　事务的操作

一、事务的分类

事务主要分为自动提交事务、隐式事务、显式事务和分布式事务四种类型。

（1）自动提交事务：实际上，SQL Server 中每条 Transact-SQL 语句都是一个事务，执行时要么成功完成，要么完全放弃。

（2）隐式事务：前一个事务完成时新事务隐式启动，每个事务仍以 COMMIT 或 ROLLBACK 语句显示结束。

通过 SET IMPLICIT_TRANSACTIONS 将连接设置为 ON，则为隐性事务模式；当设置为 OFF 时，则返回到自动提交事务模式。当连接为隐性事务模式且当前不在事务中时，可执行下列语句以启动事务：ALTER TABLE、FETCH、REVOKE、CREATE、GRANT、SELECT、DELETE、INSERT、TRUNCATE TABLE、DROP、OPEN、UPDATE。

（3）显式事务：每个事务均以 BEGIN TRANSACTION 语句显式开始，以 COMMIT 或

ROLLBACK 语句显式结束。

```
/* 开始事务 */
BEGIN TRANSACTION
    Transact-SQL 语句
/* 回滚事务，即所有从 BEGIN TRANSACTION 开始的 Transact-SQL 语句无效 */
ROLLBACK TRANSACTION
    Transact-SQL 语句
/* 结束事务 */
COMMIT TRANSACTION
    Transact-SQL 语句
```

（4）分布式事务：跨越多个服务器的事务。

二、事务的管理语句

SQL Server 中常用的事务管理语句包含如下几条。

（1）BEGIN TRANSACTION：建立一个事务，标记一个显式事务的开始。

```
BEGIN TRANSACTION [ transaction_name ]
```

（2）COMMIT TRANSACTION：提交事务，标识一个事务的结束。

```
COMMIT TRANSACTION [ transaction_name ]
```

提　示

BEGIN TRANSACTION 语句和 COMMIT TRANSACTION 语句同时使用，分别用来标识事务的开始和结束。因为数据已经永久修改，所以执行 COMMIT TRANSACTION 语句后不能回滚事务。

（3）ROLLBACK TRANSACTION：事务失败时执行回滚事务，将显式事务或隐式事务回滚到事务的起点或事务内的某个保存点。

```
ROLLBACK TRANSACTION [ transaction_name ]
```

（4）SAVE TRANSACTION：保存事务。

三、建立事务应遵循的原则

（1）事务中不能包含以下语句：ALTER DATABASE、DROP DATABASE、CREATE DATABASE、RESTORE DATABASE、LOAD DATABASE、DUMP TRANSACTION、LOAD TRANSACTION。

（2）当调用远程服务器上的存储过程时，不能使用 ROLLBACK TRANSACTION 语句，不可执行回滚操作。

（3）SQL Server 不允许在事务内使用存储过程建立临时表。

14.1.4　事务的隔离级别

事务具有隔离性。在同一时间可以有很多事务正在处理数据，但是每个数据在同一时刻只能有一个事务进行操作。如果将数据锁定，使用数据的事务就必须排队等候，这样就可以防止多个事务相互影响。如果有几个事务因为锁定了自己的数据，同时又在等待其他事务释放数据，则造成死锁。

为了提高数据的并发使用效率，可以为事务在读取数据时设置隔离状态。SQL Server 中事务的隔离状态由低到高分为五个级别：

（1）未提交读（READ UNCOMMITTED）级别：该级别不隔离数据，即使事务正在使用数据，其他事务也能同时修改或删除该数据。在该级别运行的事务，不会发出共享锁来防止其他事务修改当前事务读取的数据。

（2）提交读（READ COMMITTED）级别：指定语句不能读取已由其他事务修改但尚未提交的数据。这样可以避免脏读。其他事务可以在当前事务的各个语句之间更改数据，从而产生不可重复读和幻象读。在 READ COMMITTED 事务中读取的数据随时都可能被修改，但已经修改过的数据，事务会一直锁定直到事务结束为止。该选项是 SQL Server 的默认设置。

（3）可重复读（REPEATABLE READ）级别：指定语句不能读取已由其他事务修改但尚未提交的数据，并且指定其他任何事务都不能在当前事务完成之前修改由当前事务读取的数据。该事务中的每个语句所读取的全部数据都设置了共享锁，并且该共享锁一直保持到事务完成为止，这样可以防止其他事务修改当前事务读取的任何行。

（4）快照（SNAPSHOT）级别：指定事务中任何语句读取的数据都将是在事务开始时便存在的数据。事务只能识别在其开始之前所提交的数据修改。在当前事务中执行的语句将看不到在当前事务开始后由其他事务所做的数据修改。

（5）序列化（SERIALIZABLE）级别：将事务所要用到的数据全部锁定，不允许其他事务添加、修改后删除数据。使用该等级的事务并发性最低，因为要读取同一数据的事务必须排队等待。

14.2　事务的应用案例

【例 14-1】事务综合练习。

假定 pub_house 表中最多只能插入 10 条出版社记录，如果表中插入出版社的个数大于 10 个，即插入失败，操作过程如下。

（1）为了对比执行前后的结果，先查看 pub_house 表中当前的记录。

```
/* 执行查询语句 */
USE sst
GO
SELECT * FROM pub_house
GO
```

执行结果如图 14-1 所示，当前表中有 9 条记录。

（2）使用事务。

```
USE sst
GO
/* 定义事务开始 */
BEGIN TRANSACTION
    INSERT INTO pub_house VALUES ('010','中国电力出版社','北京市西城区三里河路6号',
'http://www.cepp.sgcc.com.cn',' 010-68358031', '100000')
    INSERT INTO pub_house VALUES ('012','中央广播电视大学出版社','北京市海淀区西四
环中路45号', 'www.crtvup.com.cn','010-68182524', '100039')
```

```
DECLARE @pubhouse_count int
SELECT @ pubhouse_count=(SELECT COUNT(*) FROM pub_house)
IF @pubhouse_count >8
   BEGIN
      /* 插入失败，撤销所有操作 */
      ROLLBACK TRANSACTION
      PRINT '插入出版社太多，插入失败！'
   END
ELSE
   BEGIN
      /* 提交事务 */
      COMMIT TRANSACTION
      PRINT '插入成功！'
   END
GO
```

图 14-1　执行事务前 pub_house 表中的记录

　　执行结果如图 14-2 所示，pub_house 表中原来有 9 条记录，插入 2 条记录之后，总的出版社数为 11 条，大于约定的个数上限，所以插入操作失败，事务回滚了所有的操作。

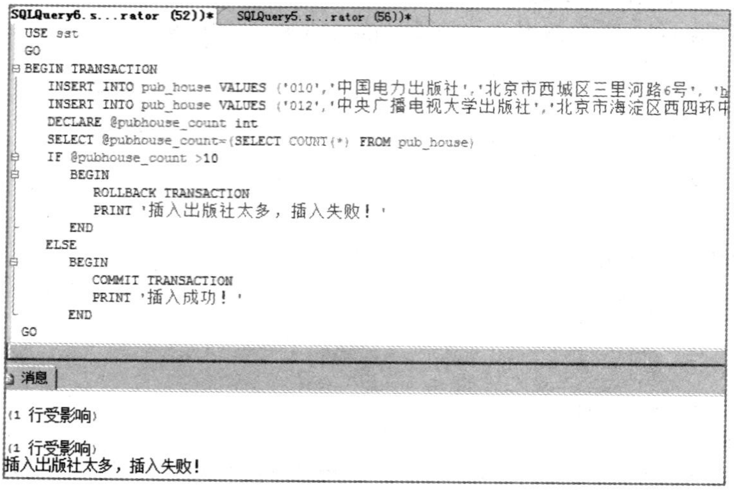

图 14-2　使用事务执行结果

（3）查询 pub_house 表中的记录，验证事务执行结果。

```
/* 验证执行结果 */
USE sst
GO
SELECT * FROM pub_house       .
GO
```

执行结果如图 14-3 所示，执行事务前后表中内容没有变化，因为事务撤销了对表的插入操作。

	pub_house_id	pub_house_name	pub_house_address	pub_homepag
1	001	高等教育出版社	北京市西城区德外大街4号	http://www.h
2	002	西安交通大学出版社	西安市兴庆南路10号	http://www.xj
3	003	清华大学出版社	北京清华大学学研大厦A座	http://www.tu
4	004	航空工业出版社	北京市安定门外小关东里14号	http://www.h
5	005	机械工业出版社	北京市百万庄大街22号	http://www.h
6	006	中国少年儿童出版社	北京市东四十二条21号	http://www.c
7	007	生活·读书·新知三联书店	北京市东城区美术馆22号	http://www.s
8	008	黑龙江科学技术出版社	哈尔滨市南岗区建设街41号	http://www.s
9	009	北京大学出版社	北京市海淀区成府路205号	http://www.p

图 14-3　执行事务后 pub_house 表中的记录

14.3　锁

SQL Server 支持多用户共享同一个数据库。当多个用户对同一个数据库进行修改时，会产生并发问题，此时就可以使用锁，保证数据的完整性和一致性。对于一般的用户，通过系统的自动锁管理机制就基本可以满足使用要求。如果对数据安全、数据完整性和一致性有特殊要求，则需要亲自控制数据库的锁和解锁。

14.3.1　锁的概述

由于数据库系统是一个多用户、多进程、多线程的并发系统，对数据库中的数据进行并发操作时，会带来脏读、幻象读、不可重复读和丢失更新等问题。锁是在一段时间内禁止用户进行某些操作，以避免产生数据不一致的现象。并发控制的主要方法就是封锁。

一、丢失更新

一个事务更新数据库之后，另外一个事务再次对数据库进行更新，此时系统只能保留最后一个数据的修改。例如，事务 A 和事务 B 都读取 pub_house 数据表中 pub_house_id 为 006 的记录，该记录的 pub_phone 列的值 010-6403××××。如果事务 A 先将 pub_phone 列值改为 010-6400××××，而后事务 B 将 pub_phone 列值改为 010-6403××××，则 pub_phone 列的最后值为 010-6403××××，从而导致事务 A 的修改丢失。

二、脏读

一个事务读到另外一个事务还没有提交的数据，称为脏读。例如，事务 A 将 pub_house 数据表中 pub_house_id 为 006 记录的 pub_phone 列值修改为 010-6400××××，还未提交确认，这时事务 B 读取了 pub_phone 的列值 010-6400××××。紧接着，事务 A 撤销了对

pub_phone 列值的修改，从而导致事务 B 已把脏数据 010-6400××××读走了，此时得到的数据与数据库内的数据不一致。

三、不可重复读

一个事务先后读取同一条记录，两次读取的数据不同，则称为不可重复读。例如，事务 B 读取 pub_house 数据表中 pub_house_id 为 006 的记录，该记录的 pub_phone 列的值为 010-6403××××。如果事务 A 将 pub_phone 的列值改为 010-6400××××，并且确认提交，而事务 B 再次读取 pub_phone 的列值将变为 010-6400××××。

四、幻象读

一个事务先后读取同一个范围的记录，两次读取的记录数不同，称为幻象读。例如，事务 A 对 pub_house 数据表进行了两次查询。两次查询的间隔中，事务 B 对 pub_house 数据表进行了插入或删除操作，导致事务 A 第二次查询的结果中包含了第一次查询中未出现的数据或者缺少了第一次查询中出现的数据。

14.3.2　锁的分类

锁的类别有两种分法。

（1）从数据库系统的角度来分，可以分为独占锁（排他锁）、共享锁和更新锁。

1）共享锁：用于不更改或不更新数据的操作（只读操作），如 SELECT 语句。共享锁允许并发事务读取 (SELECT) 一个资源。资源上存在共享锁时，任何其他事务都不能修改数据，除非将事务隔离级别设置为可重复读或更高级别，或者在事务生存周期内用锁定提示保留共享锁。一旦已经读取数据，便立即释放资源上的共享锁。

2）更新锁：用于可更新的资源中。一般情况下，更新锁由一个事务组成。当该事务准备更新数据时，首先对数据库对象用更新锁锁定，这样数据将可以读取而不能被修改，等到该事务确定要进行更新数据操作时，系统会自动将更新锁换为独占锁。数据库对象上有其他的锁存在时则对其加更新锁。

更新锁可以防止通常形式的死锁。如果两个事务获得了资源上的共享锁，然后试图同时更新数据，则一个事务尝试将锁转换为排它锁。由于一个事务的排它锁与其他事务的共享锁不兼容而发生锁等待，所以共享锁转换到排它锁时必须等待一段时间。如果第二个事务也试图获取排他锁以进行更新，则由于两个事务都要转换为排他锁，并且每个事务都等待另一个事务释放共享锁，因此发生死锁。若要避免这种潜在的死锁问题，就使用更新锁。一次只有一个事务可以获得资源的更新锁。如果事务修改资源，则更新锁转换为排他锁。否则，转换为共享锁。

3）独占锁：用于数据修改操作，例如 INSERT、UPDATE 或 DELETE，只允许进行锁定操作的程序使用，从而确保不会同时对同一资源进行多重更新。独占锁可以防止并发事务对资源的访问。其他事务不能读取或修改独占锁锁定的数据。执行数据更新命令时，SQL Server 会自动使用独占锁。当数据库对象上有其他的锁存在时，SQL Server 无法对其加独占锁。

（2）从程序员的角度来分，可分为乐观锁和悲观锁。

1）乐观锁：完全依靠数据库来管理锁的工作。

2）悲观锁：程序员自己管理数据或对象上的锁处理。

14.3.3　查看锁的信息

（1）使用系统存储过程 EXEC SP_LOCK 查看 SQL Server 中当前所有锁的信息。

（2）在查询分析器中按 **Ctrl+2** 可以查看锁的信息。

14.3.4　锁的应用案例

加锁后其他用户不能对加锁的对象进行操作，直到加锁用户用 **commit** 或 **rollback** 解锁。

一、锁定行

```
USE sst
GO
SET TRANSACTION ISOLATION LEVEL READ UNCOMMITTED
SELECT * FROM users ROWLOCK WHERE user_id ='wangyy0823'
```

二、锁定数据表

```
USE sst
GO
SELECT * FROM users TABLELOCKX   --其他事务不能读取、更新和删除表
或
SELECT * FROM users  WITH (HOLDLOCK )    --其他事务可以读取表，但不能更新和删除表
```

【例 **14-2**】锁的综合练习。

```
/* 创建用于测试锁的数据表 */
USE sst
GO
CREATE TABLE ceshi1
(   A 列 char(4) NOT NULL,
    B 列 char(4) NOT NULL,
    C 列 char(4) NOT NULL  )
GO
INSERT ceshi1 VALUES('a1','b1','c1'),('a2','b2','c2'),('a3','b3','c3')
SELECT * FROM ceshi1
GO
```

执行结果如图 **14-4** 所示。

	A列	B列	C列
1	a1	b1	c1
2	a2	b2	c2
3	a3	b3	c3

图 14-4　用于测试锁的数据表

```
/* 新建两个连接用于测试独占锁。在第一个连接中执行以下语句 */
USE sst
GO
BEGIN TRANSACTION
UPDATE ceshi1 SET A 列='aa' WHERE B 列='b2'
WAITFOR DELAY '00:00:30'  --等待 30s
COMMIT TRANSACTION
/* 在第二个连接中执行以下语句 */
BEGIN TRANSACTION
SELECT * FROM ceshi1
WHERE B 列='b2'
```

```
COMMIT TRANSACTION
```

执行结果如图 14-5 所示，若同时执行上述两个语句，则 SELECT 查询必须等待 UPDATE 执行完毕才能执行，即要等待 30s。

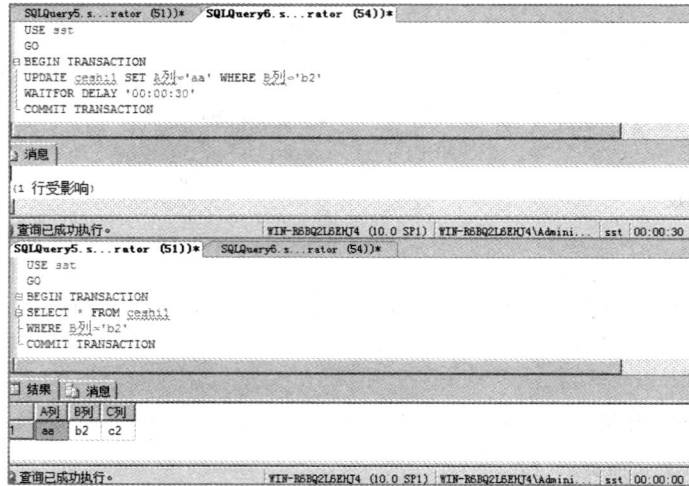

图 14-5　独占锁测试

```
/* 新建两个连接用于测试共享锁。在第一个连接中执行以下语句 */
USE sst
GO
BEGIN TRANSACTION
SELECT * FROM ceshi1 WITH ( HOLDLOCK )
WHERE B列='b2'
WAITFOR DELAY '00:00:30'  --等待 30 秒
COMMIT TRANSACTION
/* 在第二个连接中执行以下语句 */
BEGIN TRANSACTION
SELECT A列,C列 FROM ceshi1 WHERE B列='b2'
UPDATE ceshi1 SET A列='aa' WHERE B列='b2'
COMMIT TRANSACTION
```

执行结果如图 14-6 所示，若同时执行上述两个语句，则第二个连接中的 SELECT 查询可以执行，而 UPDATE 必须等待第一个事务释放共享锁转为独占锁后才能执行，即要等待 30s。

```
/* 测试死锁 */
USE sst
GO
CREATE TABLE ceshi2
( D列 char(4) NOT NULL,
  E列 char(4) NOT NULL  )
GO
INSERT ceshi2 VALUES('d1','e1'),('d2','e2')
SELECT * FROM ceshi2
GO
/* 新建两个连接用于测试死锁。在第一个连接中执行以下语句 */
```

```
USE sst
GO
BEGIN TRANSACTION
UPDATE ceshi1 SET A列='aa' WHERE B列='b2'
WAITFOR DELAY '00:00:30'  --等待30s
UPDATE ceshi2 SET D列='d5' WHERE E列='e1'
COMMIT TRANSACTION
/* 在第二个连接中执行以下语句 */
BEGIN TRANSACTION
UPDATE ceshi2 SET D列='d5' WHERE E列='e1'
WAITFOR DELAY '00:00:10'  --等待10s
UPDATE ceshi1 SET A列='aa' WHERE B列='b2'
COMMIT TRANSACTION
```

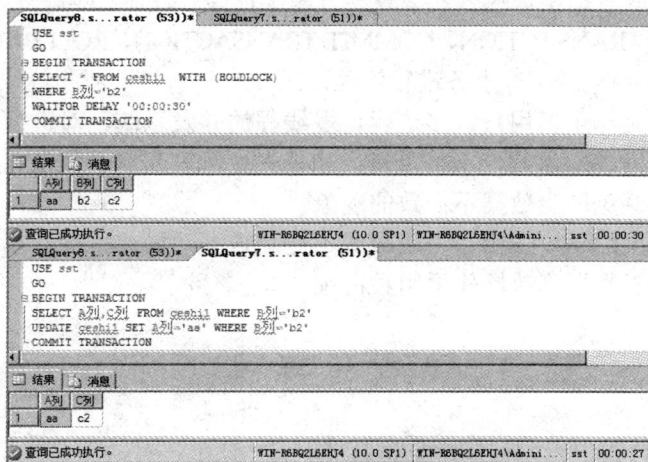

图 14-6　共享锁测试

执行结果如图 14-7 所示，若上述两个语句同时执行，则系统会检测出死锁，并中止进程。

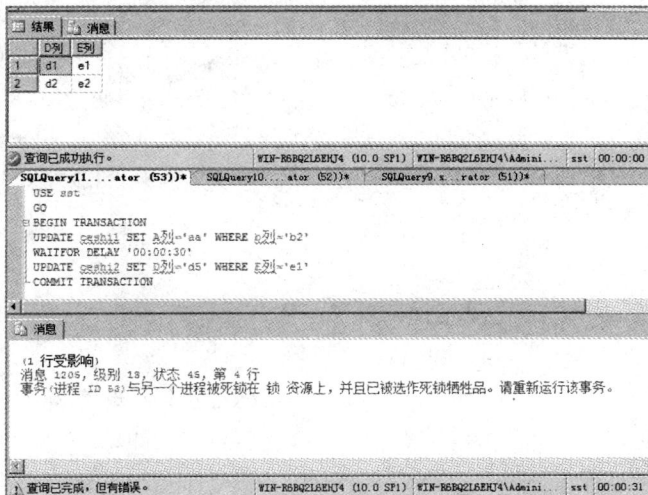

图 14-7　死锁测试

实 训 任 务

在学生选课系统的实训中，完成：

（1）创建一个事务，用于实现学生选修课程门数超过 3 门，则报名无效，否则成功提交。

（2）编一个程序段，用于测试独占锁、共享锁和死锁。

本 章 小 结

（1）事务是 SQL Server 数据完整性保证机制之一，它是用户定义的一个操作系列，这些操作或者都被执行，或者都不被执行。事务具有原了性、一致性、隔离性、持续性四个属性。

（2）使用 BEGIN TRANSACTION、COMMIT TRANSACTION、ROLLBACK TRANSACTION 和 SAVE TRANSACTION 语句对事务进行管理。

（3）数据库系统是一个多用户、多进程、多线程的并发系统，对数据库中的数据进行并发操作时，会带来脏读、幻象读、不可重复读和丢失更新等问题。锁是在一段时间内禁止用户进行某些操作，以避免产生数据不一致的现象。

（4）从数据库系统的角度，用于不更改或不更新数据的操作采用共享锁；用于可更新的资源采用更新锁；用于数据修改操作采用独占锁。

思 考 与 练 习

14-1   什么是事务？事务的四个属性是什么？

14-2   什么情况下需要使用事务？

14-3   为什么会产生死锁？发生死锁时，数据库引擎如何处理？

14-4   事务和锁的关系和区别分别是什么？

第15章　SQL Server 安全管理

▲ 教学导航

一、教师的教学

1. 知识重点

（1）安全机制的五个层级。

（2）创建和管理验证模式。

（3）创建和管理登录账户。

（4）创建和管理数据库用户。

（5）创建和管理角色。

（6）管理权限。使用 Transact-SQL 语句管理权限。

2. 知识难点

根据实际情况在服务器级、数据库级和数据库对象级上实施安全性的管理。

二、学生的学习

1. 知识目标

（1）安全机制的五个层级。

（2）登录账户、架构、用户、角色和权限等基本安全术语。

（3）验证模式的概念。

（4）登录账户、数据库用户、角色的概念。

（5）Transact-SQL 中管理权限的相关语句。

2. 技能目标

（1）创建和管理验证模式。

（2）创建和管理登录账户。

（3）创建和管理数据库用户。

（4）创建和管理角色。

（5）使用 Transact-SQL 语句管理权限。

▲ 课程学习

　　数据库的安全机制是数据库应用系统的不同层次所提供的不同安全防范。根据具体情况确定在服务器级、数据库级以及数据库对象级上实施不同程度的安全性管理。

SQL Server 2008 安全管理的内容包括身份验证、权限管理、数据加密及密钥管理、用户与架构、基于策略的管理和审核。本章只介绍 SQL Server 常规的身份验证、各类用户管理和权限管理。

15.1　SQL Server 安全管理概述

15.1.1　SQL Server 安全机制简介

SQL Server 安全体系结构从顺序上分为认证和授权两个部分，其安全机制分为五个层级：客户机安全机制、网络传输的安全机制、实例级别安全机制、数据库级别安全机制、对象级别安全机制。所有层级之间的相互联系，即用户只有通过了高一层级的安全验证，才能继续访问数据库中低一层级的内容。

一、客户机安全机制

客户机操作系统的安全性直接影响 SQL Server 的安全性。由于 SQL Server 采用了集成 Windows NT 网络安全性机制，提高了操作系统的安全性，但同时也加大了管理数据库系统安全性的难度。

二、网络传输的安全机制

SQL Server 对关键数据进行加密，这样，即使攻击者通过了防火墙和服务器上操作系统的安全检测，登录了数据库服务器，也必须对数据进行破解。

三、实例级别安全机制

SQL Server 2008 实例级别安全机制是建立在控制服务器的登录账户上。SQL Server 2008 采用了标准 SQL Server 登录和集成 Windows 登录方式。无论采用哪种登录方式，用户在登录时提供的登录账户决定了能否获得 SQL Server 的访问权，以及获得访问权以后在访问 SQL Server 进程时可以拥有的权限。因此，管理和设计合理的登录方式是数据库管理员的重要任务，也是 SQL Server 安全体系中的重要组成部分。

提　示

SQL Server 设置了固定服务器角色为具有服务器管理员资格的用户分配使用权限。

四、数据库级别安全机制

在建立用户的登录账号信息时，SQL Server 会提示用户选择默认的数据库，并分配权限给用户。以后每次登录都将自动转到默认数据库。如果在设置登录账户时没有指定默认数据库，则用户的权限将局限在 master 数据库内。

提　示

SQL Server 在实例级别和数据库级别上都设置了角色。SQL Server 允许用户在数据库级别上建立新的角色并为角色赋予权限，然后通过角色将权限赋予 SQL Server 用户。SQL Server 不允许用户建立实例级别的角色。

五、对象级别安全机制

数据库对象的安全性检查是数据库管理系统的最后一个安全等级。创建数据库对象时，

SQL Server 自动将该对象的用户权限赋予了该对象的所有者，并由它来实现该对象的安全控制。

📚 提　示

一般来说，为了减少管理的开销，在对象级别的安全管理上，应该授予数据库用户较大范围的访问权限，再根据实际要求来限制或拒绝某些用户拥有指定的权限。

SQL Server 安全机制的层级对用户权限的划分并不是孤立的，相邻层级之间通过账号建立关联。为此，用户访问数据库中的数据需要经过三个认证过程，如图 15-1 所示。

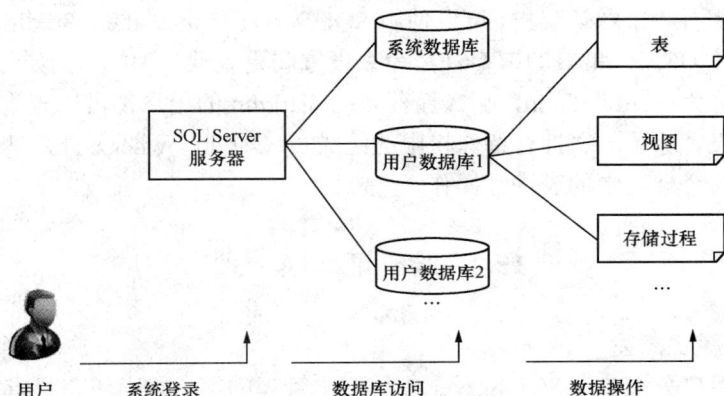

图 15-1　认证过程

（1）用户登录 SQL Server 实例时需先进行身份验证，被确认合法后才能登录到 SQL Server 实例。

（2）用户在要访问的数据库里必须有一个账号。SQL Server 实例将登录映射到数据库的用户账号上，在这个账号上定义了用户对数据库管理和数据库访问的安全策略。

（3）检查用户是否具有访问数据库对象和执行操作的权限。只有经过许可权限的验证，才能实现对数据的操作。

15.1.2　数据库权限分类

通常情况下，数据库权限分成两大类：

（1）维护数据库管理系统的权限。

（2）操纵数据库对象和数据的权限，包括：

1）创建、修改和删除数据库对象的权限，如创建表、创建视图和创建存储过程的权限。

2）对数据库中的数据进行操作的权限，如对表或视图中数据的插入、更新、删除和查询操作，对存储过程的执行权等。

15.1.3　用户的分类

数据库中的用户按照其操作权限的大小可以分成三类，依次是数据库系统管理员、数据库对象拥有者和一般用户。

（1）数据库系统管理员负责整个系统的管理，具有数据库系统的全部权限。一般数据库管理系统安装时都有一个默认的数据库系统管理员用户（SQL Server 中称为 sa）。

（2）数据库对象拥有者是可以在数据库中建立数据库对象的用户，负责对自己所建立对象的管理。数据库对象拥有者一般由数据库系统管理员授权。

（3）一般用户只具有添加、更新、删除和查询数据库数据的权限，这些操作数据的权限需要由数据库系统管理员或数据库对象拥有者授权。

15.1.4　架构

架构是一个将数据库中一组不同的对象，如表、视图等逻辑地组织在一起的逻辑结构。架构是存放数据库对象的容器，用于在数据库内定义对象的命名空间。

一个数据库可以包含多个架构，每个架构都有一个拥有者（数据库用户或角色），每个数据库用户或角色都有一个默认架构，可以使用 SQL Server Management Studio 或 Transact-SQL 语句中的 CREATE USER 和 ALTER USER 命令设置和更改默认架构。例如：创建一个表，给它指定的架构名称为 db_ddladmin，那么拥有 db_ddladmin 的用户都可以查询、修改和删除属于这个架构中的表。除了一些拥有特殊权限的组成员（如 db_owner）外，其他不拥有这个架构的用户不能对这个架构中的表进行操作。

15.2　验　证　模　式

15.2.1　验证模式概述

验证模式即用户登录，是 SQL Server 实施安全管理的第一步。用户只有登录到服务器之后才能对 SQL Server 数据库系统进行管理。

SQL Server 有两种用户类型，即来源于 Windows 的用户或组的 Windows 授权用户，以及来源于非 Windows 用户的 SQL 授权用户。SQL Server 的两种验证模式为 Windows 身份验证模式和混合模式。

（1）Windows 身份验证模式：一般情况下，SQL Server 数据库系统都是运行在 Windows 服务器上。Windows 验证模式利用了操作系统用户安全性和账号管理机制，允许 SQL Server 使用 Windows 的用户名和密码。只要通过了 Windows 的验证，就可以连接到 SQL Server 服务器。SQL Server 2008 默认使用 Windows 身份验证模式，即本地账号登录。

（2）混合模式：允许用户使用 Windows 操作系统的身份验证或 SQL Server 的身份验证。如果用户使用 TCP/IP Sockets 进行登录验证，则使用 SQL Server 的身份验证；如果用户使用命名管道，则使用 Windows 操作系统的身份验证。在 SQL Server 身份验证模式下，用户的登录账户信息保存在数据库中的 syslogins 系统表中，与 Windows 的登录账户无关。

15.2.2　设置验证模式

SQL Server 两种验证模式不同，用户可以根据不同用户的实际情况进行选择。具体操作步骤如下：

（1）启动 SQL Server Management Studio，在"对象资源管理器"窗口右键单击服务器名称，在弹出的快捷菜单中选择"属性"菜单命令，打开"服务器属性"窗口。

（2）在"服务器属性"窗口，如图 15-2 所示，选择"安全性"选项卡。在该窗口中，系统提供了设置身份验证的模式，根据实际需要选择其中的一种模式，单击"确定"按钮，重新启动 SQL Server 服务，则完成身份验证模式的设置。

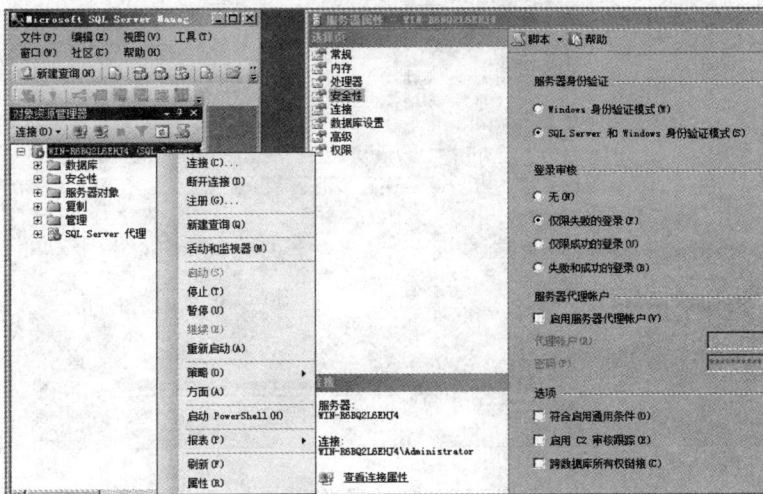

图 15-2　"服务器属性"窗口

15.3　管 理 登 录 账 户

登录账户就是控制访问 SQL Server 服务器的账户。只有先指定一个有效的登录账户，用户才能连接到 SQL Server。

在 SQL Server 2008 中有两类登录账户：一类是 SQL Server 负责身份验证的登录账户；另一类是登录到 SQL Server 的 Windows 账户。安装完 SQL Server 2008 之后，系统会自动创建一些登录账户，这些账户称为系统内置登录账户。数据库系统管理员也可以根据需要创建登录账户。

15.3.1　创建 SQL Server 登录账户

用户必须有合法的登录名才能建立连接并获得对 SQL Server 的访问权限。创建 SQL Server 登录账户的具体步骤如下：

（1）进入 SQL Server Management Studio，在"对象资源管理器"中展开"安全性"节点，右键单击"登录名"节点，在弹出的快捷菜单中选择"新建登录名"菜单命令，打开"登录名-新建"窗口，单击"常规"选项卡，如图 15-3 所示，选择"SQL Server 身份验证"单选按钮，输入登录名和密码，取消"强制实施密码策略"复选框，并选择新账户的默认数据库。

（2）单击"服务器角色"选项卡，如图 15-4 所示，为该登录账户确定相应的服务器角色成员身份。默认选择 public 服务器角色成员身份，表示拥有最小权限。

（3）单击"用户映射"选项卡，如图 15-5 所示，启用默认数据库，系统会自动创建与登录名同名的数据库用户，并进行映射。同时选择该登录账户的数据库角色，为登录账户设置权限。默认选择 public 数据库角色成员身份，表示拥有最小权限。

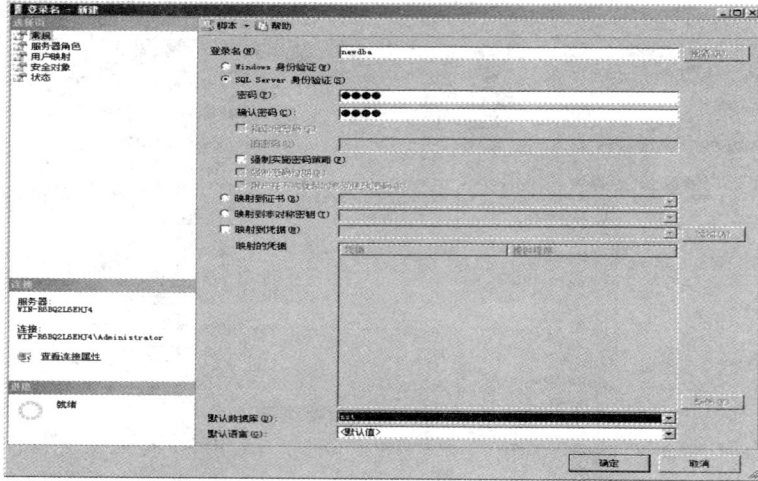

图 15-3 "常规"选项卡

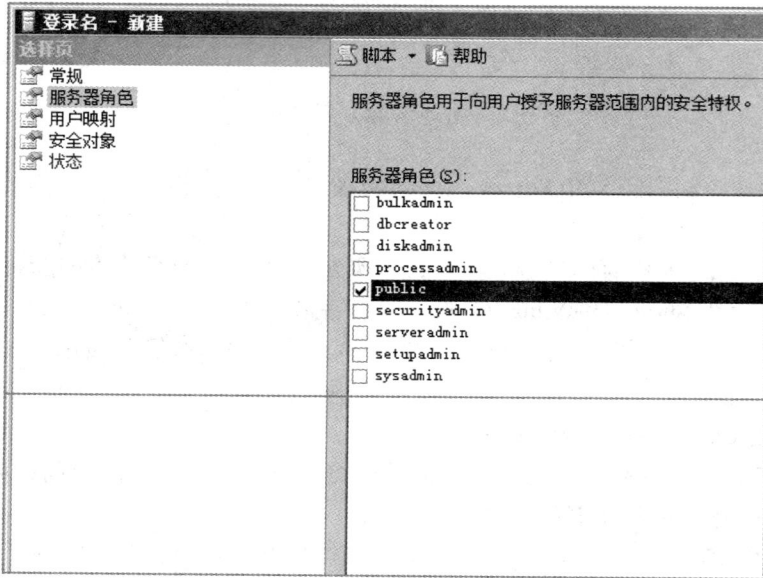

图 15-4 "服务器角色"选项卡

（4）单击"状态"选项卡，将"是否允许连接到数据库引擎"设置为"授予"，将"登录"设置为"启用"，如图 15-6 所示。

（5）单击"确定"按钮，完成 SQL Server 登录账户的创建，如图 15-7 所示。

（6）连接数据库引擎。单击"对象资源管理器"窗口中工具栏上的 连接(O)▾ 按钮，在下拉菜单中选择"数据库引擎"命令，弹出"连接到服务器"窗口，如图 15-8 所示，在"身份验证"下拉列表框中选择"SQL Server 身份验证"，在"登录名"下拉列表框中输入新创建的用户名，在"密码"文本框中输入密码。

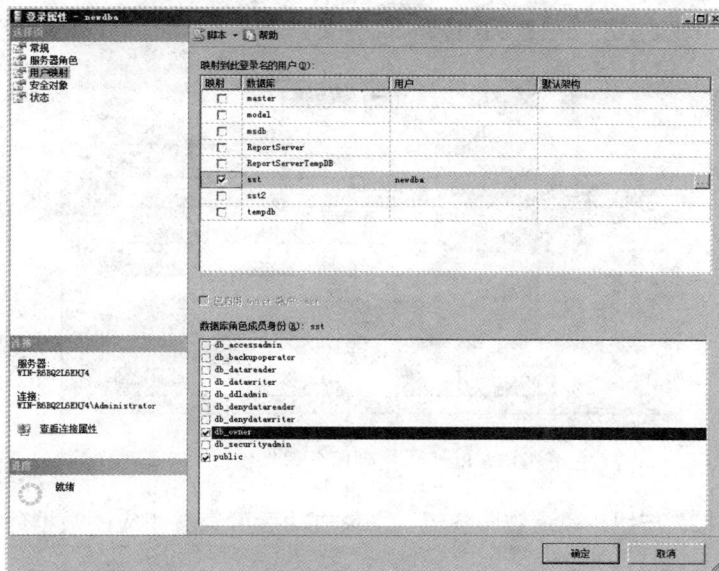

图 15-5　"用户映射"选项卡

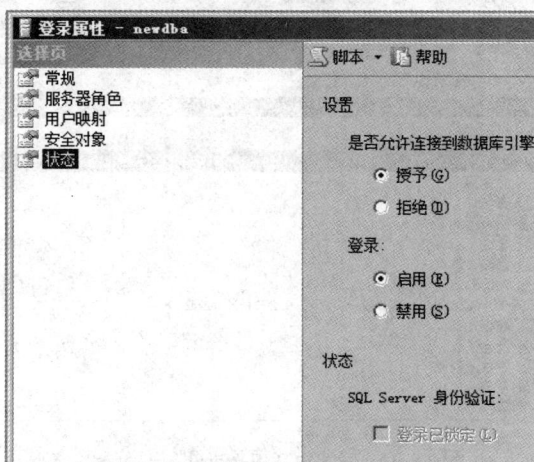

图 15-6　"登录属性"窗口

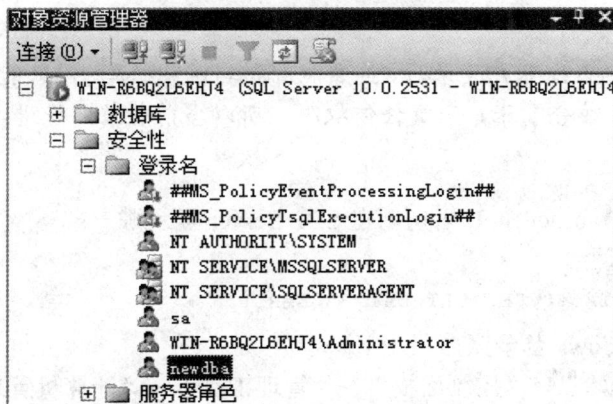

图 15-7　创建登录账户 newdba

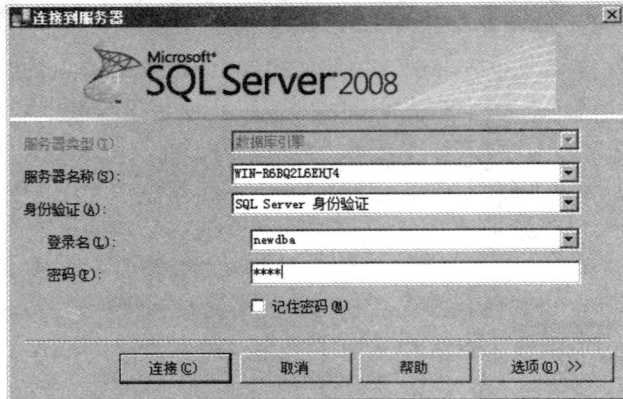

图 15-8　"连接到服务器"窗口

（7）单击"连接"按钮，登录到服务器。登录成功后可查看相应的数据库对象，如图 15-9 所示。

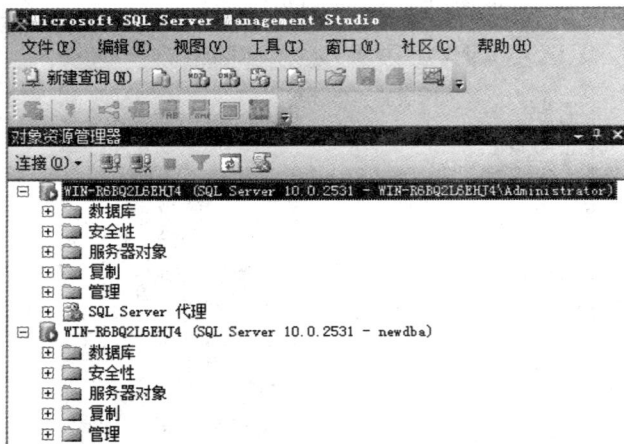

图 15-9　使用 SQL Server 账户登录

> **提 示**
>
> 　　使用新建的 SQL Server 账户登录后，虽然能看到其他数据库，但只能访问指定的数据库。另外，因为系统没有给该登录账户配置任何权限，所以当前登录只能进入指定的数据库，不能执行其他操作。

（8）也可以使用 Transact-SQL 语句创建 SQL Server 登录账户：

```
CREATE LOGIN  newdba
WITH PASSWORD='1234',DEFAULT_DATABASE=sst2
```

15.3.2　创建 Windows 登录账户

（1）依次执行"开始"→"控制面板"→"管理工具"→"计算机管理"选项，打开"计算机管理"窗口，如图 15-10 所示，依次展开"系统工具"→"本地用户和组"，右键单击"用

户"节点,在弹出的快捷菜单中选择"新用户"菜单命令,打
开"新用户"窗口。

(2)"新用户"窗口,如图 15-11 所示,输入用户名和密码,
勾选"密码永不过期"复选框,单击"创建"按钮,完成新用
户的创建。

(3)新用户创建完成后,接着创建映射到这些账户的
Windows 登 录 。 登 录 SQL Server,进 入 SQL Server
Management Studio,在"对象资源管理器"中展开"安全性"
节点,右键单击"登录名"节点,在弹出的快捷菜单中选择
"新建登录名"菜单命令,打开"登录名-新建"窗口,单击
"登录名"文本框右边的"搜索"按钮,弹出"选择用户或
组"窗口。

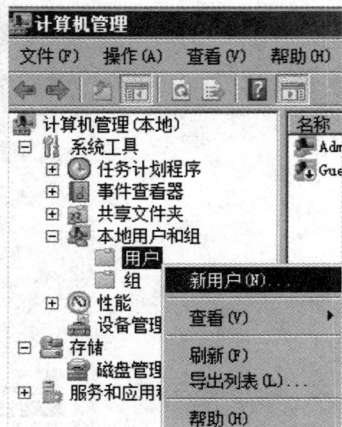

图 15-10 "计算机管理"窗口

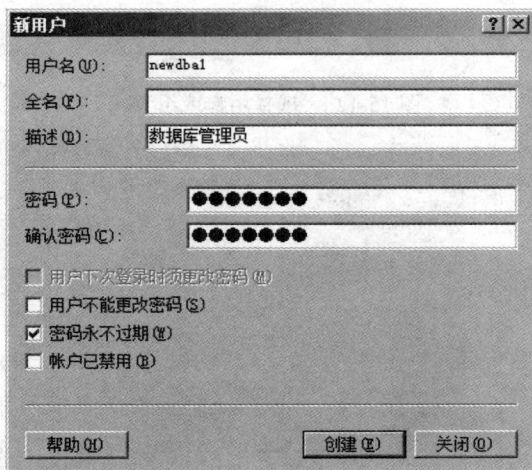

图 15-11 "新用户"窗口

(4)在"选择用户或组"窗口中,如图 15-12 所示,依次单击窗口中的"高级"→"立
即查找"按钮,将弹出"搜索结果"列表。从"搜索结果"列表中选择刚才创建的新用户。

(5)双击新建的用户名,返回"选择用户或组"窗口,新用户名已经列在"输入要选择
的对象名称"下面的文本框中。单击"确定"按钮,返回"登录名-新建"窗口,如图 15-13
所示,选择"Windows 身份验证"单选按钮,同时在"默认数据库"下拉列表框中选择 master
数据库。

(6)单击"确定"按钮,完成 Windows 身份验证账户的创建,如图 15-14 所示。

(7)也可以使用 Transact-SQL 语句创建 SQL Server 登录账户:

```
CREATE LOGIN [*g*2001\newdba2]FROM WINDOWS
WITH DEFAULT_DATABASE=master
```

15.3.3 删除登录账户

在"对象资源管理器"中依次展开"安全性"→"登录名"节点,右键单击需要删除的
登录账户,在弹出的快捷菜单中选择"删除"菜单命令,如图 15-15 所示。

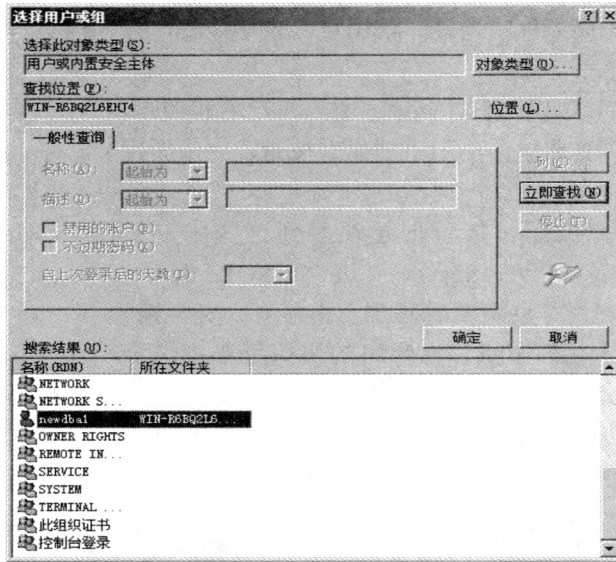

图 15-12 "选择用户或组"

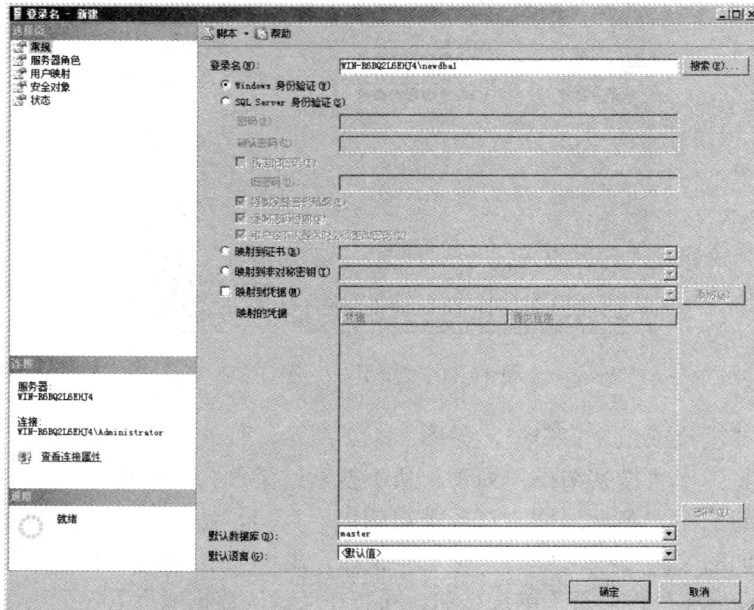

图 15-13 新建 Windows 登录

15.3.4 特殊账户 sa

SQL Server 完成安装后，SQL Server 建立了一个特殊账户 sa。sa 账户拥有服务器和所有的系统数据库，包括所有由 SQL Server 账户创建的数据库，可以执行服务器范围内的所有操作。

图 15-14 创建 Windows 身份验证账户

图 15-15 删除登录账户

15.4 管 理 数 据 库 用 户

用户拥有了登录账户后，如果要访问某个数据库，必须在该数据库下建立与登录账户相对应的数据库用户。

（1）数据库用户要在特定的数据库内创建，并关联一个登录账户。

（2）可以为一个登录账户在多个用户数据库下建立对应的数据库用户。

（3）一个登录账户在一个用户数据库下只能对应一个数据库用户。

15.4.1 创建数据库用户

使用 SQL Server Management Studio 创建数据库用户的方法有两种：①在创建登录账户时同时指定该账户作为数据库用户的身份。例如，在图 15-5 所示的"用户映射"选项卡中，在"映射到此登录名的用户"复选框中指定要访问的数据库，则登录 SQL Server 服务器的用户同时也成为指定数据库的用户。默认情况下，登录名和数据库用户名相同。②单独创建数据库用户，这种方法适用于在创建登录账户时没有创建数据库用户的情况。具体操作步骤如下：

（1）进入 SQL Server Management Studio，在"对象资源管理器"中依次展开"数据库"→需要创建数据库用户的 sst 数据库→"安全性"节点，右键单击"用户"节点，在弹出的快捷菜单中选择"新建用户"菜单命令，打开"数据库用户-新建"窗口。

（2）在"数据库用户-新建"窗口中（见图 15-16），输入数据库用户名和登录名。

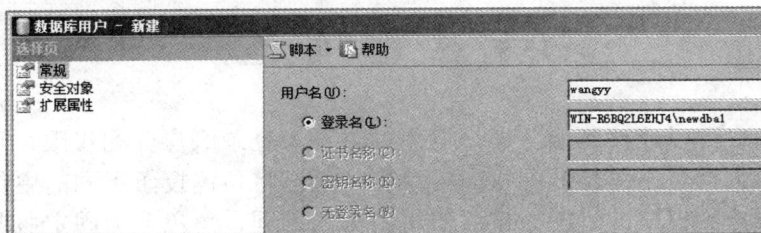

图 15-16 "数据库用户-新建"窗口

（3）单击"确定"按钮，完成数据库用户 wangyy 的创建，如图 15-17 所示。

（4）也可以使用 Transact-SQL 语句创建数据库用户：

```
CREATE USER wangyy
```

15.4.2　删除数据库用户

在"对象资源管理器"中依次展开"数据库"→sst 数据库→"安全性"→"用户"节点，右键单击需要删除的数据库用户，在弹出的快捷菜单中选择"删除"菜单命令，如图 15-18 所示。

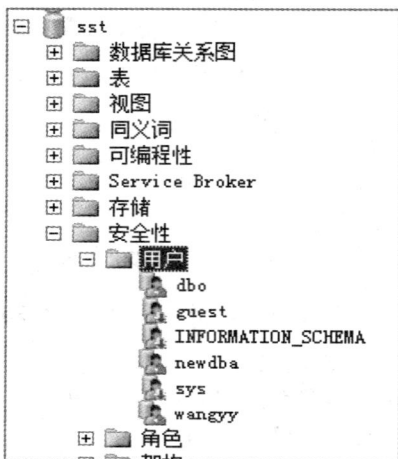

图 15-17　数据库用户的创建

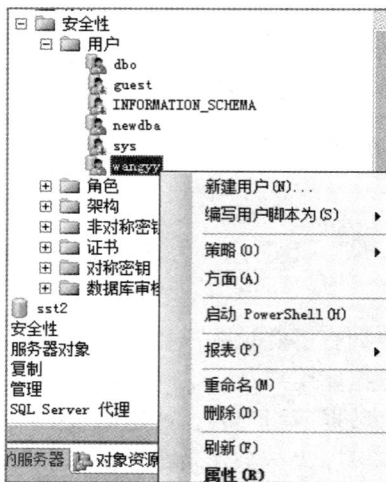

图 15-18　删除数据库用户

15.4.3　特殊数据库用户

SQL Server 的数据库级别存在两个特殊的数据库用户，分别是 dbo 和 guest。

（1）dbo 是数据库的拥有者，可以在数据库范围内执行所有操作。dbo 用户对应于 sa 登录账户，不能被删除。在安装 SQL Server 时，dbo 用户被设置在 model 数据库中，所以，每个数据库中都有 dbo 用户。

（2）guest 用户可以使任何登录到 SQL Server 服务器的用户都能访问数据库。除 model 以外，所有系统数据库都设置了 guest 用户，而且 master 和 tempdb 数据库中的 guest 用户不能删除。所有新建的数据库都没有 guest 用户，如果需要，则必须使用系统存储过程 sp_grantdbaccess 创建该用户。

15.5　管　理　角　色

使用登录账户可以连接到服务器，但是如果不为登录账户分配权限，则不能访问和管理数据库中的数据。角色是分配权限的单位，通过将角色授予不同的主体，达到集中管理数据库或服务器权限的目的。按照作用范围的不同，角色分为固定服务器角色、数据库角色、自定义数据库角色和应用程序角色四类。

15.5.1　固定服务器角色

固定服务器角色授予管理服务器的能力，其权限作用域为服务器范围。SQL Server 2008 提供了 9 个固定服务器角色。在"对象资源管理器"窗口，依次展开"安全性"→"服务器角色"节点，即可看到所有的固定服务器角色，如图 15-19 所示。固定服务器角色对应的权限表见表 15-1。

图 15-19　固定服务器角色

表 15-1　　　　　　　　　　　　固定服务器角色对应的权限表

固定服务器角色	说明
sysadmin	在 SQL Server 中执行任何活动
serveradmin	更改服务器范围的配置选项和关闭服务器
setupadmin	添加和删除连接服务器
securityadmin	管理登录名及其属性
processadmin	管理在 SQL Server 实例中运行的进程
dbcreator	创建、更改、删除和还原数据库
diskadmin	管理磁盘文件
bulkadmin	运行 BULK INSERT 语句
public	每个 SQL Server 登录账户都属于 public 服务器角色。public 服务器角色具有所有的服务器默认权限。除了 public，其他固定服务器角色的权限都不允许修改

📚 **提　示**

任何被赋予 sysadmin 固定服务器角色的用户都映射着每个数据库的特殊用户 dbo。所有由 sysadmin 角色成员创建的数据库对象都自动将拥有者设置为 dbo。

为登录账户添加或取消固定服务器角色的操作步骤如下：

（1）在"对象资源管理器"中依次展开"服务器"→"安全性"→"登录名"节点，显示所有的登录账户。右键单击需要设置的登录账户，在弹出的快捷菜单中选择"属性"菜单命令，打开"登录属性"窗口。

（2）在"登录属性"窗口中，选择"服务器角色"选项卡，如图 15-20 所示。勾选"服务器角色"复选框，表示将该固定服务器角色分配给了该登录账户，即该登录账户拥有了该固定服务器角色拥有的所有权限。

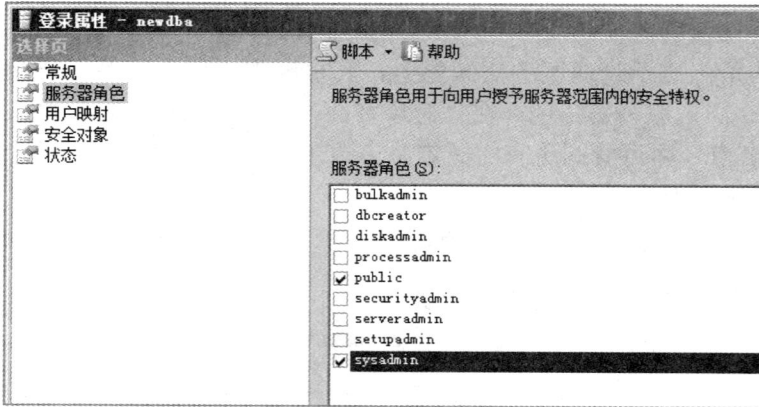

图 15-20　"服务器角色"选项卡

（3）单击"确定"按钮完成相关设置。

15.5.2　数据库角色

数据库角色是针对某个具体数据库权限的分配。数据库用户可以作为数据库角色的成员继承数据库角色的权限。SQL Server 2008 默认提供 10 个数据库角色，见表 15-2。

表 15-2　　　　　　　　　　　　　　　数据库角色及其功能

db_accessadmin	为 Windows 登录账户、Windows 组和 SQL Server 登录账户添加或删除数据库访问权限
db_backupoperator	备份数据库
db_datareader	读取所有用户表中的所有数据
db_datawriter	在所有用户表中添加、删除或更改数据
db_ddladmin	在数据库中运行任何数据定义语言命令
db_denydatareader	不能读取数据库内用户表中的任何数据
db_denydatawriter	不能添加、修改或删除数据库内用户表中的任何数据
db_owner	拥有数据库全部权限
db_securityadmin	修改角色成员身份和管理权限
public	每个数据库用户都属于 public 数据库角色。Public 数据库角色具有所有数据库的默认权限

为数据库用户添加或取消数据库角色的操作步骤如下：

（1）在"对象资源管理器"中依次展开"服务器"→"数据库"→sst→"安全性"→"用户"，显示所有的数据库用户。右键单击需要设置数据库角色的数据库用户，在弹出的快捷菜单中选择"属性"菜单命令，打开"数据库用户-wangyy"窗口。

（2）"数据库用户-wangyy"窗口如图 15-21 所示，勾选"数据库角色成员身份"相应的复选框，该数据库用户成为该数据库角色的成员，即具有相应的权限。

（3）单击"确定"按钮，完成相关设置。

（4）也可以使用系统存储过程授予或收回数据库用户的数据库角色：

```
/* 授予数据库用户 wangyy 数据库角色 db_owner  */
```

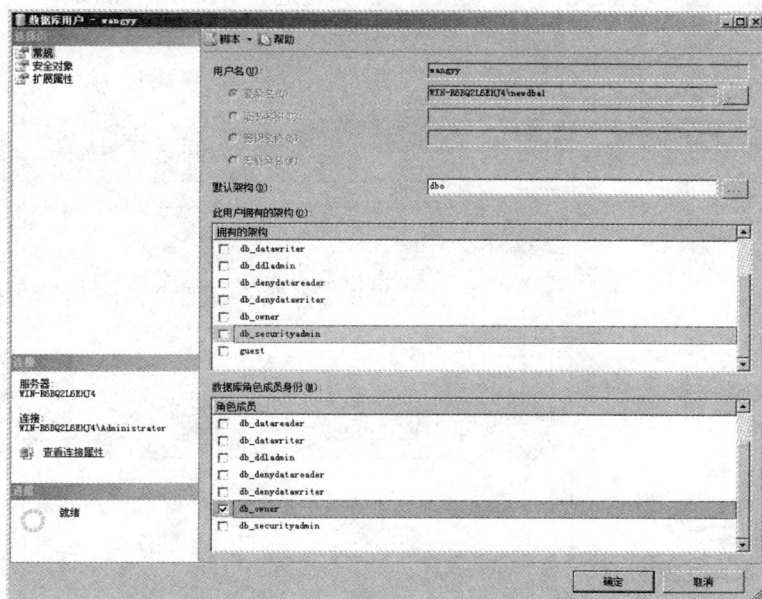

图 15-21　"数据库用户-wangyy"选项卡

```
sp_addrolemember db_owner,wangyy
或
/* 收回数据库用户 wangyy 数据库角色 db_owner  */
sp_droprolemember db_owner,wangyy
```

15.5.3　自定义数据库角色

在许多情况下，数据库角色不能满足要求，需要用户自定义新的数据库角色。用户自定义的角色类型有自定义数据库角色和应用程序角色两种。自定义数据库角色用于正常的用户管理，它可以包括成员。而应用程序角色是一种特殊角色，需要指定密码来控制应用程序存取数据库，以避免应用程序的操作者自行登录 SQL Server。创建自定义数据库角色的具体步骤如下：

（1）进入 SQL Server Management Studio，在"对象资源管理器"中依次展开"数据库"→sst→"安全性"→"角色"节点，右键单击"数据库角色"节点，在弹出的快捷菜单中选择"新建数据库角色"菜单命令，打开"数据库角色-新建"窗口。

（2）"数据库角色-新建"窗口如图 15-22 所示，选择"常规"选项卡，设置角色名称为 monitor，所有者为 dbo，单击"添加"按钮。

（3）打开"选择数据库用户或角色"窗口，单击"浏览"按钮，打开"查找对象"窗口，如图 15-23 所示。找到并添加用户 newdba，单击"确定"按钮，返回"选择数据库用户或角色"窗口，如图 15-24 所示。单击"确定"按钮，返回"数据库角色-新建"窗口。

（4）在"数据库角色-新建"窗口，选择"安全对象"选项卡，单击"搜索"按钮，打开"添加对象"窗口，如图 15-25 所示，单击"特定对象"单选按钮，单击"确定"按钮，打开"选择对象"窗口。

（5）在"选择对象"窗口，单击"对象类型"按钮，打开"选择对象类型"窗口，如图 15-26 所示，在"对象类型"中勾选"表"复选框，单击"确定"按钮，返回"选择对象"窗口。

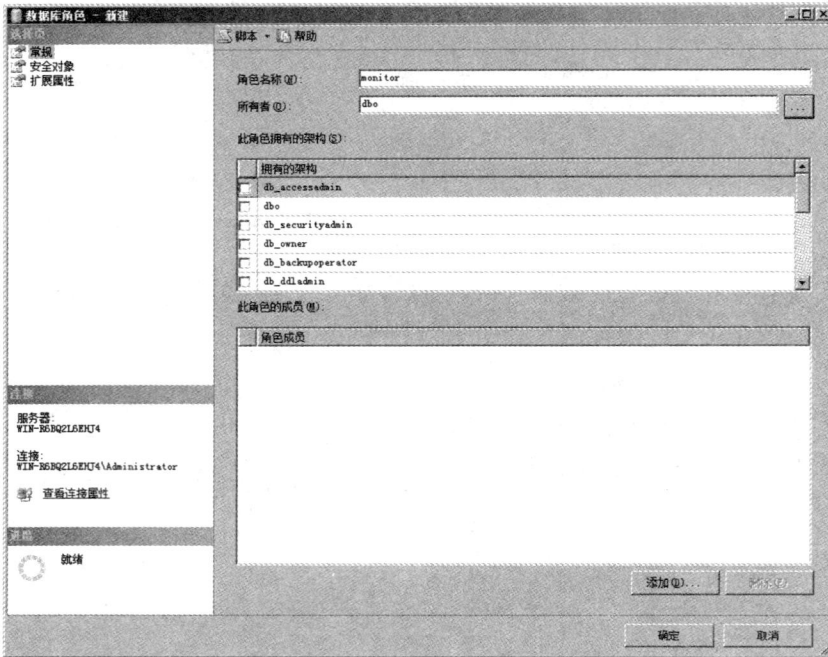

图 15-22 "数据库角色-新建"窗口

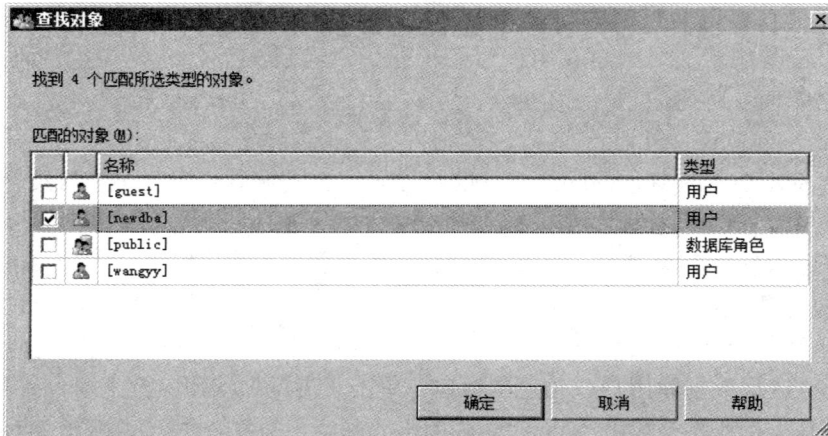

图 15-23 "查找对象"窗口

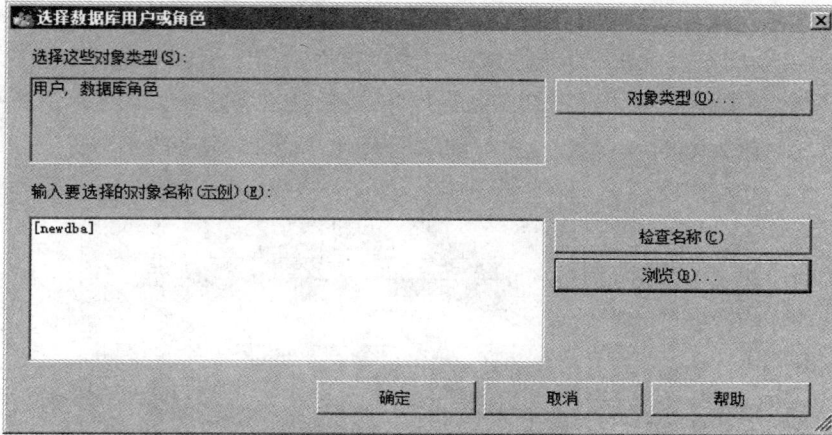

图 15-24　"选择数据库用户或角色"窗口

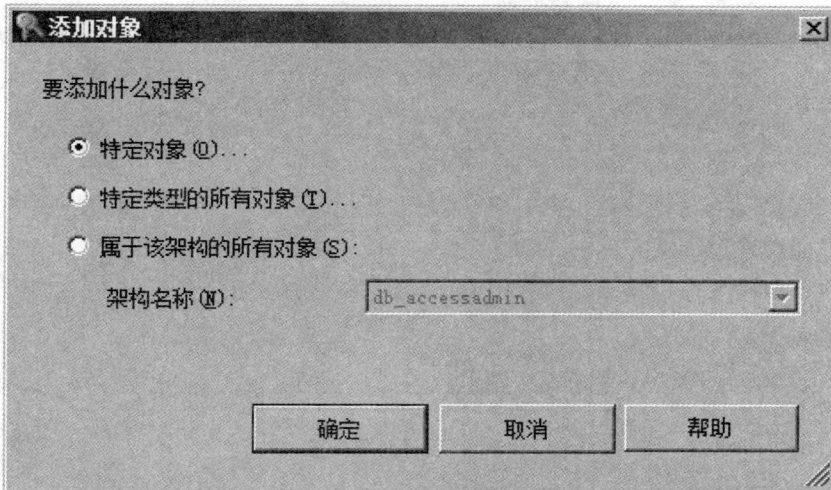

图 15-25　"添加对象"窗口

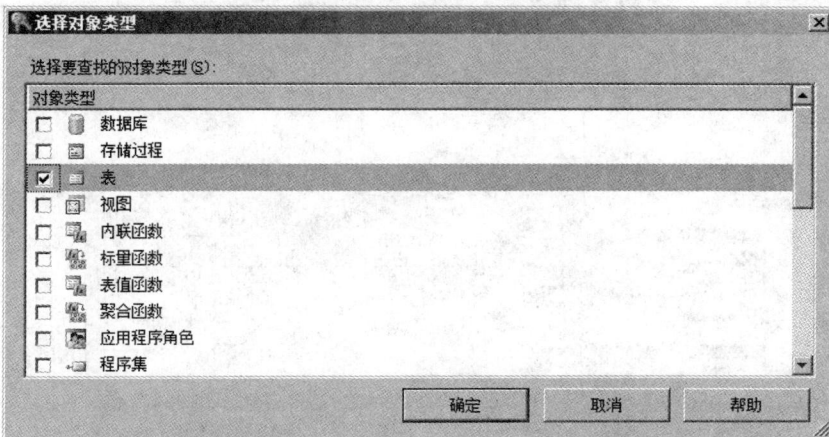

图 15-26　"选择对象类型"窗口

（6）在"选择对象"窗口单击"浏览"按钮，打开"查找对象"窗口，如图 15-27 所示，在"匹配的对象"中选择.［ai］复选框。单击"确定"按钮，返回"选择对象"窗口，如图 15-28 所示。单击"确定"按钮，返回"数据库角色-新建"窗口，如图 15-29 所示。

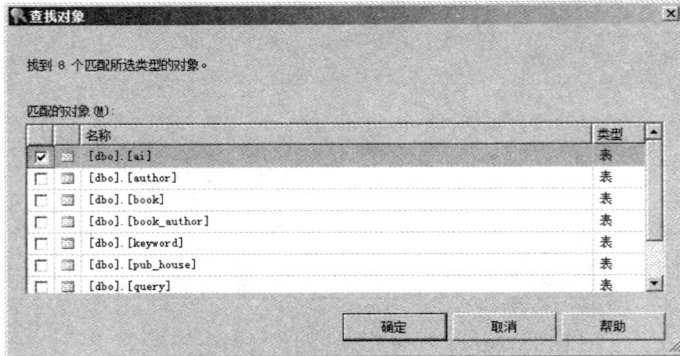

图 15-27　"查找对象"窗口

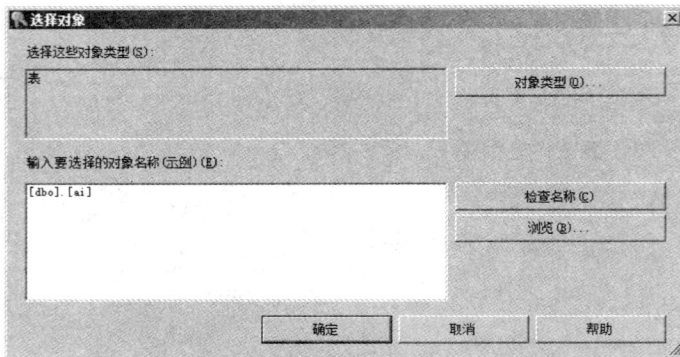

图 15-28　"选择对象"窗口

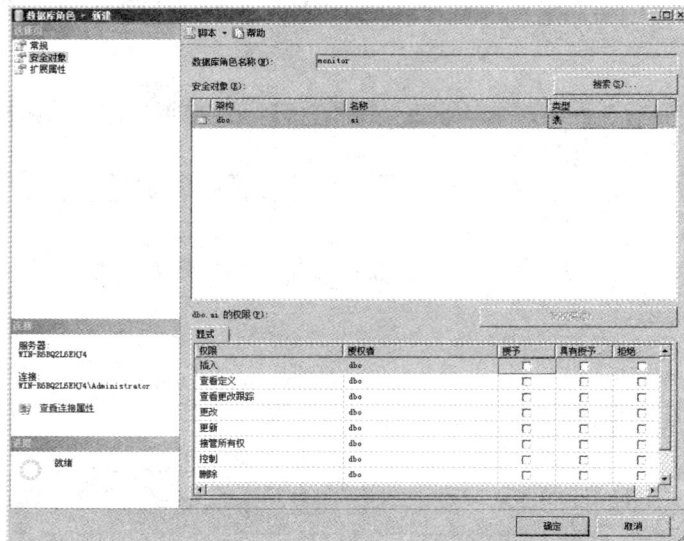

图 15-29　"数据库角色-新建"窗口

（7）在"数据库角色-新建"窗口中，如果希望限定用户只能对某些列进行操作，可以单击"列权限"按钮，为该数据库角色配置更细致的权限，如图 15-30 所示。

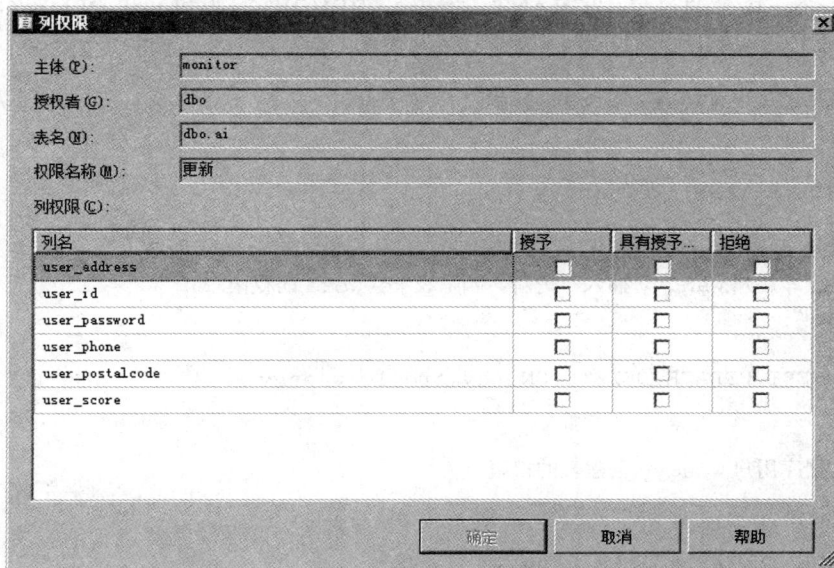

图 15-30　"列权限"窗口

（8）单击"确定"按钮，完成角色的创建。

15.6　使用 Transact–SQL 语句管理权限

用户访问数据库的操纵权限分为对象权限、语句权限和隐含权限三种。

一、对象权限

对象权限是用于控制用户对数据库对象(如表、视图和存储过程)执行某些操作的权限，是针对数据库对象设置的，它可以由系统管理员、数据库对象所有者授予收回或拒绝。常用的对象权限有 SELECT（查询数据）、UPDATE（更新数据）、INSERT（插入数据）、DELETE（删除数据）、EXECUTE（执行存储过程）。如果用户要对某一对象进行操作，必须具有相应的操纵权限。例如，当用户要删除表中的数据时，前提条件是他已经获得该表的 DELETE 权限。

二、语句权限

语句权限用于控制用户是否具有执行某一语句的权限。常用的语句权限有 CREATE DATABASE（创建数据库）、CREATE DEFAULT（创建缺省）、CREATE PROCEDURE（创建存储过程）、CREATE RULE（创建规则）、CREATE TABLE（创建表）、CREATE VIEW（创建视图）、BACKUP DATABASE（备份数据库）、BACKUP LOG（备份事务日志文件）。语句权限一般由系统管理员授予、收回或拒绝。

三、隐含权限

隐含权限是指系统预定义而不需要授权的权限，包括固定服务器角色成员、数据库角色成员、数据库所有者和数据库对象所有者所拥有的权限。例如，sysadmin 固定服务器角色成员可以在服务器范围内执行任何操作，数据库对象所有者可以对其拥有的数据库对象执行任何操作，不需要明确地赋予权限。

在 SQL Server 中，通过使用 GRANT（授权）、REVOKE（收权）和 DENY（拒权）来管理权限。

```
/* 授予数据库用户 wangyy 创建表的权限 */
USE sst
GO
GRANT CREATE TABLE TO wangyy
GO

/* 授予数据库用户 wangyy 插入、更新、删除表 keyword 的权限 */
USE sst
GO
GRANT INSERT,UPDATE,DELETE ON keyword TO wangyy
GO

/* 收回数据库用户 wangyy 创建表的权限 */
USE sst
GO
REVOKE CREATE TABLE FROM wangyy
GO
```

用户对数据库的访问权限除了要看其权限设置情况以外，还要受其所属角色权限的影响。某个用户的所有权限集合包含其直接授予获得的权限，加上其所属角色所继承的权限，再去掉被拒绝的权限。

例如，用户 duany 属于角色 manager，而角色 manager 具有对表 book 的 UPDATE 权限，则用户 duany 也自动获得对表 book 的 UPDATE 权限，属于继承角色权限。如果角色 manager 没有对表 book 的 DELETE 权限，但用户 duany 直接获得对表 book 的 DELETE 权限，则用户 duany 最终也取得对表 book 的 DELETE 权限。而拒绝的优先级别是最高的，只要 duany 和 manager 其中之一拒绝，则该权限就被拒绝。

如果一个用户分属于不同的数据库角色，例如用户 duany 既属于角色 role1，又属于角色 role2，则 duany 的权限以 role1 和 role2 的并集为准，但只要有一个拒绝，duany 就没有该权限。

实 训 任 务

在学生选课系统的实训中，完成：

（1）分别用 SQL Server Management Studio 和 Transact-SQL 创建名为 manager 的 SQL Server 登录账户，并将其指派到 securityadmin 角色。

（2）创建自定义数据库角色 dbrole，允许其对 xsxk 数据库中的课程表和学生表进行查询、更新操作。

（3）在 xsxk 数据库中创建数据库用户 duany，并将其映射到登录账户 manager，该用户没有操作该数据库的其他任何权限。

（4）授予数据库用户 duany 数据库角色 dbrole。

（5）指定数据库用户 duany 对 xsxk 数据库中的班级表和系部表具有删除操作的权限。

（6）测试数据库用户 duany 的权限。

本 章 小 结

（1）介绍了 SQL Server 相互联系的客户机安全机制、网络传输的安全机制、实例级别安全机制、数据库级别安全机制、对象级别安全机制等五个层级安全机制的主要内容。

（2）SQL Server 提供 Windows 身份验证模式和混合模式两种验证模式，根据不同用户的实际情况进行设置。

（3）在 SQL Server 2008 中有两类登录账户：一类是 SQL Server 负责身份验证的登录账户；另一类是登录到 SQL Server 的 Windows 账户。

（4）使用 SQL Server Management Studio 对数据库用户进行创建和管理。

（5）角色是分配权限的单位，按照作用范围的不同，角色分为固定服务器角色、数据库角色、自定义数据库角色和应用程序角色四类。使用 SQL Server Management Studio 对角色进行创建和管理。

（6）通过 Transact-SQL 语句管理权限。

思 考 与 练 习

15-1　SQL Server 用户名和登录名有何区别？

15-2　什么是角色？什么是权限？角色和权限之间有何关系？

第16章 维护数据库

教学导航

一、教师的教学

1. 知识重点

（1）数据库备份的概念。

（2）备份设备的概念。

（3）创建备份设备的方法。

（4）数据库恢复的概念。

（5）使用 SQL Server Management Studio 和 Transact-SQL 语句备份或恢复数据库。

（6）数据导入和导出的方法。

2. 知识难点

根据实际情况制定数据库备份计划。

二、学生的学习

1. 知识目标

（1）数据库备份的概念。

（2）备份设备的概念。

（3）数据库恢复的概念。

2. 技能目标

（1）创建备份设备。

（2）使用 SQL Server Management Studio 和 Transact-SQL 语句备份或还原数据库。

（3）数据的导入和导出。

▲ **课程学习**

16.1 数 据 库 备 份

16.1.1 数据库备份概述

数据库备份就是对数据库结构和数据库对象进行复制，使数据库遭到破坏时能够及时修复数据库。系统意外崩溃、人为操作失误、硬件的损坏或者其他意外事故都有可能导致数据的丢失，因此，SQL Server 管理员应该定期备份数据库，以尽可能地减少意外发生时造成的损失。

一、备份内容

数据库的备份，一方面是备份记录了系统信息的系统数据库；另一方面是备份记录了用户数据的用户数据库。

二、备份权限

SQL Server 只允许系统管理员、数据库拥有者和数据库备份执行者备份数据库。

三、备份时间

不同类型的数据库对备份的要求不同。对于系统数据库来说，适宜在执行了涉及修改数据库的某些操作之后立即做备份。例如：新建一个用户数据库或新建登录账户之后，应该备份 master 数据库。而对于用户数据库，由于数据库中的数据经常变化，应该采用周期性备份方式，尤其在新建数据库之后应立即备份用户数据库，这是后续所有备份和还原的基础。

SQL Server 备份数据库是动态的，即在进行数据库备份时，SQL Server 允许其他用户继续使用数据库。

四、备份类型

对数据库的备份不是简单地将当前数据库复制一个副本。例如：某一个数据库的数据库文件和事务日志文件共有 10GB，如果每天都将数据库文件和事务日志文件复制一个副本，一个月就需要 300GB 的存储空间，这显然是不现实的。SQL Server 有四种备份类型，针对不同数据库的实际情况，读者可以选择合适的备份类型。

（1）完整数据库备份：即备份整个数据库，包括所有的对象、系统表、数据以及部分事务日志。这种备份类型速度较慢，并且将占用大量磁盘空间。完整备份应该是数据库的第一次备份，这种备份为其他备份方法提供了一个基线。

（2）差异备份：基于最近一次完整数据库备份，仅备份该次完整备份之后发生更改的数据文件、事务日志文件以及数据库中其他发生了更改的对象，是一种增量备份。与完整数据库备份相比较，差异备份速度较快，占用的系统资源较少，可以频繁地执行。

（3）文件和文件组备份：对数据库中的部分文件和文件组进行备份，不像完整数据库备份那样同时对事务日志文件进行备份。对于海量数据库而言，由于数据非常庞大，为了提高备份和恢复的效率，可以采用文件和文件组备份的方法。

（4）事务日志备份：备份最后一次备份（包括数据库完整备份、差异备份和事务日志备份）之后的事务日志记录。在进行事务日志备份之前，至少应有一次完整数据库备份。由于事务日志备份仅对数据库的日志文件进行备份，需要的磁盘空间和备份时间都是最少的，对 SQL Server 服务性能的影响最小，适宜经常备份。再者，利用事务日志备份进行数据库还原时，可以指定特定的时间点或故障发生点。完整备份、差异备份只能将数据库还原到备份完成时的那一点。

五、备份设备

备份设备是用来存储数据库、事务日志、文件和文件组备份的存储介质。备份数据库之前，首先必须指定或创建备份设备。

备份设备的类型可以是磁带，也可以是磁盘。备份设备在磁盘中以文件的形式存在，与普通的操作系统文件一样。可以将数据库备份到本地磁盘上，也可以备份到网络服务器上定义的磁盘备份设备。

SQL Server 使用逻辑设备名称和物理设备名称来标识备份设备。物理设备名称实际上就是备份设备在操作系统中的存放位置和文件名，如 d:\sql\backup\data_bk.bak。逻辑设备名称是用来标识物理设备的别名，如 data_bk，这个名称被保存在 SQL Server 系统表中，可以使用逻辑设备名称来代替物理设备名称。

　　SQL Server 2008 提供两种创建备份设备的方法：第一种是使用 SQL Server Management Studio；第二种是使用 sp_addumpdevice 系统存储过程。本章主要介绍第一种方法。

16.1.2　使用 SQL Server Management Studio 创建备份设备

　　具体操作步骤如下：

　　（1）打开 SQL Server Management Studio 窗口，在"对象资源管理器"窗口中展开"服务器对象"节点，右键单击"备份设备"节点，在弹出的快捷菜单中选择"新建备份设备"菜单命令。

　　（2）在打开的"备份设备"窗口中，设置备份设备的名称、目标文件的位置，如图 16-1 所示。单击"确定"按钮，完成创建备份设备的操作。

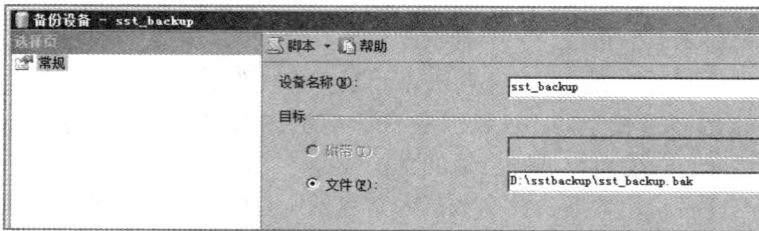

图 16-1　"备份设备"窗口

　　（3）使用系统存储过程 sp_helpdevice 可以查看当前服务器上所有备份设备的状态信息，如图 16-2 所示。

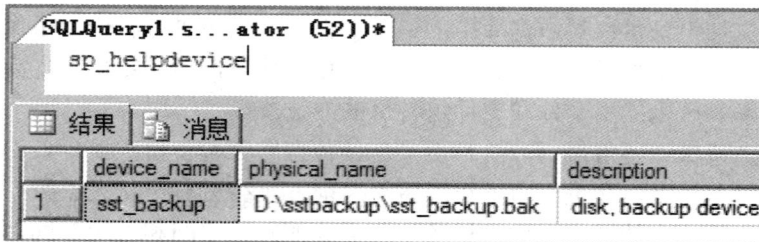

图 16-2　查看当前服务器上的备份设备信息

16.1.3　使用 SQL Server Management Studio 备份数据库

　　具体操作步骤如下：

　　（1）打开 SQL Server Management Studio 窗口，在"对象资源管理器"窗口展开"数据库"节点，右键单击需要备份的数据库 sst，在弹出的快捷菜单中选择"任务"→"备份"菜单命令。

　　（2）在打开的"备份数据库-sst"窗口中，进行"常规"选项卡内容的设置，如图 16-3 所示：

　　1）"源"区域用于选择欲备份数据库的名称、备份类型和备份组件。

2）"备份集"区域用于指定备份集名称、备份集的过期时间。

3）"目标"区域用于指定备份的介质。

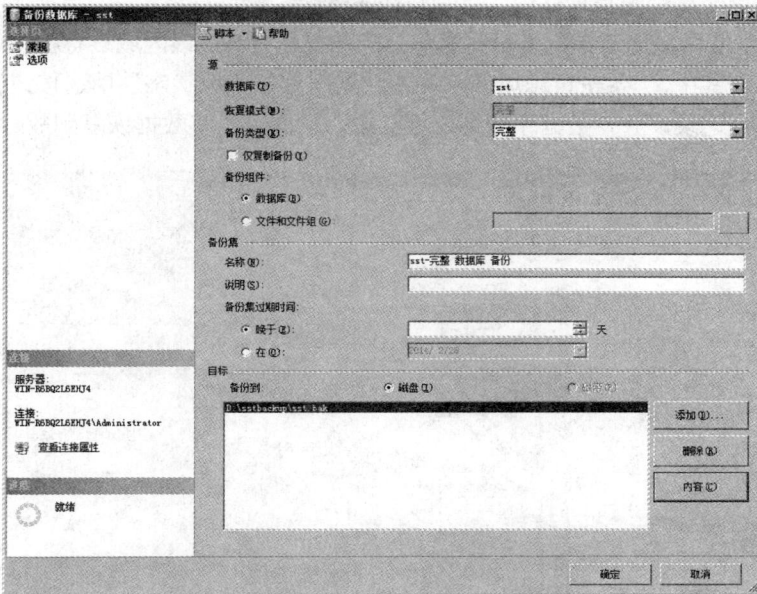

图 16-3　"备份数据库-sst"窗口"常规"选项卡窗口

（3）单击"添加"按钮，在打开的"选择备份目标"窗口中，选择要存储备份内容的备份设备，如图 16-4 所示。

1）"文件名"单选按钮：表示采用临时性的备份文件存储备份内容，在"文件名"单选按钮下面的文本框中输入备份文件的位置和文件名。

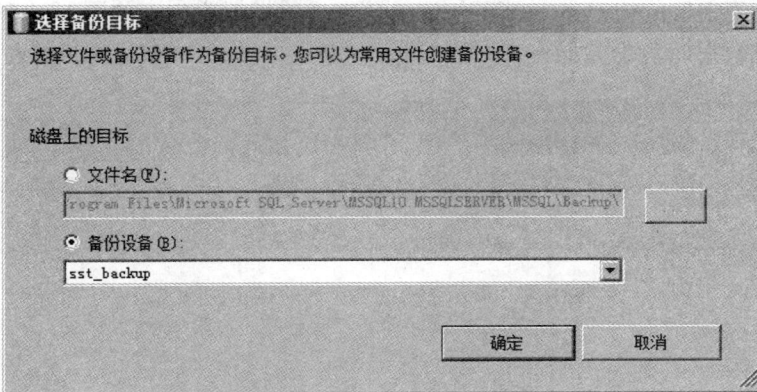

图 16-4　"选择备份目标"窗口

2）"备份设备"单选按钮：表示采用永久性的备份文件存储备份内容。在"备份设备"单选按钮下面的下拉列表框中选择已经创建的备份设备。

单击"确定"按钮，返回"备份数据库-sst"窗口。

（4）在"备份数据库-sst"窗口中，如图 16-5 所示，进行"选项"选项卡内容的设置：

1）"覆盖媒体"区域用于指定备份时涉及覆盖现有备份集的问题。其中，"追加到现有备份集"单选按钮表示这次备份的内容将附加到备份集原有内容之后，即仍然保留原有的备份内容。选择该方式要注意磁盘空间是否够用，特别是在系统长时间运行后。

2）"事务日志"区域用于指定备份时事务日志的操作行为。该区域只有在备份类型为事务日志备份时才有效。其中，"备份日志尾部，并使数据库处于还原状态"单选按钮表示备份所有尚未备份的事务日志记录，并使数据库变为还原状态，从而可以将数据恢复到故障发生点。

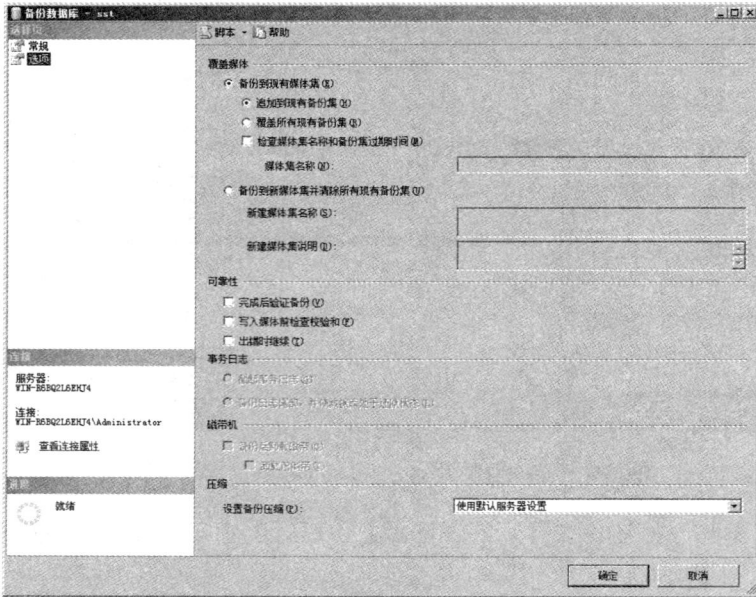

图 16-5　"备份数据库-sst"窗口"选项"选项卡窗口

（5）单击"确定"按钮，弹出显示备份成功完成的提示窗口，如图 16-6 所示。单击"确定"按钮，完成数据库备份的操作。

图 16-6　显示备份成功完成的提示窗口

16.2　数 据 库 恢 复

16.2.1　数据库恢复概述

数据库恢复是指将数据库备份加载到系统中的过程。系统在恢复数据库的过程中，自动执行安全性检查、重建数据库结构以及完成数据库内容的填写。

一、恢复模式

SQL Server 提供简单恢复模式、完整恢复模式和大容量日志模式三种恢复模式。不同恢复模式在备份、恢复方式和性能方面存在差异，而且不同的恢复模式对避免数据损失的程度也不同。

（1）简单恢复模式：可以将数据库恢复到上一次的备份，但无法将数据库还原到特定的时间点或故障点。这种模式的备份策略由完整备份和差异备份组成。

（2）完整恢复模式：可以将数据库恢复到特定的时间点或故障点。完整恢复模式是日志写得最详细的一种恢复模式，它完整地记录了所有数据操作，并将事务日志记录保留到对其备份完毕为止。这种模式的备份策略由完整备份、差异备份和事务日志备份组成。

（3）大容量日志恢复模式记录了大多数大容量操作， 但 CREATE INDEX、BULK INSERT、BCP、SELECT INTO 等大规模大容量操作将不记录在事务日志中。大容量日志恢复模式也将事务日志记录保留到对其备份完毕为止。大容量日志恢复模式不支持特定时间点的恢复。

提 示

SQL Server 的四个系统数据库中，model 数据库采用完整恢复模式；maste、rmsdb、tempdb 采用的是简单恢复模式。因为 model 是所有新建立数据库的模板数据库，所以用户数据库默认采用完整恢复模式。读者可以打开"对象资源管理器"，在"数据库属性"窗口中根据实际需求设置适合的数据库恢复模式。

二、恢复前的准备

由于在数据库的恢复过程中不允许用户操作数据库，因此，当要恢复的数据库还处在可用状态时，需要在恢复数据库前对数据库的访问进行一些必要的限制。具体操作步骤如下：

（1）打开 SQL Server Management Studio 窗口，在"对象资源管理器"窗口中展开"数据库"节点，右键单击需要恢复的数据库 sst，在弹出的快捷菜单中选择"属性"菜单命令，打开"数据库属性-sst"窗口，选择"选项页"中"选项"选项卡，如图 16-7 所示。在打开的窗口中，"限制访问"下拉列表框有三个选项：

1）MULTI_USER：多用户选项，表示多个用户可以同时操作数据库。

2）SINGLE_USER：单用户选项，表示只允许一个用户操作数据库。

3）RESTRICTED_USER：受限制用户选项，表示只有系统管理员、数据库拥有者和数据库创建者这些角色中的成员才可以访问数据库。

选择 SINGLE_USER 或 RESTRICTED_USER 来限制用户对数据库的访问。单击"确定"按钮。

（2）如果数据库的日志文件没有损坏，可以在恢复之前对数据库进行一次日志备份。打开"备份数据库-sst"窗口，选择"选项页"中"选项"选项卡的"事务日志"区域的"备份日志尾部，并使数据库处于还原状态"单选按钮，这样就可以将数据库恢复到故障发生点，使数据的损失减到最小。

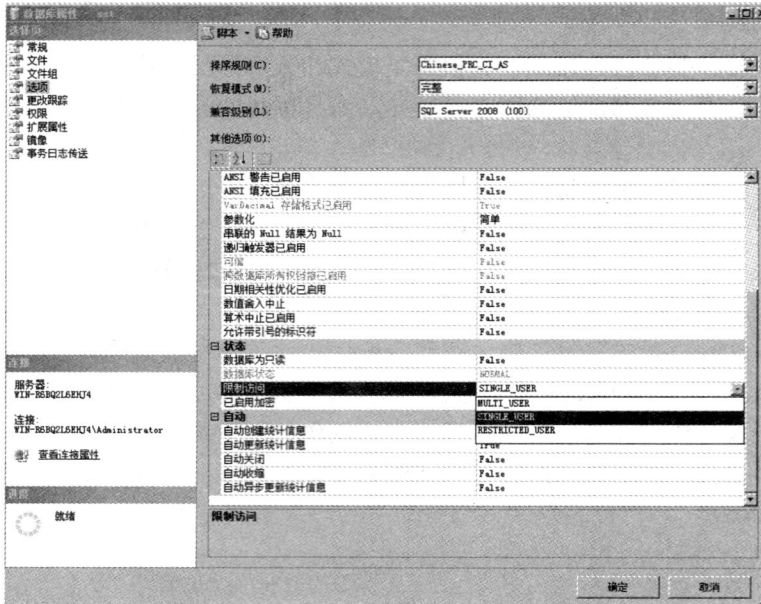

图 16-7 "数据库属性-sst"窗口"选项"选项卡窗口

三、恢复的顺序

在恢复数据库时，必须先恢复最近的完整数据库备份，该备份记录了数据库最近的全部信息；接着恢复最近的差异数据库备份(如果有的话)，该备份记录了上次完整数据库备份之后对数据库所做的全部修改，然后按照事务日志备份的先后顺序恢复自最近的完整数据库备份或差异备份之后的所有日志备份。该日志备份记录的是自上次日志备份之后新的日志内容，所以需要按照备份的顺序恢复自最近的完整备份或差异备份之后所进行的全部日志备份。

16.2.2　使用 SQL Server Management Studio 备份数据库

为了测试还原数据库，备份后先删除数据库 sst 中的数据表 ai。具体操作步骤如下。

（1）打开 SQL Server Management Studio 窗口，在"对象资源管理器"窗口中展开"数据库"节点，右键单击需要恢复的数据库 sst，在弹出的快捷菜单中选择"任务"→"还原"→"数据库"菜单命令。

（2）在打开的"还原数据库-sst"窗口中，如图 16-8 所示，进行"常规"选项卡内容的设置：

1）"还原的目标"区域用于选择要恢复的数据库和设置恢复的目标时间点。

a．在"目标数据库"下拉列表框中选择要恢复的数据库。

b．单击"目标时间点"右边的按钮，弹出如图 16-9 所示的"时点还原"窗口，单击"最近状态"单选按钮，单击"确定"按钮返回"还原数据库-sst"窗口。

2）"还原的源"区域用于指定恢复的备份集和位置。

a．当在"源数据库"下拉列表框中选定所备份的数据库时，在"选择用于还原的备份集"中就会列出该数据库的全部备份情况。在"还原列"下面的方框中用绿色对勾表示要进行哪些恢复。框中列出的顺序就是数据库的恢复顺序。

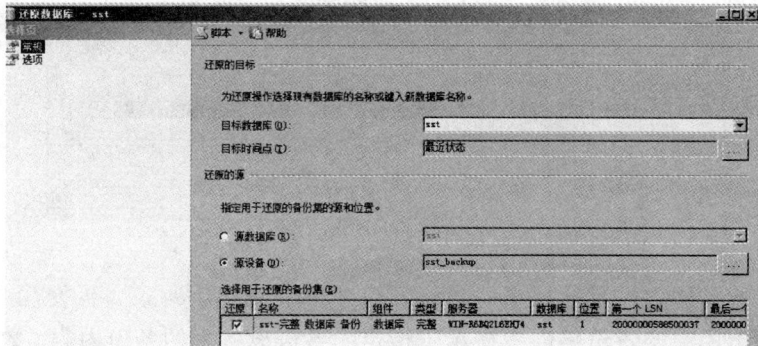

图 16-8　"还原数据库-sst"窗口"常规"选项卡窗口

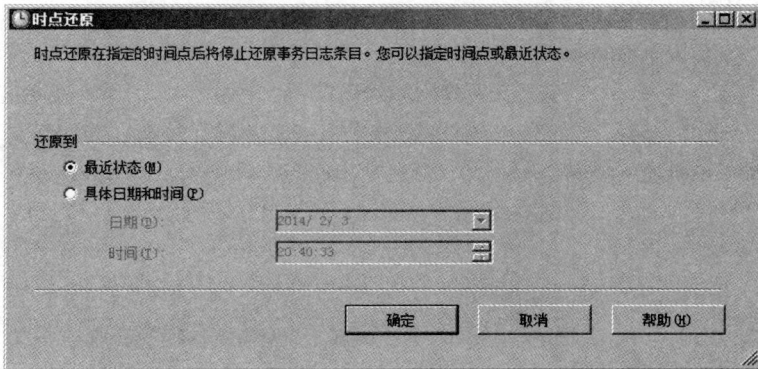

图 16-9　"时点还原"窗口

b．单击"源设备"右边的按钮，弹出"指定备份"窗口，如图 16-10 所示。在该窗口的"备份媒体"下拉列表框中选择用备份设备进行恢复操作。单击"添加"按钮，在弹出的"选择备份设备"窗口中指定备份设备，如图 16-11 所示。然后单击"确定"按钮，返回图 16-10 的"指定备份"窗口。此时，"备份位置"文本输入框中显示了所选择备份设备的逻辑名称。单击"确定"按钮，返回图 16-8 的"还原数据库"窗口。

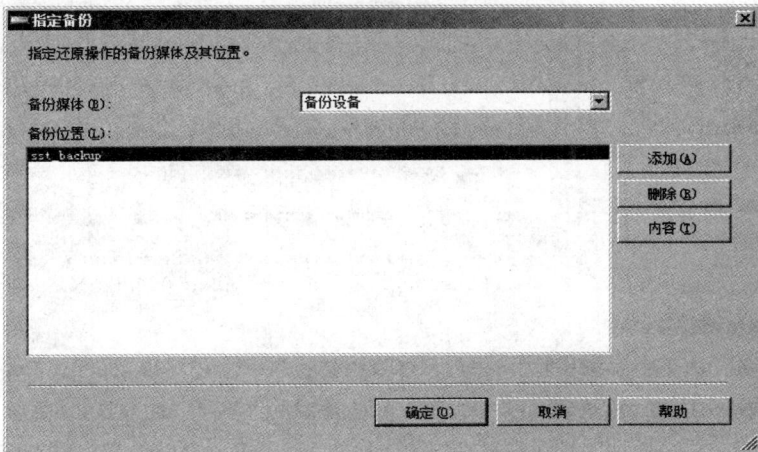

图 16-10　"指定备份"窗口

图 16-11 "选择备份设备"窗口

c. "选择用于还原的备份集"中显示了指定的备份设备里的备份内容。在"还原"列下面的方框中选择要恢复数据库的哪些备份（本例只有一个备份可以选择）。在选择时要注意恢复的顺序，如图 16-12 所示。

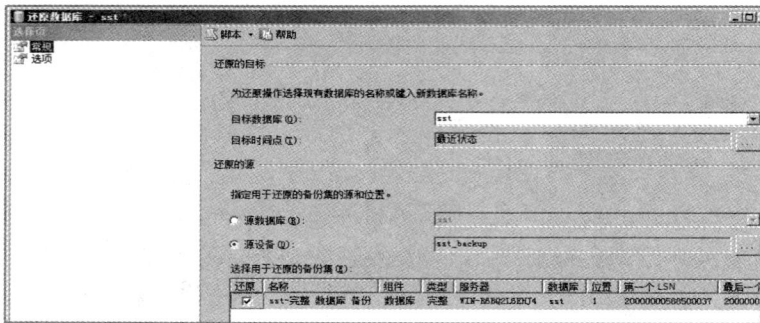

图 16-12 "还原数据库"窗口"常规"选项卡

（3）对"还原数据库"窗口中的"选项"选项卡进行设置，如图 16-13 所示。

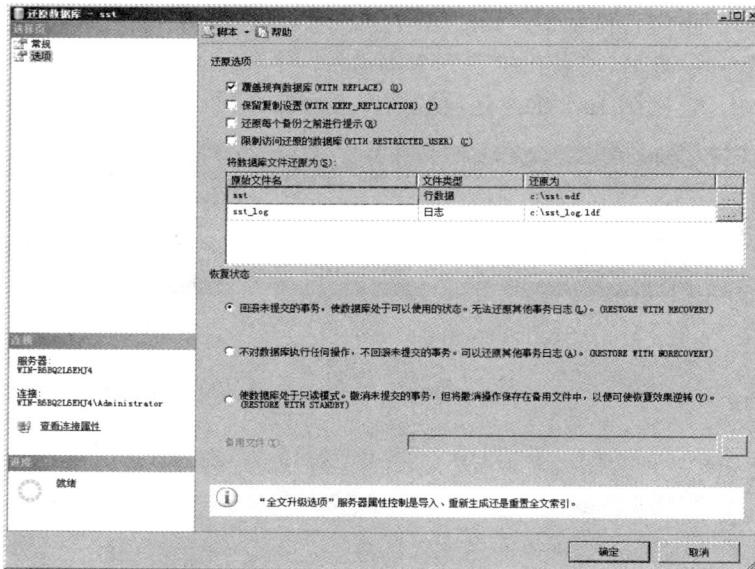

图 16-13 "还原数据库"窗口"选项"选项卡进行设置

1）"还原选项"区域用于指定还原的行为。

2）"将数据库文件还原为"选项可以改变数据库文件和日志文件的存放位置和文件名。

3）"恢复状态"区域用于指定恢复完成的状态。

（4）所有设置完成之后，单击"确定"按钮开始恢复数据库。恢复成功后，弹出一个提示还原成功的窗口，如图 16-14 所示，在此提示窗口中单击"确定"按钮，完成数据库的恢复操作。

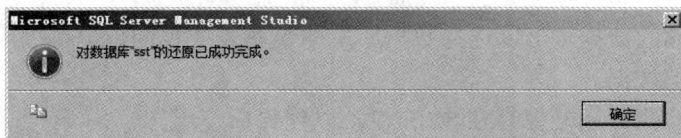

图 16-14　提示窗口

16.3　使用 Transact–SQL 语句实现备份和还原数据库

本节简单介绍使用 Transact-SQL 语句实现备份和还原数据库。关于 sp_addumpdevice 系统存储过程、BACKUP DATABASE 语句和 RESTORE DATABASE 语句有关参数的详细使用，可以查找相关资料，进一步深入研究和实践。

Transact-SQL 语句如下：

```
/*使用 sp_addumpdevice 系统存储过程创建数据库备份设备*/
USE master
GO
EXEC sp_addumpdevice 'disk','sst_backup2','d:\sstbackup\sst_backup2.bak'
/*使用 BACKUP DATABASE 语句备份数据库*/
BACKUP DATABASE sst TO sst_backup2
/*使用还原数据库*/
USE master
GO
RESTORE DATABASE sst FROM DISK=' d:\sstbackup\sst_backup2.bak'
WITH REPLACE
```

16.4　数 据 的 导 入 和 导 出

在 SQL Server 2008 中，SQL Server Management Studio 的数据导入和导出功能支持的外部数据源分为三类：

（1）.NET Framework Data Provider 提供的访问方式。例如，.NET Framework 为 ODBC、Oracle、SQL Server 提供了访问。在安装了.NET Framework 后，即可使用这些访问方式。

（2）OLE DB Provider 提供的访问方式。例如，OLE DB Provide 为 Analysis Server、Data Minding Services、Oracle、SQL Server 等提供了访问。在安装了 Visual Studio 等工具后，即可使用这些访问方式。

（3）特定应用系统的驱动。例如，Microsoft Excel 就是安装了 Microsoft Excel 之后自带的。

使用 SQL Server 2008 导入和导出向导可以在 SQL Server 之间，或者 SQL Server 与 OLE DB、ODBC 数据源，甚至是 SQL Server 与文本文件之间进行数据的导入和导出操作。

无论是导入数据还是导出数据，使用 SQL Server 的导入和导出向导都需要以下几个步骤：

（1）选择数据源。

（2）选择目标。

（3）指定要传输的数据。可以选择数据库里的某些表或视图，也可以用一个 T-SQL 查询语句来指定要传输的数据。

（4）指定是立即执行还是保存在 SSIS 包，以便日后使用。

16.4.1　数据的导出

数据的导出是指 SQL Server 数据库中把数据复制到其他数据源中。其他数据源可以是 SQL Server、Access、通过 OLE DB 或 ODBC 来访问的数据源、纯文本文件等。

以将 sst 数据库中 book 数据表的数据导出到当前服务器实例中的另一个数据库为例，说明数据导出的方法。具体操作步骤如下：

（1）在"对象资源管理器"中展开"数据库"节点，右键单击源数据库，在弹出的快捷菜单中选择"任务"→"导出数据"命令，打开"SQL Server 导入和导出向导"窗口，单击"下一步"按钮。

（2）在打开的"选择数据源"窗口中，如图 16-15 所示，选择要从中复制数据的源。其中，

1）"数据源"下拉列表框：选择数据源的驱动类型。本例是从 SQL Server 2008 数据库中导出数据，则选择 SQL Server Native Client 10.0 或 Microsoft OLE DB Provide for SQL server。

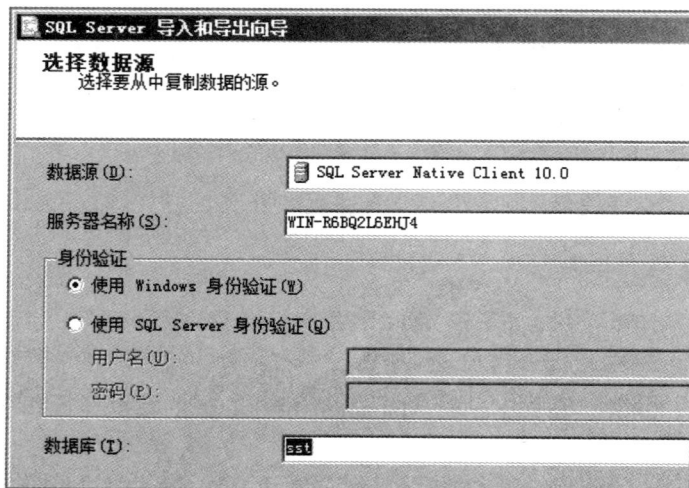

图 16-15　"选择数据源"窗口

2）"服务器名称"下拉列表框：选择 SQL Server 服务器实例名。本例为 WIN-R6BQ2L6EHJ4。设置好数据源后，单击"下一步"按钮。

（3）打开"选择目标"窗口，指定要将数据复制到何处，如图 16-17 所示，各选项含义与图

16-14 "选择数据源" 窗口中的各选项含义一样。现在，假设目标数据库不存在于 "数据库" 下拉列表框中，则单击 "新建" 按钮，创建新的数据库作为目标数据库，如图 16-16 所示，单击 "确定" 按钮，返回到图 16-17 "选择目标" 窗口。

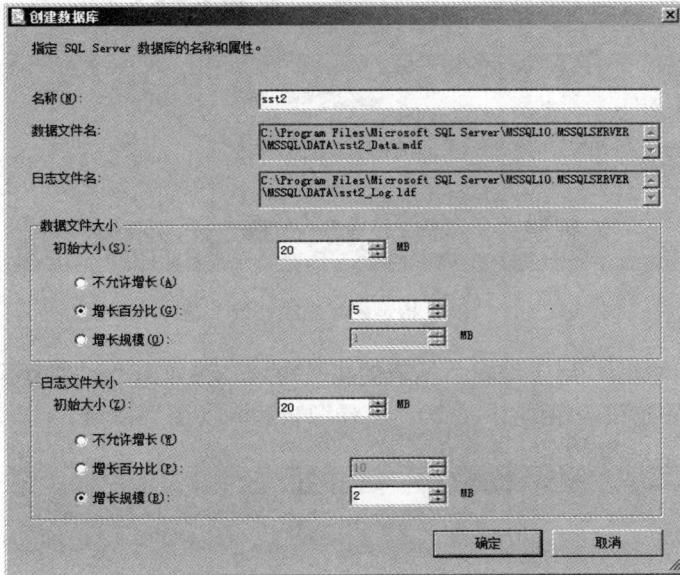

图 16-16 "创建数据库" 窗口

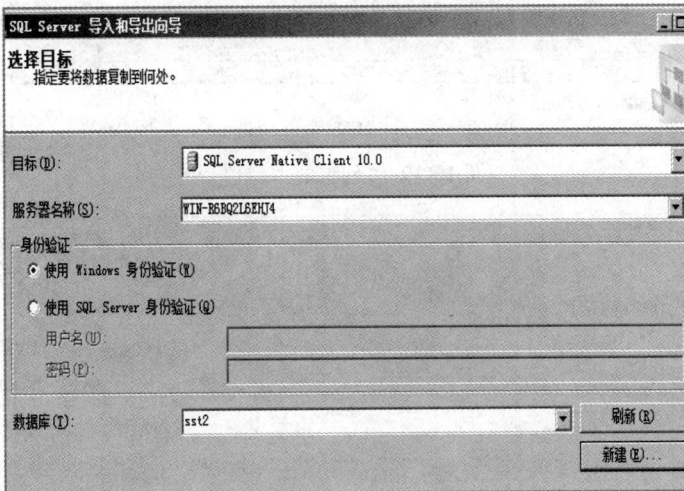

图 16-17 "选择目标" 窗口

设置好参数后单击 "下一步" 按钮。

（4）打开 "指定表复制或查询" 窗口，如图 16-18 所示，用来指定是从数据源复制一个或多个表和视图，还是从数据源复制查询结果。单击 "下一步" 按钮。

（5）打开 "选择源表和源视图" 窗口，选择一个或多个要复制的表或视图，如图 16-20 所示。其中，

1）"预览"按钮：浏览所选数据源的数据。

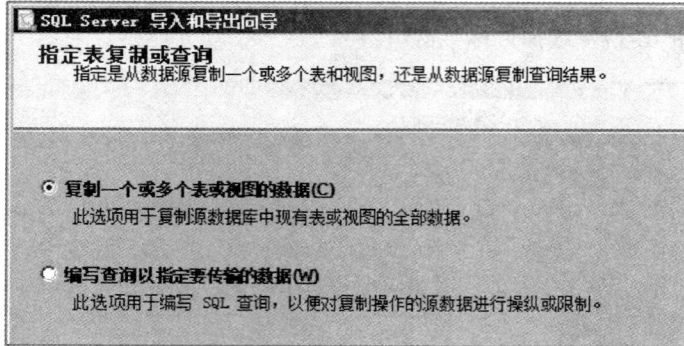

图 16-18 "指定表复制或查询"窗口

2）"编辑映射"按钮：用于编辑目标表的相关内容，将弹出"列映射"窗口，如图 16-19 所示。单击"确定"按钮，返回图 16-20"选择源表和源视图"窗口。

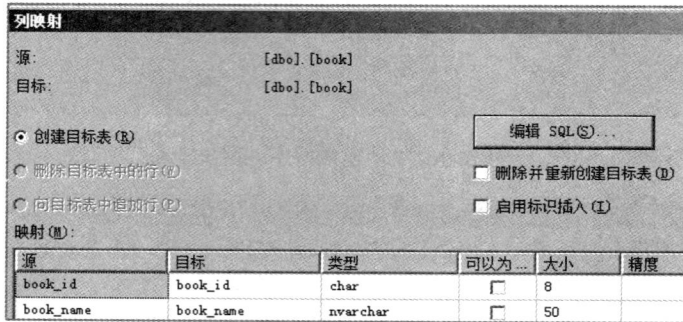

图 16-19 "列映射"窗口

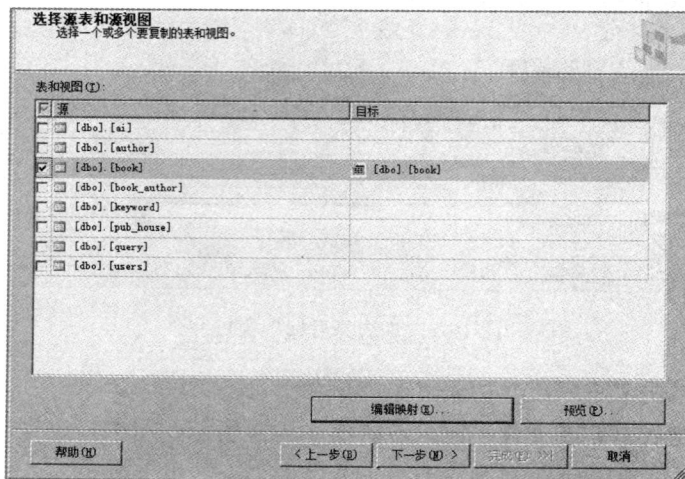

图 16-20 "选择源表和源视图"窗口

3）设置好参数后，单击"下一步"按钮。

（6）打开"保存并运行包"窗口，如图 16-21 所示。其中：

1）"立即运行"复选框：表示立即执行上面的设置。

2）"保存 SSIS 包"复选框+SQL Server 单选按钮：表示将 SSIS 包保存到数据库中。

3）"保存 SSIS 包"复选框+"文件系统"单选按钮：表示将 SSIS 包保存到文件中。

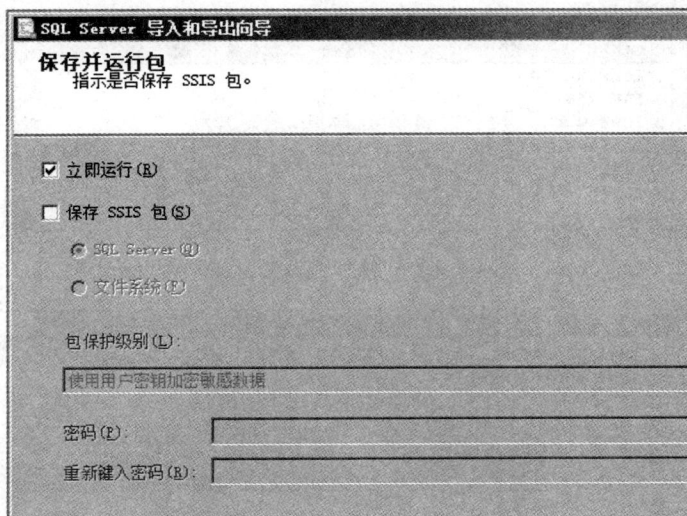

图 16-21 "保存并运行包"窗口

选择好参数后，单击"下一步"按钮。

（7）打开"完成该向导"窗口，如图 16-22 所示，单击"完成"按钮完成导入操作。

（8）显示系统执行过程，如图 16-23 所示。单击"关闭"按钮完成数据导入。

图 16-22 "完成该向导"窗口

16.4.2 数据的导入

数据的导入是指从其他数据源把数据复制到 SQL Server 数据库中。其他数据源可以是 SQL Server、Access、通过 OLE DB 或 ODBC 来访问的数据源、纯文本文件等。将其他数据源的数据导入 SQL Server 中的操作过程与数据导出操作类似，只是目标和源的设置不同。

利用 SQL Server 数据导入向导，将关系型数据库中的数据导入 SQL Server 的具体操作步骤如下。

（1）在"对象资源管理器"中展开"数据库"节点，右键单击目标数据库 sst2，在弹出的快捷菜单中选择"任务"→"导入数据"菜单命令，打开"SQL Server 导入和导出向导"窗口，单击"下一步"按钮。

（2）打开"选择数据源"窗口，如图 16-24 所示，选择要从中复制数据的源。设置完数据源后，单击"下一步"按钮。

（3）打开"选择目标"窗口，如图 16-25 所示，指定要将数据复制到何处。设置完毕，单击"下一步"按钮。

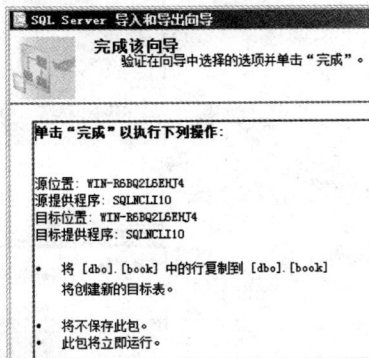

图 16-23 "执行成功"窗口

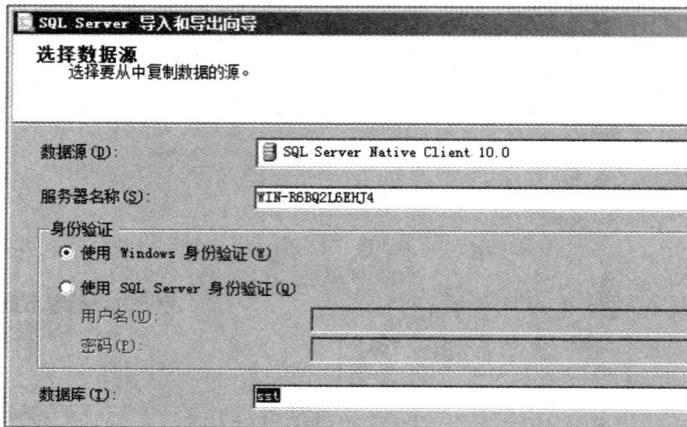

图 16-24 "选择数据源"窗口

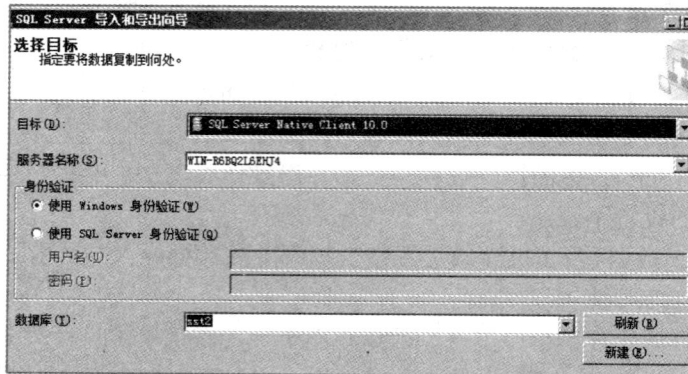

图 16-25 "选择目标"窗口

（4）打开"指定表复制或查询"窗口，单击"复制一个或多个表或视图的数据"单选按钮，如图 16-26 所示。单击"下一步"按钮。

（5）打开"选择源表和源视图"窗口，如图 16-27 所示。在"源"复选框中选择 pub_house，在对应的"目标"下拉列表框中将自动添加 pub_house。单击"下一步"按钮。

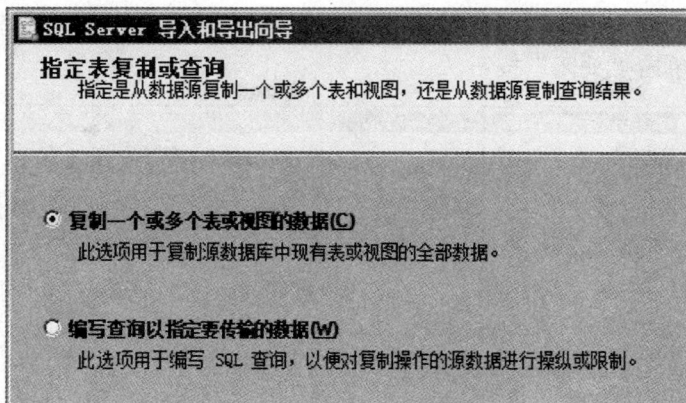

图 16-26 "指定表复制或查询"窗口

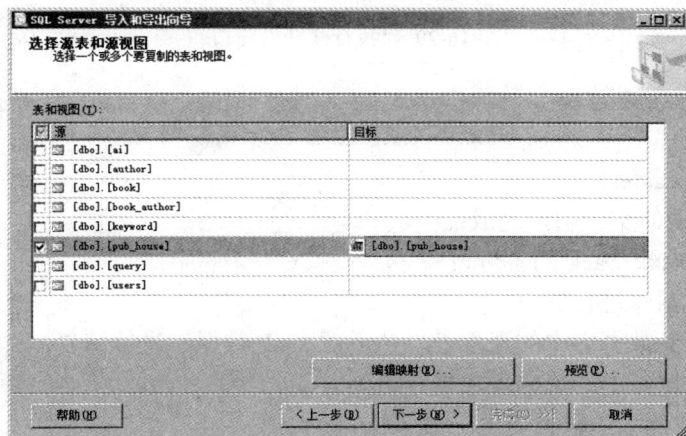

图 16-27 "选择源表和源视图"窗口

（6）打开"保存并运行包"窗口，选择"立即执行"复选框，如图 16-28 所示。单击"下一步"按钮。

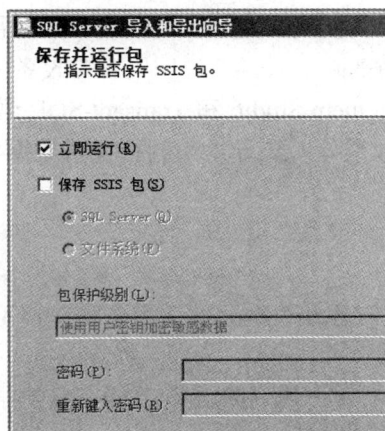

图 16-28 "保存并运行包"窗口

（7）打开"完成该向导"窗口，单击"完成"按钮。系统显示执行过程，如图 16-29 所示。导入完成后，单击"关闭"按钮。

图 16-29 "执行成功"窗口

实 训 任 务

在学生选课系统的实训中，完成：

（1）创建名为 xsxk_back 的备份设备。

（2）对 xsxk 数据库进行备份。

（3）先删除 xsxk 数据库中的课程表，然后对 xsxk 数据库进行恢复，并验证恢复结果。

（4）将 xsxk 数据库中的选修表数据导出到 Excel 文件。

（5）将 Excel 文件中的数据导入 xsxk 数据库。

本 章 小 结

（1）介绍了 SQL Server 的完整数据库备份、差异备份、文件和文件组备份、事务日志备份等四种备份类型，以及简单恢复模式、完整恢复模式和大容量日志模式三种恢复模式。

（2）在介绍备份设备概念的基础上，详细说明了备份设备的创建。

（3）使刚 SQL Server Management Studio 和 Transact-SQL 语句备份和恢复数据库的方法。

（4）以 SQL Server 之间的数据导入和导出为例，说叫数据导入和导出的方法。

思 考 与 练 习

16-1 数据备份有哪些类型？各种类型分别适用于哪些情形？

16-2 什么是备份设备？

16-3 数据恢复之前需要进行哪些准备工作？数据恢复的顺序是怎样的？

参 考 文 献

［1］Abraham Silberschatz，Henry F. Korth，S. Sudarshan．数据库系统概念［M］．6 版．杨冬青，李红燕，唐世渭，译．北京：机械工业出版社，2012．

［2］王珊，萨师煊．数据库系统概论［M］．北京：高等教育出版社，2006．

［3］王英英，张少军，刘增杰．SQL Server 从零开始学［M］．北京：清华大学出版社，2012．

［4］徐人凤，曾建华．SQL Server 2005 数据库及应用［M］．3 版．北京：高等教育出版社，2013．

［5］刘智勇，刘径舟．SQL Server 2008 宝典［M］．北京：电子工业出版社，2010．

［6］贺桂英．数据库应用与开发技术——SQL Server［M］．南京：江苏教育出版社，2012．